ACADEMIE UNIVERSELLE
DES JEUX.

Imp. de Félix Locquin, rue N.-D.-des-Victoires 16.

ACADÉMIE UNIVERSELLE

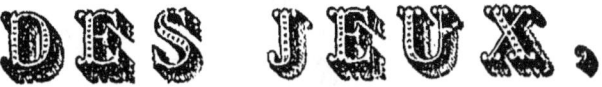

DES JEUX,

CONTENANT :

1° Leurs règles fondamentales et additionnelles ; 2° leur origine et les principes qui les constituent ; 3° les recherches, les calculs et les probabilités d'après lesquels il est essentiel de les jouer ; 4° les principes et les règles du *piquet*, *boston*, *wisth*, *domino*, *trictrac*, etc , etc.; 5° les décisions des plus fameux joueurs dans les cas douteux ;

ET UN NOUVEAU TRAITÉ COMPLET DE L'ÉCARTÉ ;

PRÉCÉDÉ

D'un coup d'œil général sur le jeu, tant dans les temps anciens que modernes

PAR L. D***, AMATEUR.

TROISIÈME ÉDITION.

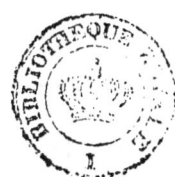

———

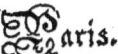

CORBET AINÉ, LIBRAIRE,

20, RUE DAUPHINE.

———

1842

COUP D'OEIL GÉNÉRAL
SUR
LE JEU.

Le jeu est une espèce de convention fort en usage dans la société, et où l'habileté, le hasard pur, ou le hasard mêlé d'habileté, selon la diversité des jeux, décident de la perte ou du gain, stipulés par cette convention entre deux ou plusieurs personnes.

On peut dire que dans les jeux qui passent pour être de pur esprit, d'adresse ou d'habileté, le hasard même y entre, en ce qu'on ne connaît pas toujours les forces de celui contre lequel on joue, qu'il survient quelquefois des cas imprévus; et qu'enfin l'esprit ou le corps ne se trouvent pas toujours également bien disposés, et ne font pas toujours leurs fonctions avec la même régularité et la même vigueur.

Quoi qu'il en soit, l'amour du jeu est le fruit de l'amour du plaisir qui se varie à l'infini. De toute antiquité les hommes ont cherché à s'amuser, à se délasser, à se récréer par toutes sortes de jeu, suivant leur génie et leur tempérament. Les annales du monde prouvent que dans aucun pays, quels qu'aient été le culte, les lois et les opinions, on n'a été exempt de la passion du jeu (1).

(1) Cependant les sectateurs de Mahomet craignaient de se livrer aux jeux de hasard, parce que leur prophète les a sévèrement défendus.

Le code de Gentous, qui est d'une telle antiquité qu'on le prétend antérieur aux temps héroïques et fabuleux, nous apprend que les Gentous, ou les anciens habitans du Bengale et de l'Indostan, aimaient beaucoup le jeu.

Longtemps avant les Lydiens, avant le siège de Troie, et durant ce siège, les Grecs, pour en tromper la longueur, et pour adoucir leurs fatigues, s'occupaient à différents jeux qui du camp passèrent dans les villes, à l'ombre du loisir et du repos.

Les Lacédémoniens furent les seuls qui bannirent entièrement le jeu de leur république.

Les prêtres d'Egypte racontèrent à Hérodote, qu'un de leurs rois était descendu vivant dans ces demeures souterraines que les Grecs appelaient les enfers, et que ce monarque ayant joué, il perdit et gagna alternativement.

Plutarque, dans son traité d'Isis et d'Osiris, rapporte, d'après une fable égyptienne, que le soleil ayant découvert le commerce secret de Rhéa avec Saturne, voulut qu'elle n'accouchât dans aucun mois, ni dans aucune année. Mercure, qui aimait la même déesse, joua contre la lune, et lui gagna chaque 70ᵉ partie du temps qu'elle éclaire l'horizon : ce dieu réunit ces parties en faveur de Rhéa, et en fit les cinq jours qui furent ajoutés à l'année. Elle n'était auparavant que de 360 jours.

Les mortels même jouaient contre les dieux : Plutarque rapporte, dans la vie de Romulus, que le gardien du temple d'Hercule prit des dés et joua contre le dieu, à condition que s'il gagnait, il en obtiendrait quelque faveur signalée, et que s'il perdait, il fournirait au fils d'Alcmène, une belle courtisane.

Les Romains devinrent joueurs longtemps avant la

destruction de la république, comme le prouvent les livres qu'ils avaient sur l'art de jouer. Caton, le censeur, ne cessait de leur crier : *Citoyens ! fuyez les jeux de hasard.*

Ce qui paraît plus singulier, c'est que les Germains goûtaient si fortement les jeux de hasard, qu'après avoir joué tous leurs biens, dit Tacite, ils finissaient par se jouer eux-mêmes et risquaient de perdre *novissimo jactu*, suivant l'expression de cet historien, leur personne et leur liberté (1).

Ce que Tacite dit des Germains se pratique, en quelque sorte, de nos jours à Naples et dans d'autres endroits de l'Italie : on y voit des bateliers qui jouent leur liberté pour un certain nombre d'années.

Saint Ambroise rapporte que les Huns, peuple farouche et barbare, sorti des marais de la Scythie et presque sans lois, se soumettaient inviolablement à celles de leurs jeux : après avoir perdu, dit-il, leurs armes, qui étaient ce qu'ils avaient de plus cher, ils jouaient leur vie, et se donnaient quelquefois la mort, malgré celui qui les avait gagnés.

Les voyageurs nous disent que c'est en vain qu'on défend aux nègres de Juida de jouer leurs femmes et leurs enfants. Les Indiens jouent jusqu'aux doigts de leurs mains et se les coupent eux-mêmes pour s'acquitter.

On lit dans nos annales que les anciens seigneurs français, aussi hautains que fainéants, et qui ne savaient guère que tourmenter leurs vassaux, boire et se battre, étaient pour la plupart des joueurs effrénés, bravant

(1) Des voyageurs nous assurent qu'en Afrique, en Amérique et dans les terres nouvellement découvertes, des hordes vagabondes et des peuplades entières sont encore plus adonnées au jeu que les nations civilisées.

impunément la décence et les lois. Le frère de saint Louis jouait aux dés, sans avoir égard aux défenses réitérées de ce monarque. Duguesclin joua dans sa prison et perdit tout ce qu'il possédait.

On jouait dans les camps, et en présence de l'ennemi. Quelquefois pendant la paix, on se rassemblait pour jouer en liberté.

L'invention des cartes apporta en France quelques changements dans la manière de jouer. Les différents jeux qu'elles amenèrent coûtèrent d'abord plus de temps que d'argent : mais bientôt elles devinrent, comme les dés, un des principaux instruments des jeux de hasard. Elles furent adoptées dans les cours qui ont presque toujours été le théâtre du jeu. *Nos rois*, dit Sauval, *l'ont aimé de tout temps*.

La passion du jeu s'introduisit jusque dans le sanctuaire de la justice. *Je sais qu'il y a des joueurs parmi vous*, disait, en 1564, le chancelier de L'Hôpital au parlement de Bordeaux.

Henri IV fut adonné au jeu dès sa jeunesse. Aussi on joua à la cour avec un acharnement dont il n'y avait point encore eu d'exemple. Ce fut à la cour de ce monarque que l'art de se ruiner plus promptement fut perfectionné, et qu'une foule d'Italiens y firent valoir leurs talents. Presque toutes les professions furent livrées, sous ce règne, à la passion du jeu : on vit des magistrats vendre la permission de jouer.

Ce fut dans ce temps-là que se formèrent dans Paris les académies de jeu ; c'est le nom qu'on donna aux tripots où se réunissaient les bourgeois et les autres classes du peuple pour jouer.

Si les jeux furent en faveur sous Henri IV, il n'en fut pas de même sous Louis XIII, qui déploya contre eux toute la rigueur des lois, et les punitions suivirent les menaces.

Vint après Louis XIII, le cardinal Mazarin, sous le ministère duquel les jeux reprient une nouvelle vigueur, vigueur qui fut loin de s'affaiblir sous les règnes de Louis XIV et de Louis XV.

Quand, avant la révolution française, les états de certaines provinces étaient assemblés, on y jouait un jeu terrible, et tel, que l'endroit où il se tenait, dans la ci-devant province de Bretagne, s'appelait l'*enfer*. C'était une salle de l'hôtel des commissaires du roi.

Aux académies des jeux établis à Paris et dans les grandes villes du royaume, a succédé une administration formée par le gouvernement qui en retire des bénéfices assez honnêtes.

Tant de personnes de tout pays ont mis et mettent sans cesse une partie considérable de leurs biens à la merci des cartes et des dés, sans en ignorer les mauvaises suites, que nous ne pouvons nous empêcher de rechercher les causes d'un attrait si puissant.

Un joueur habile, dit Dubos, pourrait faire tous les jours un gain certain en ne risquant son argent qu'aux jeux, où le succès dépend encore plus de l'habileté des tenants que du hasard des cartes et des dés : cependant, il préfère souvent les jeux où le gain dépend entièrement du caprice des dés et des cartes, et dans lesquels son talent ne lui donne point de supériorité sur les joueurs. La raison principale d'une prédilection tellement opposée à ses intérêts, procède de l'avarice, ou de l'espoir d'augmenter promptement sa fortune.

Outre cette raison, les jeux qui laissent une grande part dans l'évènement à l'habileté du joueur, exigent une contention d'esprit trop suivie, et ne tiennent pas l'ame dans une émotion continuelle, ainsi que le font le passe-dix, l'écarté, la bouillotte, la roulette et les autres jeux où les évènements dépendent entièrement du hasard. A ces derniers jeux tous les coups sont décisifs, et chaque évènement fait perdre ou gagner quelque chose ; ils tiennent donc l'âme dans une espèce d'agitation, de mouvement, d'extase, et ils l'y tiennent encore sans qu'il soit besoin qu'elle contribue à son plaisir par une attention sérieuse, dont notre paresse naturelle est ravie de se dispenser.

Montesquieu confirme tout cela par quelques courtes réflexions sur cette matière : « Le jeu nous plaît en
« général, dit-il, parce qu'il attache notre avarice, c'est
« à dire l'espérance d'avoir plus. Il flatte notre vanité
« par l'idée de la préférence que la fortune nous donne,
« et de l'attention que les autres ont sur notre bonheur :
« il satisfait notre curiosité, en nous procurant un
« spectacle : enfin il nous donne les différents plaisirs
« de la surprise. Les jeux de hasard nous intéressent
« particulièrement, parce qu'ils nous présentent sans
« cesse des évènements nouveaux, prompts et inatten-
« dus : les jeux de société nous plaisent encore, parce
« qu'ils sont une suite d'évènements imprévus qui ont
« pour cause l'adresse jointe au hasard. »

Aussi le jeu n'est-il regardé dans la société que comme un amusement ; et si on lui laisse cette appellation favorable, c'est de peur qu'une autre plus exacte ne fît rougir trop de monde. S'il y a même tant de gens sages qui jouent volontiers, c'est qu'ils ne voient point quels sont les égarements du jeu, ses violences et ses dissipations. Ce n'est pas que l'on prétende que les jeux mixtes, ni même les jeux de hasard, aient rien d'injuste, à en juger par le seul droit naturel ; car, outre que l'on s'engage au jeu de plein gré, chaque joueur expose son argent à péril égal ; chacun aussi, comme nous le supposons, joue son propre bien, dont il peut par conséquent disposer. Les jeux, et autres contrats où il entre du hasard, sont légitimes, dès que ce qu'on risque de perdre de part et d'autre est égal, et dès que le danger de perdre et l'espérance de gagner ont de part et d'autre une juste proportion avec la chose que l'on joue.

Cependant, cet amusement se tient rarement dans les bornes que son nom promet. Sans parler du temps précieux qu'il nous fait perdre, et qu'on pourrait mieux employer, il se change en habitude puérile, s'il ne tourne pas en passion funeste par l'amour du gain. On connaît à ce sujet les vers si vrais et si ingénieux de la célèbre Deshoulières :

> Le désir de gagner, qui nuit et jour occupe,
> Est un dangereux aiguillon ;
> Souvent, quoique l'esprit, quoique le cœur soit bon,
> On commence par être dupe,
> On finit par être fripon.

Théophraste dit que la passion du jeu est en général le ministre des autres passions.

Le temps, qui affaiblit l'esprit aussi bien que le corps, ne peut rien contre la passion du jeu, parce que l'imagination des joueurs ne vieillit jamais. Voilà ce qui les garantit des dégoûts et de l'ennui qu'éprouvent les autres hommes au sein des voluptés. C'est par la même raison que la décrépitude et les infirmités ne les arrêtent point. Horace parle d'un vieux goutteux qui entretenait un esclave pour ramasser les dés et les mettre dans le cornet.

De grands criminels ont oublié, tandis qu'ils jouaient, que le glaive vengeur de la justice était suspendu sur leurs têtes. La menace d'un supplice prochain n'a pas empêché quelques joueurs, les uns de jouer encore, et les autres de regarder avec complaisance ceux qui jouaient dans leur prison. On lit dans le *Mercure français* (1) que le jeune et malheureux comte de Benteville s'intéressa, en pareil cas, à une partie de jeu et y donna des conseils.

Paschasius Justus (2) rapporte qu'un joueur qu'il connaissait, imitant ce célèbre Zisca qui avait ordonné que sa peau servît à garnir un tambour, légua la sienne pour couvrir un damier; et ses os pour faire des dés.

La passion du jeu rend insociables la plupart de ceux qu'elle domine. Les heures les plus belles de la journée et des nuits entières se consument au jeu, où l'on perd l'habitude des sensations les plus exquises et celle de commercer ensemble. Tout se traite parmi les joueurs, les cartes à la main. Quiconque ne joue pas, ne peut pas se produire chez un certain monde; il passe pour être d'un autre siècle.

La plupart des joueurs digèrent les injures, comme Mithridate digérait les poisons.

Avant la révolution, un particulier tenant la main dans un tripot et ayant laissé tomber un double louis, voulut sur le champ le ramasser : *Que craignez-vous? lui dit-on, il n'y a ici que d'honnêtes gens. — Je le crois*, répliqua-t-il; *mais de ces honnêtes gens-là, on en pend un par semaine, quand la justice fait*

---

(1) Tome XIII, année 1627.
(2) Médecin flamand qui publia, en 1560, son livre *De aleâ, sive de curandâ ludendi in pecuniam cupiditate*. Cet homme, fameux par ses erreurs, le composa pour se guérir lui-même de la passion du jeu, mais en vain; le mal triompha du remède. Son livre, peu recommandable, si ce n'est par l'intention, renferme quelques anecdotes assez curieuses.

son devoir : ce qui parut fort plaisant, et fut regardé comme un bon mot.

Les joueurs qui se persuadent qu'après bien des essais ils parviendront à maîtriser le sort, sont aussi absurdes qu'un homme qui entreprendrait d'enseigner aux lièvres l'art de prendre les chiens.

Crédules par désir, ils deviennent superstitieux par crainte. Une table de marbre trouvée à Rome, et dont l'inscription a été déchiffrée par Saumaise, offre une croix peinte sur un damier, autour de laquelle on lit ces mots : « Notre Sauveur assiste et fait gagner ceux qui jouent ici aux dés, et qui ont écrit son nom. »

Saint Evremont exprime ainsi le grasseyement et le propos scandaleux d'un gros joueur nommé Morin :

Ze fais avant le zeu le signe de la croix,
Et si ze n'ai jamais pu gagner une fois.

Les sauvages de l'Amérique, dit le P. Lafiteau, se préparent au jeu par des jeûnes austères : non moins superstitieux que les sauvages, il y a des joueurs parmi nous qui promettent de bonnes œuvres à Dieu en échange de leurs gains.

« Rien n'est si grave et si sérieux, dit La Bruyère, « qu'une assemblée de joueurs : une triste sévérité « règne sur leurs visages ; implacables l'un pour l'au- « tre, et irréconciliables ennemis, tant que la séance « dure, ils ne connaissent ni liaisons, ni distinctions. « Le hasard seul, aveugle et farouche divinité, préside « au cercle, et y décide souverainement ; en un mot, « toutes les passions suspendues cèdent à une seule ; « c'est celle du jeu. »

Toujours préoccupés, les joueurs sont sujets à des

absences ridicules. On parlait d'une taxe projetée contre les célibataires : *Je suis ruiné!* s'écria un particulier absorbé par l'idée du jeu. — *Y songez-vous?* lui répliqua-t-on, *vous avez femme et cinq enfants.*

Hors du jeu, les joueurs ne s'entretiennent que de coups extraordinaires, que de grandes révolutions ; et ils se passionnent d'autant plus, qu'ils croient deviner le secret de la fortune à mesure qu'ils en racontent les caprices.

Ce n'est qu'au jeu où l'on voit, d'un instant à l'autre, toutes les faces du désespoir : de temps en temps il en survient de nouvelles qui sont étranges, bizarres ou terribles.

Il y a des joueurs qui, immobiles et respirant à peine dans l'attente d'une carte, ou d'un dé favorable, ne pensent plus et ne sentent plus : ils voient seulement et regardent.

A Bordeaux, pendant le carnaval de 1759, dans l'hôtel du gouvernement, on s'écria que la poutre principale de la chambre où l'on jouait fléchissait et allait se rompre : les joueurs n'entendirent pas, ou méprisèrent ces cris. Pour détruire le charme qui les retenait, et les soustraire à l'abyme prêt à les engloutir, il fallut enlever la table. Ce fut alors qu'ils se levèrent : mais chacun, en silence, suivit pas à pas cet autel ambulant, et ne cessa d'avoir les yeux fixés sur les mains de celui qui tenait le livre du destin.

En 1772, à Naples, la foudre tomba en globe de feu sur la maison du milord Tilney ; ce globe se promena dans les appartements, et s'arrêta au dessus d'une table de jeu. La plupart des joueurs n'en virent rien ; l'un d'eux, ébloui par la lueur de ce terrible phénomône, secoua machinalement la main pour l'écarter, et continua de jouer avec sécurité.

Souvent on ne regarde pas jouer impunément. *De deux regardeurs*, dit un vieux proverbe, il y en a toujours un qui devient joueur. Plusieurs, qui, de simples spectateurs se sont subitement transformés en acteurs, ont payé de leur fortune, et quelquefois de leur vie, ce fatal incident.

Un receveur, ayant eu la curiosité de voir le jeu d'une duchesse, mit par contenance quelques pièces de six livres sur le tapis : *On ne joue ici que de l'or*, lui dit-on, *retirez votre argent*. Cet homme fier et irritable, avait sur lui le montant de sa recette : il le risque d'un seul coup ; donne le *tout* trois fois de suite, gagne et sort. Malheureux, lui dit son ami, si tu avais perdu ! *Eh bien !* répondit l'autre, *ne devions-nous pas traverser la rivière ?*

Chez tous les peuples, et dans tous les temps, on a publié beaucoup de lois sur les jeux, et qui cependant n'ont pas ralenti leurs cours, parce que l'homme est essentiellement joueur.

Le code des Gentous contient sur les jeux plusieurs lois sévères et même atroces.

Quand Athènes et Rome eurent atteint le plus haut degré de splendeur, l'aréopage et le sénat se signalèrent de part et d'autre par la censure des vices que les magistrats de ces deux nations se permettaient à eux-mêmes, et la fureur du jeu ne fut point épargnée.

Les jeux de hasard furent constamment prohibés chez les Romains.

Les Pères de l'Eglise et les Conciles ont vainement tonné contre le jeu : le clergé lui-même en donnait l'exemple.

Au Japon, on punit de mort quiconque risque de l'argent aux jeux de hasard.

Blakstone, dans son Commentaire sur le Code criminel d'Angleterre, dit que le contrat du jeu est le plus absurde des contrats, puisqu'il ne s'agit en dernier ressort que de savoir sur qui tombera la ruine, et que le vainqueur tarde rarement à subir le sort du vaincu.

Si la fureur du jeu continue et s'augmente en Angleterre, ce n'est pas faute de lois tant anciennes que modernes.

A Gênes et à Venise les jeux de hasard étaient défendus; défenses impuissantes; les chefs de ces républiques en donnaient l'exemple.

Le roi de Prusse, en 1777, renouvela les anciens édits contre les joueurs, et néanmoins ils continuèrent leur commerce.

En France, on a, indépendamment des nouvelles, de très anciennes ordonnances contre le jeu. On a joué, et on n'en jouera pas moins; le jeu, pour un grand nombre d'individus, est un besoin. Voy. sur la *Passion du jeu*, l'ouvrage de M. Dussault.

Les jeux, comme nous l'avons dit au commencement de cet article, ont été introduits dans la société pour y procurer l'amusement et le délassement; il y a trois espèces de jeux : les jeux d'adresse, les jeux de commerce et ceux de hasard.

Les premiers exigent des dispositions physiques qui en éloignent bien des personnes : aussi, nous n'avons parlé que des principaux, ces sortes de jeux n'étant pas susceptibles d'entrer tous dans le cadre de notre ouvrage.

Les jeux mixtes ou de commerce demandent de l'attention et une certaine sagacité qui exposent le joueur distrait, inhabile ou ignorant, aux pièges de son adversaire. C'est dans ces sortes de jeux que nous avons posé des règles invariables, et donné des préceptes et des avis propres quelquefois à balancer les chances d'une fortune aveugle.

Quant aux jeux de hasard, ils deviendraient les plus égaux et les moins coûteux, si les joueurs savaient en user avec modération : il n'y a point de frais à payer; au lieu que dans les jeux d'adresse ou de commerce, la dépense indispensable et répétée pèse continuellement sur les joueurs.

En publiant ce dictionnaire, nous nous sommes attachés principalement :

1° A donner la nomenclature des jeux qui se jouent aujourd'hui le plus universellement dans la société, ainsi que dans les endroits publics.

2° A établir d'une manière irrévocable les lois et les règles qui en sont la base fondamentale.

3° A réunir les divers préceptes, documents et renseignements publiés par les principaux joueurs sur chaque jeu en particulier.

Notre dictionnaire a un avantage précieux sur les autres ouvrages qui traitent des jeux, en ce qu'il en renferme plusieurs dont jusqu'ici ils n'ont point fait mention, et donne les règles, comme l'*écarté*, le *piquet voleur*, le *piquet normand*, etc., et nous avons lieu de présumer que le public accueillera avec empressement un ouvrage destiné à le diriger dans ses amusements, pour n'en être pas tout à fait la dupe. Il est bon de s'amuser, et en même temps de s'armer d'une certaine instruction, et surtout d'un peu de défiance dans une espèce de lutte où l'on ne reconnaît plus aucuns égards ni aucuns procédés.

C..... D'Av.

NOUVELLE ACADÉMIE UNIVERSELLE DES JEUX.

AMBIGU (jeu de l'), jeu de cartes qui est un mélange de plusieurs espèces de jeux, d'où lui est venu le nom caractéristique qu'il porte.

L'ambigu se joue avec quarante cartes, c'est à dire avec un jeu entier, dont on a distrait les douze figures.

La valeur de chaque carte est fondée sur le nombre des points qu'elle représente. Ainsi, l'as ne représentant qu'un point, a moins de valeur que le deux, le deux en a moins que le trois, etc.

Le nombre des joueurs peut s'étendre depuis deux jusqu'à six; chacun met au jeu un ou plusieurs jetons, qu'on appelle la *vade* ou la *poule*.

Après être convenu du temps ou du nombre de coups que durera la partie, on fait décider par le sort quel sera le joueur qui fera le premier. Celui-ci mêle les cartes, et, après avoir fait couper par le joueur qui est à sa gauche, il distribue deux cartes l'une après l'autre à chaque joueur, en commençant par la droite.

Le joueur auquel les cartes distribuées conviennent, dit *basta*, pour annoncer qu'il en est satisfait, et il met au jeu un jeton ou deux selon la convention; si, au contraire, ses cartes ne remplissent pas son objet, il en écarte une ou toutes les deux, et on lui en rend autant qu'il en a écarté.

Ensuite le distributeur des cartes mêle une seconde fois le

talon, et, après la coupe, il distribue à chaque joueur deux nouvelles cartes, par ce moyen chacun en a quatre.

Après avoir examiné ces cartes, celui qui en est content, dit qu'il s'y *tient*, autrement il dit *je passe*. Si tous les autres en usent de même, le dernier, qui est le distributeur des cartes, met deux jetons au jeu, indépendamment de ceux par lesquels la poule est formée et de ceux de la *batterie* (1), et il oblige, par ce moyen, tous les autres à garder leur jeu.

Il est bon de faire observer que le joueur qui croit avoir beau jeu, peut proposer la quantité de jetons que bon lui semble : si personne ne les tient, il lève la batterie, et le distributeur des cartes, ou le dernier, doit en outre lui donner deux jetons, à moins qu'il ne fasse lui-même la *vade*.

Si plusieurs des joueurs veulent tenir la *vade*, chacun peut écarter les cartes qu'il juge à propos, sans qu'il ait alors le droit de renvier avant que les joueurs qui tiennent la *vade* aient écarté, et qu'on leur ait distribué autant de cartes qu'ils en désirent, jusqu'à concurrence de quatre.

Les écarts terminés, chacun parle selon son rang : celui qui a ou qui veut feindre d'avoir mauvais jeu, dit qu'il *passe*. Si tous s'énoncent de même, la *vade* reste pour le coup suivant.

Mais si l'un des joueurs a ou veut faire croire qu'il a beau jeu, il renvie en mettant au jeu quelques jetons de plus que ceux qui y sont; dans ce cas, les autres joueurs peuvent tenir ces jetons ou passer; chacun peut même renvier de nouveau; mais si personne n'a tenu le premier renvi, celui qui l'a fait lève tout, et se fait payer par les autres joueurs la valeur de ce qu'il a en points, prime, séquence, tricon, flux et fredon.

Lorsqu'au contraire le renvi est tenu, et que chacun a cessé de renvier, les joueurs intéressés au coup doivent mettre leur jeu à découvert, afin de connaitre celui qui a gagné.

Les chances pour gagner sont le point, la prime, la séquence, le tricon, le flux et le fredon.

(1) C'est ce qu'on propose au delà des enjeux qui forment la poule.

Le point consiste dans l'assemblage de ceux qui réunissent deux ou plusieurs cartes d'une même espèce, comme *cœur*, *carreau*, etc.

Une seule carte ne compte pas pour le point : ainsi, quoiqu'un dix représente dix points, il ne vaut pas un deux et un trois réunis, qui ensemble n'en représentent que cinq.

Pareillement trois cartes d'une même espèce l'emportent sur deux, quoique celles-ci représentent un plus grand nombre de points que celles-là.

Celui qui gagne par le point, reçoit de chaque joueur un jeton, et il emporte en outre la poule, la vade et les renvis.

La *prime* se forme par quatre cartes, dont chacune est d'une couleur particulière. Cette chance l'emporte sur le point : le joueur qu'elle fait gagner reçoit de chacun des autres deux jetons, et la poule ainsi que la vade et les renvis lui appartiennent. Si les points dont la prime est composée s'élèvent au dessus de trente, on l'appelle *grande prime*. La supérieure en points gagne par préférence à l'inférieure.

La *séquence* a lieu, quand trois cartes d'une même couleur se suivent sans intermédiaire : ainsi un deux, un trois et un quatre de cœur, de trèfle, etc., font une séquence. Cette chance l'emporte sur les précédentes, et le joueur qu'elle fait gagner reçoit de chacun des autres trois jetons, indépendamment de la poule, de la vade, et des renvis qui lui sont dévolus. La séquence, qui représente le plus grand nombre de points, est préférée aux autres. Il faut néanmoins excepter le cas où la séquence serait composée de quatre cartes : celle-ci l'emporterait sur celle de trois cartes, quand bien même cette dernière représenterait plus de points que celle de quatre cartes.

Le *tricon* est composé de trois différentes cartes, qui représentent chacune un même point : ainsi trois as, trois deux, trois six forment un tricon. Cette chance l'emporte sur le point, les primes et les séquences. La poule et les accessoires appartiennent au joueur qu'elle fait gagner, et les autres sont d'ailleurs obligés de lui donner chacun quatre jetons. S'il se rencontre plusieurs tricons, le gagnant est celui qui représente le plus grand nombre de points.

Le *flux* se forme par quatre cartes d'une même couleur, comme quatre cœurs, quatre trèfles, etc. Cette chance gagne par préférence à toutes les précédentes : et celui dont elle fait le jeu a le droit d'exiger cinq jetons de chacun des autres joueurs.

Outre les chances dont on vient de parler, et qu'on appelle *les jeux simples*, l'ambigu a ses *jeux doubles :* on les appelle ainsi, parce qu'ils renferment plusieurs jeux simples : par exemple, on a le tricon réuni avec la prime, quand à trois dix ou à trois autres cartes d'un même point se trouve jointe une quatrième carte d'une couleur différente de celles des trois autres cartes. Une telle chance l'emporte sur tous les jeux simples, et vaut à celui qu'elle fait gagner ce que chacun de ces jeux lui produirait en particulier.

Le flux joint à la séquence, produit les mêmes effets que le tricon avec la prime, et l'emporte sur cette dernière chance.

Le *fredon* gagne par préférence à tous les autres jeux, tant simples que doubles. Il est composé de quatre cartes de même valeur, comme quatre deux, quatre cinq, etc. Le joueur, que cette chance fait gagner, reçoit de chacun des autres :

1° Huit jetons pour le fredon ;

2° Deux ou trois jetons pour la prime, selon que les points qu'elle représente sont au dessous ou au dessus de trente ;

3° Enfin il emporte la poule, la vade et les renvis. Le fredon le plus fort est préféré au plus faible. Celui de dix est le plus considérable, et celui d'as est le moindre.

Résumé des règles du jeu de l'ambigu.

1. De deux ou trois jeux égaux, celui qui est le premier en carte l'emporte, si ce n'est point, où deux cartes de séquence, comme quatre, cinq et six l'emporteraient sur deux et sept, ou sur sept et quatre à point égal, et nombre de cartes égales.

2. Celui qui a fait le second renvi ne peut renvier au dessus des autres qui en ont été, sitôt que les cartes sont données pour la dernière fois.

3. Un des joueurs peut renvier sur les autres quand ils ont tous passé, et qu'ils s'y sont engagés ; et le premier pour lors

peut être de ce *renvi* comme les autres, et renvier même au dessus, s'il a assez beau jeu pour cela.

L'on peut, si l'on veut d'un commun consentement, régler les renvis, afin de ne pas s'exposer à une trop grande perte.

4. Quelque grand renvi qu'on fasse, chacun ne peut perdre ni gagner que ce qu'il a de jetons devant lui, ou ceux qui lui sont dus par les autres joueurs, et on ne peut l'obliger de tenir davantage.

5. On ne doit point à ce jeu faire de crédit, c'est à dire ne pas jouer hors de la prise d'un joueur, que comptant. L'on peut même, si un joueur qui a perdu sa prise veut jouer encore, décaver de nouveau, c'est à dire reprendre de nouvelles marques qu'il doit payer auparavant.

6. On peut demander ce qu'on a gagné jusqu'à ce qu'on ait coupé pour le jeu suivant, après quoi on n'y est plus reçu.

7. Il n'est pas permis de tirer de l'argent de sa poche, ni d'en emprunter, après avoir vu la troisième carte ; c'est pourquoi, si l'on a un jeu d'espérance sur les deux premières, on peut le faire quand quelqu'un fait battre, et caver de ce qu'on voudra, disant : J'en suis de tant de jetons.

8. Quoiqu'on n'ait rien de reste devant soi, ou que tout soit engagé au renvi, on ne laisse pas de payer la valeur du jeu à celui qui le gagne, c'est à dire ce que valent les points, primes, séquences, reflux ou tricons, etc., selon qu'on l'a observé ci-devant, encore qu'on ne fût pas des *vades* ni des *renvis*.

9. Toutes les fois qu'on passe, il faut donner les cartes sans battre, et l'on ne bat et coupe que lorsqu'on fait la première et la seconde vade.

Quand il n'y a point assez de cartes pour en donner à chacun, et qu'il lui en faut, après avoir distribué toutes celles qu'on a, on prend celles qui ont été écartées, qu'on bat, et qu'on donne à couper, pour achever de rendre complet le nombre des cartes de chaque joueur.

10. Si quelqu'un des joueurs prévoit que les cartes ne suffisent pas pour les autres, et qu'on sera obligé de prendre les écarts, il lui est loisible de mettre le sien séparément, afin

de ne le point enlever avec les autres, de crainte que les mêmes cartes qui lui sont inutiles ne lui reviennent, et qu'étant bonnes, elles ne fissent beau jeu aux autres.

11. Qui accuse son jeu à faux, comme séquence, flux ou prime, etc., et par conséquent ne les a pas, ne perd rien pour cette méprise ; car, pour que son jeu soit bon, il doit étaler sur table, et les autres pour cela ne doivent point brouiller leurs cartes : s'ils les avaient jetées ou mêlées avec leur écart, celui qui aurait accusé faux ne laisserait pas de gagner en montrant son jeu, pour les punir de leur impatience.

12. Qui a plus ou moins de cartes, soit à la première donne, soit après l'écart, perd le coup et l'argent, supposé qu'il ait été de la vade ou des renvis. C'est pourquoi il est important de prendre garde à son jeu, et de n'en point demander plus qu'il ne faut; car ce n'est point celui qui donne les cartes qui en porte la peine, si ce n'est lorsqu'il en prend trop pour lui-même.

13. Si celui qui donne les cartes manque à les battre et à les faire couper, comme à se servir des écarts, ainsi qu'on l'a dit, il sera obligé de mettre quatre marques au jeu, et perdra son coup, sans que cela soit préjudiciable aux autres, qui ne laisseront pas d'achever leurs renvis et le coup, dont ils seront payés selon la valeur de leurs cartes.

14. Il n'est permis à aucun des joueurs de montrer son jeu ni ses écarts, sous peine de perdre le coup, et de payer encore au jeu quatre jetons.

BASSETTE (jeu de la), sorte de jeu de cartes, qui a été autrefois fort à la mode en France, mais qui a été défendu depuis, et qui n'est plus en usage. On prétend que c'est un noble vénitien qui a inventé ce jeu, et qui pour cela fut banni de Venise. Il fut introduit en France par M. Justiniani, ambassadeur de cette république, en 1674 ou 1675. Ceux qui seront curieux de connaître ce jeu ainsi que ses règles, peuvent consulter l'*Encyclop. Méthodiq.* aux vol. des *Mathématiques*.

BELLE (jeu de la), sorte de jeu de hasard dont le principal

instrument est un tableau aux numéros duquel correspondent d'autres numéros renfermés dans un sac, d'où on les tire pour indiquer les parties gagnantes de ce tableau.

Ce jeu fut imaginé par un Italien, qui le mit en vogue à Paris, dans le dix-septième siècle.

Le tableau, qui en est le principal instrument, est divisé en treize colonnes de huit numéros chacune. Ainsi le tableau contient cent quatre numéros.

Les joueurs sont un banquier et des pontes. Le nombre de ceux-ci n'est point borné.

Le banquier a un sac qui contient cent quatre étuis en forme d'olives, dans chacun desquels se trouve un parchemin roulé où est écrit un numéro du tableau. Ce sac est surmonté d'une espèce de casque à la partie inférieure où se trouve une ouverture garnie d'un ressort, par où un ponte introduit dans ce sac un des étuis dont on a parlé, que le ressort empêche de rentrer dans le sac.

Cette introduction n'a lieu qu'après que le sac a été remué; et les étuis mêlés, tant par le banquier que par les pontes, pour que le hasard dirige seul l'évènement.

Lorsque chaque ponte a fait son jeu, c'est à dire qu'il a placé sur le tableau les jetons ou l'argent qu'il veut risquer, le banquier ouvre le casque avec la clef destinée pour cet effet; il en tire l'étui, et en fait sortir le numéro, qu'il montre à la galerie, et qu'il lit à haute voix. Il s'occupe ensuite du soin de payer les parties que ce numéro fait gagner. Le paiement consiste en une somme proportionnée à la mise que le ponte a faite sur chaque chance.

Quand les paiements sont achevés, tout ce qu'il y a sur le tableau appartenant au banquier, il le retire, remet l'étui et le numéro sorti dans le sac, et les pontes placent de nouveau sur le tableau ce qu'ils veulent jouer.

Au jeu de la belle les chances sont singulièrement variées et multipliées.

Nous n'entrerons point dans de plus grands détails; il nous suffit d'avoir donné une idée de ce jeu pour satisfaire la curiosité. Ceux qui désireront avoir de plus grands éclaircissements, peuvent recourir à l'*Encyclop. Méthod.*, qui entre dans de plus grands développements.

BELLE, DU FLUX ET DU TRENTE-UN (jeu de la). On peut jouer à ce jeu plusieurs personnes; le jeu de cartes doit être entier.

On pose sur la table trois corbillons; on met dans l'un pour la belle, dans l'autre pour le flux, et dans le troisième pour le trente-un. La quotité de la somme est convenue. On peut fixer la partie à tant de coups, comme on le veut.

On tire à qui fera; mais il n'y a point d'avantage à mêler, puisque lorsque la belle, ou le flux, ou le trente-un sont égaux entre deux joueurs; il reste pour le coup suivant, qui alors est double.

Celui qui mêle, donne à chacun des joueurs d'abord deux cartes à l'ordinaire, ensuite une troisième qu'il retourne à chacun; et celui qui a la plus haute carte des retournées, gagne la belle, et tire par conséquent ce qui est dans les corbillons.

Il est bon de faire observer que, quoique l'as vaille onze points pour le trente-un; il est au dessous du roi, de la dame et du valet pour la belle.

Après avoir tiré la belle, chacun des joueurs regarde dans son jeu s'il a le flux; c'est à dire s'il a trois cartes de la même couleur, et celui qui l'a plus fort; l'as vaut pour le flux onze points, et sert à le faire gagner; et lorsque personne n'a le flux, on le remet au coup suivant, en l'augmentant si on le désire.

Enfin, après que la belle et le flux sont tirés, on en vient au trente-un; et chacun examinant son jeu, et après avoir compté en lui-même les points qui le composent, s'il approche de trente, et que selon la disposition des cartes, il craigne de passer trente-un, il s'y tient, sinon il en demande; et celui qui a mêlé en donne du dessus à chacun qui lui en demande selon son rang, en commençant par sa droite.

On ne donne qu'une carte à chacun des joueurs qui en demandent, et on ne recommence à donner que lorsque le tour en est fait ; celui qui mêle peut en prendre à son tour, lorsqu'il trouve avantageux pour son jeu d'aller à fond.

Lorsque les joueurs qui ont été à fond, ou qui, sans y aller, ont au dessus de trente-un pour le point, ils ne sauraient gagner ; mais celui des autres joueurs qui a trente-un, ou si personne n'a ce point justement, c'est celui qui a le plus proche de trente-un qui gagne, ce qui fait que lorsque l'on a vingt-huit, vingt-neuf, ou trente, on s'y tient, sans hasarder de prendre une carte qui pourrait porter le plus au dessus desdits trente-un.

Lorsqu'il y a plusieurs trente-un, c'est celui qui l'a plus tôt qui gagne ; c'est pourquoi celui qui a trente-un, doit avertir dès qu'il l'a ; et si deux ou plusieurs l'avaient dans un même tour, on renverrait le coup au jeu suivant ; on ferait de même d'un point plus bas, et qui serait égal, s'il était le point gagnant.

BÊTE (jeu de la). Ce jeu, qui a beaucoup de rapports avec la mouche et la triomphe, ne se joue guère que dans le fond de quelques départements, et a fait place dans la capitale à la mouche. Ainsi nous croyons superflu d'en faire mention ici. Voy. *Mouche* et *Triomphe* (jeux de).

BILLARD (jeu de). Ce terme s'emploie en trois acceptions différentes ; il signifie en premier lieu un jeu d'adresse et d'exercice, qui consiste à faire rouler une balle d'ivoire pour en frapper une autre, et la faire entrer dans des trous appelés *blouses*.

On donne pareillement le nom de billard à la table sur laquelle les joueurs s'exercent. Le billard est composé de quatre parties principales ; savoir : la table, le tapis, le fer et les bandes. La table est carrée, oblongue, garnie de quatre bandes de bois, rembourrée de lisières de drap et couverte d'un drap vert attaché en dessus avec des clous de cuivre. Aux quatre coins de la table et au milieu de longues bandes, sont pratiqués des trous ou des blouses pour recevoir les billes, et aux deux tiers de la table, vers le haut, est un fer appelé *passe*. Mais ce fer a été supprimé, parce qu'on en a reconnu l'inutilité.

Enfin on appelle billard la masse ou la queue recourbée avec laquelle on pousse les billes. Elle est ordinairement garnie par le gros bout, ou d'ivoire ou d'os simplement. On peut même se passer de cette garniture. On tient cet instrument par le petit bout, et l'on pousse la bille avec l'autre bout.

Quand on joue de la pointe, cette espèce de bâton se nomme queue; et c'est presque toujours avec le petit bout qu'on pousse les billes.

Tout consiste dans le jeu de billard à reconnaître de quelle manière il faut frapper avec sa bille celle de son adversaire; afin de faire tomber celle-ci dans une des blouses, en évitant de s'y perdre soi-même. Ce problème, comme presque tous les autres propres au jeu de billard, reçoivent leur solution des deux principes suivants :

1° L'angle d'incidence de la bille contre une des bandes ou rebonds du billard, est égal à l'angle de réflection.

2° Lorsqu'une bille en rencontre une autre, si l'on tire une ligne droite entre leurs centres, laquelle conséquemment passera par le point de contact, cette ligne fera la direction de la bille frappée après le coup.

On distingue plusieurs sortes de parties de billard, pour chacune desquelles on suit des règles particulières, indépendamment des règles générales.

Règles générales pour toutes sortes de parties de billard.

1. Le billard a un *quartier* d'où l'on joue en commençant la partie. Il est marqué par une ligne droite tirée d'une des bandes longues à l'autre. Cette ligne et le point de la rouge se mettent en général au cinquième à peu près. Le joueur qui a la bille en main ne peut se placer au delà de cette ligne.

2. Lorsque les joueurs veulent tirer à qui commencera, ils doivent donner leurs coups ensemble. Celui dont la bille approche le plus de la petite bande d'où ils ont tiré, a le choix de commencer la partie.

3. L'on nomme le *haut* et le *bas* du billard, et c'est toujours en longueur; le *bas* est du côté de la bille à jouer.

4. Une fois la main placée pour ajuster, celui qui touche sa bille en mirant perd un point ou deux, suivant les conventions, et perd un coup. Cette règle a lieu toutes les fois que l'on joue la bille en main; il suffit de l'avoir poussée hors de la ligne du quartier. Voy. l'art. 21.

5. Dans aucune partie quelconque, il n'est permis d'avoir le corps ou les pieds hors de la direction de la grande bande, lorsque l'on joue la bille en main.

6. Il n'est jamais permis de jouer sans avoir au moins un pied sur le parquet, quelque incommode que soit la position; comme aussi d'abandonner la queue des deux mains après avoir visé le coup.

7. Lorsqu'un joueur, ajustant son coup, touche légèrement sa bille, et s'empresse de la pousser ensuite, son adversaire a toujours le droit, avant de jouer, d'exiger non seulement le point, mais encore ceux perdus par suite d'un second coup, s'il en arrivait ainsi. Pour le replacement des billes, c'est au choix de l'adversaire. Voy. l'art. 11 ci-après, sans aucun égard pour le deuxième coup donné.

Si au contraire le joueur, après avoir touché sa bille, la poussant une deuxième fois, faisait des points, il ne compte rien, et en perd également un ou deux.

8. Si, dans le moment même de l'exécution d'un coup, le joueur remue une bille quelconque, soit avec la queue, soit avec le corps, il perd un point, et ne peut rien acquérir de la suite de son coup.

9. Quoique l'adversaire ait demandé sur le moment même le point d'une bille touchée, ou d'une faute quelle qu'elle soit, il conserve néanmoins le droit d'acquérir tous ceux perdus par suite du coup, ainsi qu'il est dit à l'art. 7.

10. Qui *billarde* perd un point, et les billes restent où elles se trouvent. *Billarder* est quand un même coup chasse les deux billes à la fois; c'est à dire lorsque l'impulsion donnée à sa propre bille est en même temps reçue par une autre, et qu'il n'y a pas eu deux coups distincts.

11. Qui *bâtonne* sa bille perd trois points, et la prend en main, au choix de l'adversaire. S'il réclame seulement *les* ou *le* point du manque à toucher, la bille reste où elle est.

Si celui qui *bâtonne* sa bille fait des points bons, il n'acquiert rien, et, au contraire, il perd tous ceux mauvais; mais alors son adversaire n'a plus le droit de faire laisser sa bille sur la table; de même lorsqu'elle va dans la blouse.

L'on nomme *bâtonner* quand une bille n'ayant pas été frappée d'abord sur son centre, l'est une deuxième fois par un des côtés de la queue.

On confond souvent le mot *bâtonner* avec celui de *queuter*. C'est une erreur, parce que l'acception de ces deux mots est différente. Pour *bâtonner*, l'on commence souvent, il est vrai, par *queuter*, mais l'on peut très bien faire *fausse queue* sans *bâtonner*; et alors il n'y a pas faute à marquer, le simple *queutage* n'étant qu'un coup donné de l'un des bords de la pointe de la queue sur un des côtés de la bille, au lieu d'avoir rencontré les deux centres.

12. Lorsque deux billes se baisent, dont une est celle à jouer, l'on doit chasser de là celle-ci sans remuer l'autre, sinon l'on se trouve dans le cas des art. 9 et 10 ci-dessus. Pour caramboler dans cette position, il suffit d'envoyer sa propre bille sur une autre.

13. Qui lève, ou seulement remue une bille fixée sans le consentement de l'adversaire, perd un point.

14. Si l'adversaire arrête une bille roulante, et que le joueur ne se soit pas perdu, ce dernier compte la valeur de la bille en sus de ce qu'il a gagné. Si c'est une colorée, on la place à son poste; si c'est une blanche, elle est en main.

Si la bille arrêtée ou déviée est celle de celui qui l'a arrêtée, le joueur a l'arbitre de la faire placer contre la bande vers laquelle elle se dirigeait; mais alors il n'acquiert pas les deux points.

15. Dans le cas précédent, si le joueur s'est perdu, celui qui arrête la bille ne lui fait rien acquérir, et compte la perte faite. Le joueur ne conserve que le droit du choix pour toutes les billes.

16. Si la bille du joueur est arrêtée ou déviée par l'adversaire avant qu'elle en ait touché une autre, celui-ci perd la valeur de la bille sur laquelle celle déviée était dirigée ; et le joueur continue, si c'est dans une partie à suivre.

17. Si le joueur lui-même, ne s'étant pas perdu, arrête une bille, il ne perd rien, etc., comme à l'art. 14 ci-dessus : mais lorsqu'il s'est perdu, l'adversaire acquiert la valeur de la bille arrêtée; si elle n'est moindre de la perte, on a le choix comme il est dit à l'art. 15.

18. Lorsque le joueur arrête ou dévie sa bille, il perd autant de points qu'il en a gagné.

S'il n'a rien fait, il perd la valeur de la bille sur laquelle il a joué.

S'il arrête ou dévie sa propre bille avant qu'elle en ait touché une autre, il perd trois points. Dans tous ces cas, il prend la bille en main.

19. L'on ne peut perdre plus que l'on n'aurait gagné.

20. Qui se perd sans toucher fait acquérir trois points à l'adversaire.

21. Qui manque de touche, et ne se perd pas, fait compter un point à son adversaire, pourvu toutefois que sa bille soit arrivée à la hauteur d'une autre sur laquelle il a le droit de jouer ; il suffit, pour cela, qu'elle touche la ligne que l'on peut tirer de l'épaisseur de l'autre bille.

22. Celui qui, en jouant, fait sauter sa bille hors du billard, perd comme s'il l'envoyait dans une blouse.

Le saut droit, c'est à dire d'une autre que sa propre bille, est nul dans toutes les parties où il entre plus de deux billes ; elles se mettent à leur place.

23. Celui qui joue une autre bille que la sienne perd son coup seulement ; s'il fait une bille de couleur, on la place sur la blouse ou à son poste, au choix de l'adversaire ; si c'est une blanche, son poste est en main.

Si la bille faite est le casin, on le met d'acquit, ou il reste sur le bord de la blouse.

Si celui qui se trompe joue avec la bille de l'adversaire, même règle que dessus, avec la différence que ce dernier est libre d'adopter, pour la suite, celle des deux qu'il lui plaira.

24. Qui perd un point par son jeu, ne peut en acquérir par le même coup.

25. Dans toutes les parties où l'on donne l'acquit, celui qui, le donnant, envoie trois fois sa bille dans une blouse, ne perd rien ; mais celui qui joue après peut le faire placer au milieu de la petite bande, à la distance de deux billes : après la seconde fois, il est libre de le donner lui-même.

26. Celui qui, après avoir donné le coup pour s'acquitter, touche une seconde fois sa bille, est dans le cas du troisième coup de l'art. 25.

27. Lorsqu'une bille saute hors du billard, et qu'elle y rentre après avoir heurté quelqu'un ou un meuble, elle est bonne, et compte comme si elle était dans la blouse.

De même est perdue celle qui, étant sur bande, est touchée et repoussée. Est également perdue celle qui reste sur la bande.

28. L'on ne doit jamais jouer qu'avec la pointe de la queue. Mais l'usage est admis en France de se servir du gros bout.

29. Lorsqu'une bille se trouve partagée en deux portions égales par la ligne du quartier, elle est censée dedans.

30. Dans toutes les parties possibles, celui qui a perdu la dernière, commande pour commencer la suivante. Cependant l'usage a prévalu que dans les parties à suivre celui qui gagne ait le droit de commencer.

31. Dans le cas où une bille quelconque, se trouvant sur le bord d'une blouse, tombe pendant qu'une autre roule, et sans être heurtée, le jeu va comme s'il n'y avait pas eu de bille sur le bord, et elle s'y replace.

Si la bille qui est en mouvement s'arrête aussi sur le bord, celle tombée se remet le plus près de la place qu'elle occupait, et sans toucher l'autre.

32. Lorsqu'une bille arrive sur le bord d'une blouse, s'arrête et puis tombe, l'on ne peut pas établir une règle précise autre que celle de s'en rapporter au marqueur et à la galerie, qui décideront si la bille est tombée spontanément de son premier mouvement, ou après s'être évidemment arrêtée.

Dans ce dernier cas elle ne compte pas, et on la place sur le bord, parce que la chute provient d'une autre cause que du coup.

Il existe encore quelques règles relatives à la police du billard, aux devoirs des marqueurs, et à la conduite à tenir par les parieurs, que nous nous abstiendrons de rapporter, parce qu'elles sont ou généralement connues, ou parce qu'elles varient suivant les conventions et les circonstances.

PARTIES FRANÇAISES AVEC DIVERSES BILLES.

Il y en a plusieurs espèces; savoir : la partie ordinaire, la partie à suivre, à trois billes; celle de cinq billes, dite *russe*, et celle du doublet.

Partie ordinaire. 1. En général, pour toutes les parties françaises, l'on doit faire, en dedans de la ligne qui forme le quartier, un demi-cercle d'environ un pied de largeur, et dont le point doit être le centre. Dans ce demi-cercle est circonscrit le joueur qui a la bille en main; il ne peut la placer en dehors pour donner son coup.

2. Cette partie va en vingt points, et l'on ne joue qu'un coup chacun : celui qui commence doit jouer sur la rouge.

3. Il y a trois billes égales; savoir : deux blanches et une rouge; les blanches, que l'on fait aller dans une blouse quelconque, comptent deux points, et la rouge trois.

4. Dans toutes les parties où il y a une bille rouge, on la place à son poste au commencement de chaque partie : de même lorsqu'on la fait aller dans une blouse, ou hors du billard, son point doit être marqué, et doit former le centre du carré du haut du billard.

5. Lorsque les deux billes se trouvent dans le quartier, et celle à jouer en main, il faut battre sur la bande du haut avant de toucher les billes : c'est ce que l'on nomme *coup du bas*.

6. Celui qui fait sauter sa propre bille hors du billard, perd comme s'il l'avait envoyée dans une blouse.

Le saut droit, c'est à dire de la bille adverse, est nul. La rouge se met à son point, et la blanche en main.

7. Celui qui touche deux billes avec la sienne acquiert deux points ; ce que l'on nomme *caramboler*.

8. On peut jouer à volonté sur la rouge ou sur la blanche.

9. Si le point de la rouge se trouve occupé lorsqu'elle est faite, on la place sur celui du quartier ; si celui-ci l'est aussi (et il est censé l'être lorsque la bille à jouer est en main), on la place sur le point qui forme le milieu du billard entre les deux blouses. Dans tous les cas, le joueur peut battre dessus ; si elle n'a pas été touchée sur le coup, elle reprend sa place naturelle.

Partie à suivre. Cette partie va en vingt-quatre points, et a les mêmes règles que la précédente, avec la différence que celui qui acquiert des points continue de jouer.

Partie des cinq billes, ou dite *russe.* 1. Cette partie va en quarante points, et se joue avec cinq billes ; savoir : deux blanches, une rouge, une rose ou bleue céleste, ou verte, et une jaune.

2. Les blanches comptent deux, la rouge trois, la rose quatre, et la jaune six. Les blanches se font partout ; la rouge et la rose aux quatre coins seulement ; au milieu elles perdent ; et la jaune, aux seules blouses du milieu ; ailleurs elle perd autant qu'elle aurait gagné, c'est à dire six points.

3. Celui qui acquiert des points continue de jouer.

4. Celui qui commence donne son acquit hors du quartier, où bon lui semble, et sans être tenu de battre sur la bande.

5. Si en donnant son acquit l'on touche les billes, on perd autant de points que de billes touchées ; ces dernières restent où elles se trouvent : si elles vont en blouse, elles se remettent sur leurs points respectifs.

6. Celui qui, par erreur, donne l'acquit, et touche une ou plusieurs billes, doit rester acquitté, et perd également comme à l'art. 5 ci-dessus.

7. Celui qui joue le second doit battre le premier coup sur la bille blanche ; s'il touche les autres avant, comme ci-dessus art. 5, après ce premier coup, l'on joue sur celle que l'on veut.

8. La bille rouge se met sur le même point qu'aux autres

parties, la jaune au milieu, et la bleue sur celui qui forme le centre du demi-cercle du quartier.

9. Pour les billes qui sont dans le quartier, c'est à dire pour le coup du bas, *voy.* l'art. 5 de la partie ordinaire.

La bleue sur son point est dans le quartier.

10. Lorsque la place d'une bille faite se trouve occupée, cette dernière se met sur le point vacant le plus éloigné du joueur; s'ils sont tous occupés, on la met contre la petite bande la plus éloignée, et dans la direction des autres billes. On peut jouer dessus, comme à l'art. 9 de la partie ordinaire.

11. Celui qui arrête ou seulement dévie une bille roulante, n'étant pas le joueur, et que celui-ci ne se soit pas perdu, perd la bille touchée, et le joueur continue.

12. Si le joueur touche une bille roulante de couleur, ou la sienne, il en perd la valeur, et rien si c'est celle de l'adversaire; mais celui-ci est maître de la laisser où elle se trouve, ou de la prendre en main.

Partie du doublet. Il y en a de plusieurs espèces : le simple et ceux composés.

Tous se jouent avec trois billes, deux blanches et une rouge.

Doublet simple. 1. Cette partie finit en douze points sans suivre, et seize, continuant de jouer en gagnant des points.

2. Le premier qui joue doit battre sur la rouge.

L'on nomme *doublet*, lorsque la bille sur laquelle on joue frappe une bande et va dans une blouse opposée.

3. Le *contrecoup* est considéré doublet. Il y a un contrecoup quand une bille, ayant frappé sur une bande, rencontre une autre bille quelconque qui l'envoie dans une blouse même de la bande frappée.

4. Le coup *dur* est considéré doublet. Un coup est dur quand une bille, touchant la bande, est frappée en plein par une bille qui la fait entrer dans une blouse.

5. La bille faite sans être doublée, autrement dit faite *au même*, est nulle. La rouge se place sur son point, et la blanche en main.

Les *doublets composés* sont les parties suivantes : toutes vont en seize points.

La première. 1. La bille faite par *bricole*, c'est à dire lorsque le joueur frappe la bande avant la bille, compte comme doublet.

2. La bille au même est nulle, etc., comme dessus, avec la différence que la blanche se place sur le bord de la blouse où elle a été faite.

3. L'une par l'autre compte comme doublet. Cela veut dire qu'en envoyant la bille sur laquelle on a joué contre une troisième, celle qui va dans la blouse est bonne, ainsi que celle sur laquelle on a carambolé.

La seconde. Dans celle-ci, la bricole n'est pas comptée pour doublet, mais bien l'une par l'autre.

Qui fait une bille *au même* perd.

La troisième. Dans celle-ci, ni la bricole, ni l'une par l'autre ne sont bonnes ; elles perdent comme faites *au même*, etc.

Comme l'on voit, ce sont des parties de convention, et chaque joueur peut en former une à sa guise ; mais elles sont toutes soumises aux règles générales.

PARTIE OU L'ON EST PLUSIEURS JOUEURS.

A trois ou à quatre.

Lorsque l'on n'est que trois, chacun fait *la chouette* à son tour, c'est à dire joue seul contre deux qui alternent.

1. Deux joueurs sont contre deux autres ; ils se remplacent alternativement à mesure qu'ils perdent deux points, ou comme ils seront convenus avant de commencer.

2. Chaque partie finie, l'on change de partenaire ; et après le tour, ou les trois parties, on récapitule le jeu.

3. Une fois le tour commencé, l'on ne peut quitter le jeu sans un mutuel consentement.

4. Chaque partie, après la mutation faite, on tire pour savoir qui jouera le premier, puisque c'est toujours une partie nouvelle.

5. Les partenaires commencent à volonté.

Quelque faute que fasse le partenaire qui n'est pas le joueur, compte comme s'il l'était.

6. Chaque partenaire est libre de donner son avis, citer les points et conseiller.

7. Dans le tour à trois, lorsque l'on est deux contre un, le partenaire qui n'est pas le joueur doit être passif, c'est à dire qu'il ne peut point avertir son second pour une erreur quelconque, excepté celle des points.

8. Celui qui joue lorsque c'est à son partenaire fait bon jeu, c'est aux adversaires à l'en empêcher.

Quant aux parties, *voyez* les *Règles générales*.

Il y a encore les parties dites *de commande*, on les place dans la classe de celles de convention.

Le joueur doit d'abord toucher la bille désignée par l'adversaire ; sinon il perd, et l'on remet les billes touchées.

Quant aux principes, ils doivent être invariables.

PARTIES A DEUX BILLES, DITES BLANCHES.

Les parties ainsi dénommées sont celles qui ne se jouent qu'avec deux billes ; il y en a de plusieurs espèces, savoir : la partie ordinaire, celle de la perte, celle de la blouse défendue, etc.

Partie ordinaire. 1. Cette partie va en dix points, si c'est au *même* ; en huit, si c'est au *doublet* : chaque bille compte deux.

2. Le premier qui joue donne son *acquit*, et dans la suite, celui qui gagne des points d'une bille faite ou perdue.

3. Le saut compte pour celui dont la bille reste sur le billard.

Si le joueur saute en faisant bille, il perd ; s'il se perd en faisant sauter, également.

Partie de la perte. 1. Cette partie va en douze points, et commence également par un *acquit*.

2. Celui qui fait bille, soit au saut, soit en blouse, sans se perdre, fait compter deux points à l'adversaire ; s'il saute en faisant bille, il en perd quatre.

2.

3. Celui qui se perd après avoir touché, gagne deux points ; s'il fait en même temps la bille adverse, ou au saut, il en gagne quatre.

4. Pour l'acquit, *voyez* l'art. 2 de la *Partie ordinaire*.

Partie de la blouse défendue. 1. Cette partie va en huit points.

Le premier qui joue donne son acquit, et indique une blouse où l'adversaire ne peut faire la bille sans perdre les deux points; ainsi de suite sur chaque coup à jouer.

2. L'acquit ne se donne, comme aux deux parties ci-dessus, que lorsqu'il y a une bille hors du jeu.

3. Comme dans toutes les parties, celui qui perd a le droit de donner l'acquit.

4. Le saut droit est bon, et peut s'indiquer comme une blouse.

5. Qui joue avant qu'on lui ait désigné une blouse, perd ce qu'il fait.

PARTIES DE LA POULE OU DE LA GUERRE.

Il y en a de plusieurs espèces : les unes se jouent avec deux billes, quoique les joueurs soient plus nombreux; les autres avec une bille pour chaque joueur.

On distingue ces dernières par la dénomination de *guerre*, parce qu'elles en sont l'image.

L'usage ayant adopté celle de *poule* pour la première, on ne la change pas.

Poule à deux billes. 1. Avant de commencer, les joueurs tirent les numéros, pour établir quand et après qui chacun devra jouer.

2. Une fois les numéros distribués, personne ne peut entrer dans la poule sans le consentement *unanime* des joueurs.

3. Le n° 1 donne l'acquit, et appelle le n° 2, ainsi de suite jusqu'au dernier, qui appelle le 1, et l'acquit une fois donné ne peut se reprendre pour aucune raison.

4. Avant de commencer, les joueurs doivent convenir en combien de points ou marques ira le jeu.

5. On doit jouer avec la bille qui a reçu le coup.

6. Un manque de touche compte comme une bille faite.

7. Le saut droit est bon ; celui de sa propre bille perd.

8. Dans aucun cas, on ne peut prendre plus d'une marque sur le même coup.

9. Chaque marque prise, le joueur suivant doit donner son acquit.

10. On ne peut pas jouer deux fois de suite, à moins que ce ne soit pour *prendre à faire*, comme il est expliqué à l'art. 14 ci-après.

11. Quand un joueur a la quantité de points fixés, il se retire du jeu, ainsi de suite jusqu'au dernier, qui est celui qui gagne la poule.

12. Dans aucun cas, l'on ne peut jouer deux billes à la fois, c'est à dire que celui qui n'est pas encore hors du jeu, ne peut pas jouer la bille d'un autre, ni avoir deux numéros à jouer ; de même si la bille vendue existe encore.

13. Quand il ne reste plus que deux joueurs, celui qui prend la marque reçoit l'acquit.

14. Lorsque l'on veut jouer une bille qui n'est pas la sienne, l'on doit en avertir le propriétaire à haute voix, en disant : *Je prends à faire*, c'est à dire par là que l'on s'engage à faire la bille, ou de prendre la marque.

Dans le cas où plusieurs joueurs *prennent à faire*, le droit appartient à celui qui a parlé le premier : s'il n'a pas été distingué, le sort en décide.

Le propriétaire seul a la préférence, mais il est soumis à la même peine.

15. Celui qui joue lorsque ce n'est point à lui, sans avoir dit qu'il *prenait à faire*, prend une marque ; et s'il fait bille, celui à qui elle appartient la prend aussi.

16. Lorsque l'on a *pris à faire*, ou qu'un autre a joué comme dessus, art. 15, le coup compte pour le propriétaire, c'est à dire que c'est au numéro suivant à s'acquitter.

17. Quand un joueur fait faute, tous ceux du jeu ont droit de faire marquer ; mais si la faute n'est observée que par un spectateur neutre, la marque ne peut avoir lieu.

18. Celui qui joue la bille *en main* peut se placer où bon

lui semble en dedans de la ligne du *quartier*, d'une bande à à l'autre.

Les autres poules à deux billes sont de convention.

Au doublet, la perte, blouse défendue, etc., les principes et les règles sont les mêmes que pour la partie dont la poule prend le titre.

La guerre, ou poule à toutes billes. Elle se joue de plusieurs manières, selon la convention : sur la plus près, la plus éloignée, ou la dernière jouée ; au même, ou au doublet, et à blouse défendue, etc.

Les règles sont les mêmes en général que pour les parties ; et voici celles qui sont particulières à la guerre.

Jouant sur la plus près. 1. L'on procède au commencement comme à la poule à deux billes ; mais elles doivent être toutes numérotées, afin de pouvoir être reconnues sur le tapis.

2. L'on fait en dedans du *quartier*, et contre la ligne transversale, un demi-cercle, ainsi qu'on le pratique pour les parties françaises, mais de quelques pouces plus grand. Celui qui joue la bille *en main* ne peut pas se placer hors de son enceinte.

3. L'on doit toujours jouer sur la plus proche de celles hors du *quartier*. Lorsqu'il n'y en a pas, l'on joue sur celles qui sont dedans, si l'on n'est pas en main ; autrement, l'on donne l'acquit, ainsi que lorsqu'il n'y a plus de billes sur le jeu.

4. Avant de jouer, l'on doit toujours faire reconnaître la bille sur laquelle l'on bat, afin d'éviter toutes discussions.

5. Toutes les billes qui vont en blouse, ou qui sautent hors du billard par suite du coup joué, prennent la marque, si le joueur ne s'est point perdu.

6. Qui touche une bille avant celle sur laquelle il devait jouer, prend la marque, et a la bille *en main* ; l'autre se replace.

7. Celui qui fait bille, continue toujours sur la plus proche.

8. Si celui qui a *pris à faire* veut continuer, il doit le dire

chaque fois, et il a la préférence sur les autres joueurs, hors le propriétaire de la bille.

9. Dans aucun cas, l'on ne peut ôter une bille qui gêne, pour jouer le coup.

10. L'on ne prend la bille *en main* que lorsque la marque a eu lieu par l'action du jeu. Mais si c'est pour avoir arrêté ou dévié une bille, celle de celui qui prend la marque reste où elle est.

Si le joueur, dans l'action de son coup, touche une bille avec la main ou le corps, il se trouve dans le premier cas de cet article.

La guerre à blouse défendue, à toutes billes. Mêmes règles que pour la partie et la guerre précédentes, avec les différences suivantes.

Jouant sur la plus près. 1. La marque se divise en deux points, c'est à dire qu'il faut manquer deux fois de toucher pour prendre une marque.

Une simple faute ne compte qu'un point, et la bille reste sur le billard.

2. La bille ne peut être *en main* que lorsqu'elle a été dans une blouse, ou hors du billard; ce qui fait que l'on peut prendre plusieurs marques de suite et sur un seul coup.

3. Celui qui se perd sans toucher prend une marque et un point.

4. Lorsqu'un joueur a fait toutes les billes qui étaient sur la table, il ne donne point son acquit, comme aux autres guerres; sa bille reste où elle est, le joueur suivant bat dessus si elle se trouve dehors du quartier.

5. Si l'on est dans le cas de l'art. 21 des *Règles générales*, l'on peut prendre la marque par un manque de toucher.

6. S'il arrive qu'une bille, autre que celle sur laquelle on a joué, aille dans la blouse défendue, elle est bonne, pourvu que la première n'y soit pas.

7. Lorsque la bille jouée est faite dans la blouse défendue, toutes celles qui le sont par le même coup sont nulles, et *en main.*

8. Dans quelque guerre que ce soit, lorsqu'il y a parité de distance ; le choix reste au joueur.

Nous ne parlons point de la partie des quilles avec le casin ou sans le casin, ni de celle du *tocco*, parce que ces parties qui se jouent particulièrement en Italie, ne le sont presque pas en France.

PARTIES A DEUX BILLES, DITES BLANCHES.

Les parties ainsi dénommées sont celles qui ne se jouent qu'avec deux billes ; il y en a de plusieurs espèces, savoir : la partie ordinaire, celle de la perte, celle de la blouse défendue, etc.

BIRIBI. Sorte de jeu de hasard qui a une grande analogie avec celui de la Belle. Voy. *Belle* (jeu de la).

Il y a au biribi comme à la belle un tableau, aux numéros duquel correspondent d'autres numéros renfermés dans un sac, d'où on les tire pour indiquer les parties qui viennent à gagner. Mais il y a cette différence entre le tableau de la belle et celui du biribi, que le premier contient cent-quatre numéros, et que le second n'en a que soixante-dix.

Il y a au jeu dont il s'agit un banquier et des pontes en nombre illimité, comme à la belle.

Lorsque les pontes ont fait leur jeu, qui consiste à placer sur le tableau ce qu'ils veulent risquer, le banquier lit le numéro que le sort a fait sortir du sac, comme à la belle, et ensuite il paie les parties sur lesquelles s'étend ce numéro. Le paiement consiste en une somme qui équivaut à soixante-quatre fois la mise du ponte sur le numéro sorti.

Quand les paiements sont achevés, on commence comme à la belle une nouvelle partie.

Au biribi, les chances ne sont ni moins variées ni moins multipliées qu'à la belle. Nous n'entrerons point dans l'examen de ces chances relatives tant au banquier qu'aux pontes, attendu que ce jeu ne se joue plus, et a fait place à la roulette. Ceux qui voudront les connaître peuvent consulter à ce sujet l'*Encycl. méth.* et le *Diction. des Mathématiques*.

Nous terminerons cet article par faire observer qu'au biribi, comme à plusieurs autres jeux, l'avantage est toujours pour le banquier ; en voici la preuve : placez un franc sur chacun des soixante-dix numéros qui composent le tableau, le banquier paiera pour le numéro sorti soixante-quatre francs ; ainsi il lui restera six francs en pure bénéfice, qui équivaut à 6'70.

BOSTON (jeu du). Ce jeu qui nous vient, selon quelques uns, d'Amérique, est aujourd'hui dans la plus grande faveur, et surtout dans la capitale. Un bon Parisien et une douairière du Marais ne se coucheraient pas satisfaits, sans avoir fait leur partie à ce jeu.

Le boston est un peu compliqué, et demande une certaine tension d'esprit dont certains individus ne sont pas susceptibles.

Ce jeu se joue à quatre personnes, qui doivent avoir chacune un panier composé de cent vingt fiches, et une corbeille pour la mise du joueur.

La partie est composée de dix tours, huit simples et deux doubles.

Après dix tours, il faut le consentement des quatre joueurs pour partager ce qui est dans la corbeille ; car si l'un d'eux refuse, il faut continuer le jeu jusqu'à ce qu'il n'appartienne plus rien de la corbeille au refusant, sans y rien fournir de sa façon.

Après les dix tours joués, un seul joueur peut demander à cumuler ce qui appartient et ce qui est dû à la corbeille.

On tire les places comme aux autres jeux ; les places tirées, on ne peut plus changer de place tant que la partie dure.

Pour savoir à qui donnera, le premier prend indistinctement une place. Un des joueurs prend un jeu de cartes, qu'il divise en quatre parties ; chaque joueur en prend une, et celui qui trouve dans son tas la dame de cœur, est désigné pour donner le premier.

Le jeu de cartes doit être composé de cinquante-deux ; il y a quatorze à-touts, le valet de carreau, que l'on nomme *boston,* et les treize autres cartes de la couleur dans laquelle on joue.

De telle couleur que l'on joue, *Boston* ou le valet de carreau est toujours à-tout ; il est le maître partout, ensuite l'as, le roi, la dame, etc.

Le valet de cœur remplace le valet de carreau dans l'emploi du boston lorsqu'on joue en carreau, car le valet de carreau n'est plus qu'un à-tout ordinaire à son rang.

Le jeu se règle à chaque coup par la demande qui se fait de la couleur dans laquelle le coup se présentera.

Manière de distribuer les cartes. Celui qui a obtenu dans son tas le valet de carreau, est celui qui doit donner le premier les cartes ; il commence à mettre la corbeille à sa droite, pleine ou vide ; il la garnit de dix fiches en simples tours, ou de vingt en tours doubles : elle peut être garnie d'une plus grande quantité, si les joueurs en conviennent avant la première coupe des cartes. Il aura soin de faire couper à gauche et de distribuer à droite, et à lui en dernier. La dernière qui lui reste dans la main, après la distribution, est celle qui donne la couleur de l'à-tout. Il laisse cette carte retournée sur le tapis jusqu'au moment que le premier à jouer aura couvert la table de sa carte. Il peut également distribuer le jeu, comme il le veut, en moins ou en plus de cartes.

Cartes vues ; cartes rebattues. Règle sacramentelle de ce jeu. Si ce n'est pas la faute du donneur que la carte a été vue, il recommence la donne ; mais si c'est par sa faute, la donne passe au suivant sans partage de corbeille.

Des couleurs. L'on ne joue qu'en deux couleurs qu'on appelle la belle et la petite. La première fois que les cartes sont données, celle qui est retournée, c'est celle qui se nomme la *belle,* et elle reste la belle pendant toute la partie.

Pendant les autres donnes, c'est celle qu'on retourne qui s'appelle en petit ; cependant si le hasard donne en retourne la belle, elle reste belle, et on doit jouer en belle.

On ne peut jouer dans les quatre couleurs qu'en demandant le *solo* ou l'*indépendance.*

Evitez la multiplicité des couleurs, la passe augmentera la corbeille.

Aussitôt que les cartes sont coupées, la corbeille qui se trouve à droite du donneur indique celui qui donnera après; il doit surveiller la corbeille, et avoir soin de la faire garnir avant que les cartes ne soient coupées. Il répond de tout ce qu'elle contient.

Si ceux qui ont gagné la corbeille ne la prenne pas avant les cartes coupées, tant pis pour eux; tout ce qui s'y trouve reste pour ceux qui la gagneront, et ils la prendront.

Sitôt la corbeille en place et les cartes coupées, personne n'a le droit de prétendre à aucun paiement.

De la parole, et des deux sociétés. On entend par la parole, l'action de parler chacun à son tour pour pouvoir être d'accord sur le règlement du jeu après les cartes distribuées, soit pour fixer la couleur ou la passe.

On ne doit point désigner les couleurs qu'on désirerait que son associé jouât, soit par paroles, soit par signes, parce que l'abandon de la partie par les deux autres joueurs serait justifié.

Si, par hasard, un joueur, en jetant sa carte sur table, annonce cœur, et que ce soit un trèfle, le trèfle doit y rester; la fausse annonce n'entraîne pas de peine.

Etant de coutume que le coup se joue à deux, il est juste que les fautes, les profits et les pertes soient communs aux deux joueurs, sauf les exceptions qui seront indiquées aux levées et aux renonces.

Celui qui se trouve à la droite du distributeur, étant le premier en cartes, a le droit de parler le premier; il peut demander à jouer dans la couleur qu'il désigne, en nommant seulement la couleur; mais il ne peut désigner ni montrer la carte qu'il dépose retournée sur la table, ou bien il passe.

Celui qui a une fois dit, *je passe*, ne peut plus revenir sur sa parole, et ne peut plus demander; si au contraire il a annoncé par paroles, *je demande*, et qu'il prétende qu'il s'est trompé, il est forcé de jouer, sans rémission.

Le joueur qui est forcé de jouer, doit dire si c'est en belle ou en petite, et ne peut jouer que sur ce qu'il a annoncé.

Si les quatre joueurs passaient les uns après les autres, la corbeille passe de droit, telle qu'elle est, au joueur suivant, qui alors distribue des cartes nouvelles. Si le premier en cartes demande, le second a le droit de passer ou d'accepter; si le second accepte, alors la première société s'établit volontairement entre les deux premiers joueurs, espérant gagner la corbeille et le coup; de sorte que les deux autres joueurs forment la seconde société, et font leur possible pour défendre cette bonne corbeille et le coup.

Mais si le second joueur passe, alors la parole revient de droit au troisième.

S'il passe aussi, c'est au quatrième pour demander ou accepter. Si cependant les trois premiers joueurs ont passé et que le quatrième demande, la parole revient nécessairement au premier; mais il ne peut qu'accepter. Si ce premier passe encore, la parole reviendra successivement aux autres pour accepter aussi successivement.

Cependant, quand un des quatre joueurs a demandé et qu'il n'a été accepté de personne, il est alors obligé de jouer seul, et les autres joueurs se réunissent pour le faire perdre, alors il n'est tenu qu'à cinq levées.

De la préférence. Si un joueur demande en petit, les autres peuvent rejeter sa demande par une autre en belle; malgré cela, le joueur qui aurait fait la demande en belle, peut être repoussé par un autre joueur qui n'aurait pas encore parlé, et qui offrirait de jouer seul en l'une des deux autres couleurs. C'est la seule circonstance où l'on puisse jouer dans les quatre couleurs. Ce cas particulier, s'appelle proposer l'*indépendance* ou le *solo*.

Celui qui avait demandé le premier à jouer en petite couleur, peut aussi rejeter le solo proposé dans l'une des deux couleurs indifférentes, en offrant de jouer le solo dans la petite couleur de retourne. Mais il peut lui-même être relancé par le demandeur en belle, en offrant de jouer seul en belle couleur. Malgré toute cette marche des joueurs, ils peuvent encore être repoussés, par l'offre d'un joueur de faire seul neuf levées dans la couleur qu'il proposera.

Si personne ne demande la préférence, à offre égale dans la belle ou la petite couleur, ou à offre supérieure dans une autre couleur, alors la parole reste à celui qui a proposé de faire seul les neuf levées.

Des levées. Pour gagner la corbeille, on doit avoir au moins fait huit levées, être payé de cinq levées par celui qui demande, et trois par celui qui accepte.

L'associé du demandeur profite de l'excédant des cinq levées qui ont été faites; et il profite des levées surpassant le nombre de trois que doit faire l'accepteur.

Le joueur qui n'a pas son compte quand l'autre associé n'a que le sien, empêche bien son associé de gagner, mais il ne le fait pas perdre; il perd seul, et la corbeille reste; il la double, et c'est ce qu'on appelle faire la bête; il est encore obligé de payer seul la consolation et le coup à ses adversaires.

Le demandeur et l'accepteur ne doivent point confondre les levées qu'ils font, car il serait désagréable pour le demandeur de trouver un accepteur qui l'empêche de gagner; il ne doit pas être solidaire pour le paiement; il en est de même pour la demande si elle a été mauvaise et l'acceptation bonne.

Quant aux défendeurs, ils peuvent confondre leurs levées, puisqu'elles leur sont communes. Si les deux associés n'ont pas fait leur devoir, il est juste qu'ils paient la corbeille, la consolation et le coup de moitié.

Si cependant le demandeur et l'accepteur n'ont fait à eux deux que leur devoir, ils partageront la corbeille, mais ils ne recevront qu'une simple consolation des deux autres joueurs; mais s'ils ont fait plus que leur devoir, ils recevront en outre ce qui est réglé au chapitre des paiements, pour chaque levée excédante.

Le joueur qui demande, et qui n'est accepté de personne, joue seul, et s'il fait cinq levées pour son devoir, il prend seul la corbeille, et reçoit son paiement des autres joueurs, ainsi qu'il est réglé audit chapitre des paiements.

Il est expressément défendu de relever aucunes cartes

jouées pour s'assurer de celles qui sont passées ; il est cependant permis de demander à voir la dernière levée, si la suivante est encore sur le tapis.

Du chelem ou vole. On appelle chelem, lorsque toutes les levées ont été faites par les deux associés ; alors la corbeille est prise par les joueurs gagnant en belle, tour simple, ils la partagent et reçoivent des deux autres joueurs quatre-vingt-seize fiches payables par moitié, qu'ils partagent encore également. Le paiement n'est que de moitié si c'est en petite couleur.

Le coup du chelem peut encore avoir lieu quand le joueur n'a pas fait attention à son jeu, qui se trouve très beau, et qu'il propose une société plutôt qu'une indépendance, quoiqu'elle ne soit acceptée de personne.

Dans le cas qu'il fasse à lui seul toutes les levées, il peut prendre la corbeille ; et comme ce n'est pas de sa volonté qu'il a joué l'indépendance, il ne recevra des trois autres joueurs que quarante-huit fiches si c'est en belle, tour simple, et vingt-quatre, si c'est en petite, tour simple ; le double, si c'est en tour double.

Il y a encore lieu au chelem, lorsqu'on a joué volontairement l'indépendance ou solo : on prend la corbeille et on reçoit des autres joueurs la quantité de fiches désignées au chapitre des paiements.

De l'indépendance ou *solo*. Ce coup se joue seul et volontairement ; mais le joueur doit faire au moins huit levées. La demande peut en être faite en toutes couleurs (sauf exception, qui sera énoncée au chapitre Misère) ; le joueur qui l'a fait obtient la préférence, soit en belle, soit en petite ; mais il court le risque d'être relancé.

Si un joueur qui aurait demandé à jouer en société, en petite couleur de retourne, comme de carreau, se trouve relancé par une demande en belle, qui se trouverait en trèfle, ou en solo, de couleur indifférente, il ne peut alors jouer seul que dans la petite couleur de retour, le carreau, parce qu'il a lui-même désigné cette couleur. De même qu'un joueur en tour de demander à passer, la parole ne peut lui revenir qu'en acceptant dans une couleur demandée par un autre joueur; il peut cependant retenir, tacitement, la parole pour jouer seul en carreau, parce qu'il n'a pas passé dans cette couleur.

De la misère. Le coup de misère est généralement reçu au jeu de boston dans les quatre couleurs, mais très peu joué dans les deux; aussi faut-il faire la convention avant la première coupe des cartes. La convention faite, le coup se joue dans le sens du reversis, et le joueur qui n'a qu'un très petit jeu, dit *misère*, et cela signifie ne point faire de levée dans aucune couleur; c'est ce qu'on appelle provoquer tout le monde, puisqu'avec un mauvais jeu on joue l'indépendance et qu'on peut être chelem.

Aussi ce joueur sera mal reçu à demander la grace d'écarter plus ou moins de cartes; et il doit s'attendre à toutes rigueurs, et il doit jouer avec toutes les cartes qu'il a reçues.

A ce cri d'alarme (misère) les trois joueurs sont anéantis; tout est confondu, toute demande, même en préférence au solo, de telles prétentions qu'elles soient, sont comme non avenues; on ne reconnaît plus d'atout; ce terrible boston n'est plus qu'un simple valet de carreau et rentre dans son rang : aussi, les trois joueurs se réunissent pour attaquer et faire perdre la misère.

L'on pense bien, puisqu'il n'y a pas d'atout, que ce coup ne peut plus être qu'en petite couleur, et la demande doit s'en faire par le joueur dont le tour est à parler, et ayant demandé à jouer en société ou en couleur, s'il a accepté ou passé, il ne peut ni ne doit préparer la misère.

Si cependant ce joueur gagne le coup, il ne reçoit ni ne paie boston, puisqu'il a anéanti ce pauvre boston. Il ne recevra simplement, des trois joueurs, que le paiement du chelem en petite couleur.

Mais aussi, s'il vient à perdre le coup d'une seule levée, on ne lui paie pas boston s'il l'avait, et si au contraire il ne l'avait pas, il le paie, non seulement pour lui, mais encore aux autres joueurs; il faut encore aux trois autres joueurs sa misère manquée sans oublier la levée qu'il a faite, et qui plus est, le chelem en sens inverse.

Des cartes à jouer. Comme le coup doit être réglé par la parole, on ne doit voir sur le tapis que la carte de la retourne, pour que chacun des joueurs ait le temps de se convaincre quelle est sa couleur. Aucune autre ne doit être aperçue ; celui qui laisserait tomber sa carte sur le tapis, les autres joueurs peuvent le forcer de jouer l'indépendance dans cette couleur. Il est défendu de jeter sa carte sur le jeu avant son tour.

Rien ne force un joueur de couper quand il n'a pas de la couleur demandée ; il peut se défaire de ses cartes indifférentes. On ne peut pas reprendre une carte qu'on a jouée.

Si un joueur ne donne pas de la couleur demandée, et que cependant il en ait, les autres joueurs le forcent d'en donner, et ce sur la peine de la renonce, sans que son associé participe à cette peine. On ne doit pas non plus donner deux cartes en jouant sans s'exposer, comme il a été dit à l'article de la renonce.

Si un joueur, espérant faire le reste des levées, étale sur la table ce qu'il tient encore de cartes dans sa main, il est obligé de faire tout ce qui reste à faire, et s'il manque d'une seule, il nuit non seulement à lui-même, mais encore à son associé, car la totalité de leurs cartes appartient à leurs adversaires.

De la renonce. Celui qui renonce volontairement au jeu, ne peut ni gagner ni faire perdre son associé, ni les autres joueurs.

Ainsi, celui qui est en société volontaire, et qui renonce pendant le cours du coup ou à la fin, est responsable de tout ; et quand même il ferait avec son associé huit levées ou plus, non seulement il ne gagne rien, mais il empêche son associé de gagner ; la corbeille reste ; il paie seul la bête, par rapport à sa renonce.

Le joueur qui est en société nécessaire, et renonce comme celui dont on vient de parler plus haut, est également responsable de tout ; car s'il a fait six levées avec son associé, ni l'un ni l'autre ne reçoit rien des perdants : la corbeille reste, puisqu'elle est gagnée, mais le renonçant la double ; et s'il ne fait que cinq levées ou moins, la corbeille se prend puisqu'elle est gagnée, malgré sa renonce, et il paie la bête à la corbeille par autant de fiches qu'elle en avait ; ensuite la consolation, qui plus est, le coup, tant pour lui que pour son associé, et s'il y a plusieurs renonces dans le coup, il faut payer autant de bêtes à la corbeille qu'il y a eu de renonces, et ce, parce que la corbeille ne veut éprouver aucune diminution sur ce qui doit la garnir.

Si le coup est gagné en solo, celui qui a renoncé commence à payer la belle à la corbeille, ensuite le coup et la consolation, tant pour ses associés que pour lui.

Si le solo se perd, celui qui a renoncé ne reçoit rien du perdant ; la corbeille reste, et il est obligé de la doubler ; ensuite il doit payer à ses associés ce que le joueur en solo, qui a perdu, devrait leur payer.

Si c'est le joueur en solo qui a renoncé et qui gagne le coup, la corbeille reste ; il ne reçoit rien des trois autres, paie la bête à la corbeille ; mais rien aux adversaires, puisqu'il a fait son devoir, c'est une indulgence qu'on a pour lui ; car s'il était de bonne foi et qu'il eût coupé mal à propos (avec intention) pour s'emparer de la main et jouer ses forts à-touts qu'il enlève des jeux des ses adversaires, les petits atouts avec lesquels ses belles cartes étaient coupées, par ce moyen peu loyal, il aurait fait au moins son devoir ; il en est donc quitte pour la bête à la corbeille, et il évite le paiement du coup.

Si le joueur en solo renonce et perd le coup, il le paie à la corbeille comme une première bête, et quand cette première bête est gagnée, il est obligé d'en fournir une seconde pour sa renonce.

Celui qui coupe en renonçant, garde la levée, si on ne le surcoupe pas, et supporte seul l'évènement du coup, paie la bête, malgré que la main ne lui soit pas restée ; et cela parce qu'il a renoncé.

Règlement des paiements. Celui à qui boston est échu, le

représente à chaque coup, et reçoit des autres joueurs deux fiches en tour simple, et quatre en tour double, malgré que les autres joueurs aient passé, ou qu'ils aient perdu en jouant, parce que l'honneur est toujours payé. Si on a coupé les cartes, on ne peut rien demander, mais il faut que les cartes aient été mêlées et la corbeille mise en place.

TOURS SIMPLES.

Demande en petite couleur, acceptée et gagnée.

TOUR SIMPLE.

Ceux qui gagnent reçoivent chacun d'un autre joueur la quantité de fiches ci-après ;

Savoir :

Pour le devoir de huit levées, et qu'on appelle consolation, sont............... 2 fiches.
9................. 4
10................. 6
11 et le devoir........... 8
12................. 10

A la treizième levée tout se paie double, à cause du chelem.

En conséquence,
Treize levées, 1° le devoir......... 4 fiches.
Et 2° cinq levées en sus du devoir, à raison de quatre fiches par levée, ou le chelem simple, parce qu'il est joué à deux.... 20

Total.. 24

Demande en belle, acceptée et gagnée.

TOUR SIMPLE.

Pour le devoir............ 4 fiches.
9 levées............. 8
10................. 12
11................. 16
12................. 20

BOSTON

A la treizième, tout se paie double.

En conséquence,

Treize levées, 1° le devoir. . . . . 8 fiches.
2° Cinq levées en sus du devoir, à raison
de huit fiches par levée, ou le chelem simple. 40

                                       Total. . 48

Indépendance ou solo petite couleur, gagnée, se paie double.

TOUR SIMPLE.

Celui qui joue l'indépendance ou le solo, et gagne, reçoit de chacun des autres joueurs :

Pour son devoir de huit levées. . . . . . . 16 fiches.
    9 levées. 20
    10. 24
    11 et compris le devoir. 28
    12. 32

A la treizième levée le paiement double encore ;

En conséquence,

Treize levées, 1° le devoir. . . . . 32 fiches.
2° Cinq levées en sus, ou le chelem, à raison de huit fiches par levée. 40

                                         Total. . 72

Indépendance ou solo, belle couleur, gagnée, se paie double de la partie.

TOUR SIMPLE.

Pour le devoir. . . . . 32 fiches.
    9 levées. 40
    10. 48
    11. 56
    12 et le devoir. 64

50 BOSTON

A la treizième levée le paiement se double encore;
En conséquence,
Treize levées, 1° le devoir. . . . . 64 fiches.
2° Cinq levées en sus à raison de seize fiches par levée. 80

Total. . 144

Demande en belle couleur, acceptée ou gagnée.

TOUR SIMPLE.

Quand la demande est acceptée et perdue, les défenseurs reçoivent chacun, des demandeurs perdants, la quantité de fiches ci-après :
1° Devoir manqué. . . . . 2 fiches.
2° Pour une levée perdue 2

Total. 4

Levées.		Levées.	
2.	6 fiches.	8.	18
3.	8	9.	20
4.	10	10.	22
5.	12	11.	24
6.	14	12.	26
7 dev. m.	16		

A la treizième levée le paiement se double; ainsi pour la treizième,
4° Le devoir manqué. . . . . 4 fiches.
Et 2° le chelem, à raison de quatre fiches. 52

Total. . 56

Demande en belle couleur, acceptée et perdue.

TOUR SIMPLE.

Lorsque la demande en belle acceptée est perdue en tour simple, les perdants paient le double de ce qui est réglé ci-dessus pour la petite couleur; tour simple.

BOSTON

Indépendance ou solo en petite couleur perdue.

TOUR SIMPLE.

Lorsque l'indépendance est perdue en petite couleur, tour simple, le perdant doit payer à chacun des trois autres joueurs :

1º Pour le solo manqué. . . . . 16 fiches.
2º Pour une levée perdue. 4

                            Total. . 20

Levées.		Levées.	
2.	24 fich.	8.	48 fich.
3.	28	9.	52
4.	32	10.	56
5.	36	11.	60
6.	40	12.	64
7.	44		

A la treizième, le paiement se double.
En conséquence,
Pour le devoir manqué. . . . . 32 fiches.
Et pour les treize levées ou le chelem, à raison de huit fiches par levée. 104

                            Total. . 136

Indépendance ou solo couleur, perdue.

TOUR SIMPLE.

Lorsque l'indépendance est manquée en belle, tour simple, le perdant doit payer à chacun des trois autres joueurs le double du règlement qui précède.

Demande en petite couleur, non acceptée et gagnée.

TOUR SIMPLE.

Le joueur qui fait une demande, *et n'est accepté de personne*, est libre de ne faire que cinq levées pour son devoir.

Il gagne le coup et reçoit de chacun des trois autres joueurs ; savoir :

Pour son devoir.	2 fiches.
1 levée	4
2	6
3	8
4	10
5, y compris le devoir.	12
6	14
7	16

Et comme à la huitième il fait chelem, tout se paie double.

Ainsi, pour son devoir.	4 fiches.
Pour huit levées en sus de son devoir, à raison de quatre fiches par levée.	32
Total. .	36

Demande en belle couleur, non acceptée et gagnée.

TOUR SIMPLE.

Le paiement est double du règlement qui précède.

Demande en petite couleur, non acceptée et perdue.

Celui qui demande en petite couleur, et qui ne fait pas son devoir de cinq levées, paie à chacun des trois autres joueurs :

1° Pour son devoir manqué.	2 fiches.
2° Pour une levée perdue	2
Total. .	4
2 levées.	6
3, y compris le devoir manqué.	8
4	10

A la cinquième levée perdue, tout se paie double à chacun de trois autres joueurs.

Ainsi, pour le devoir manqué.	4 fiches.
Pour cinq levées perdues, à raison de quatre fiches par levée.	20
Total. .	24

BOSTON

Demande en belle couleur, non acceptée et perdue.

Le paiement est double du règlement qui précède.

TOURS DOUBLES.

En tours doubles, tous les paiemens sont doubles. Un seul exemple suffit pour tout régler.

Demande en petite couleur, acceptée et gagnée.

TOUR DOUBLE.

Ceux qui demandent sont acceptés, et gagnent en petite couleur, reçoivent chacun, des autres joueurs, la quantité de fiches ci-après;

Savoir :

Pour le devoir et huit levées	4 fiches.
9 levées.	8
10.	12
11, y compris le devoir.	16
12.	20

A la troisième levée, tout se paie double, ainsi :

Pour le devoir de huit levées	8
Pour les cinq levées en sus du devoir, ou le chelem à raison de huit fiches par levée. . .	40
Total. .	48

Demande en belle couleur, acceptée et gagnée.

TOUR DOUBLE.

Pour le devoir de huit levées	8 fiches.
9 levées.	16
10.	24
11, y compris le devoir.	32
12.	40

A la treizième levée, tout se paie double, ainsi :

Pour le devoir de huit levées	16
Pour les cinq levées en sus du devoir, ou le chelem, à raison de seize fiches par levée. . .	80
Total. .	96

Ainsi de suite, en doublant tous les règlements faits pour les tours simples, tant pour le gain que pour la perte.

Celui qui néglige de se faire payer du coup, doit savoir qu'il ne peut plus rien demander quand un autre coup est commencé.

Quand la corbeille est en place et les cartes coupées, le coup est réputé commencé.

BOUILLOTTE (jeu de la). Ce jeu, qui est aujourd'hui de nécessité forcée dans nos salons et même dans quelques sociétés littéraires, a beaucoup d'analogie avec le brelan; mais cependant il existe entre ces deux jeux une différence sensible, facile à remarquer en établissant les principes et les règles de la bouillotte, comme nous allons le faire.

Ce jeu se joue avec un jeu de trente-deux cartes, dont on supprime les sept, ce qui les réduit à vingt-huit.

On le joue ordinairement à cinq. La mise de chaque joueur est de cinq jetons et cinq fiches, valant chacune cinq jetons.

Pour déterminer les places, on prend dans le jeu cinq cartes; un as, un roi, une dame, un valet et un dix; peu importe qu'elles soient de même couleur; chaque joueur en prend une qui règle sa place.

Quoique l'as soit la première carte du jeu, cependant il est d'usage que ce soit le roi qui donne les cartes le premier.

Avant de donner les cartes, chaque joueur met un jeton au jeu, celui qui fait mettant le dernier; la personne première en cartes peut, si elle le juge à propos, se carrer, ce qui se fait en mettant au jeu autant de jetons qu'il y en a, plus un; le second joueur peut décarrer le premier, en doublant le jeu, plus un jeton.

Il y a cet avantage à être carré, que si tout le monde passe, le carré et le jeu vous appartiennent, et que si quelqu'un fait le jeu, vous parlez le dernier.

Lorsque le jeu est fait, celui qui a mêlé les cartes en donne trois à chaque joueur, en les donnant une à une, puis il en retourne une.

Il doit mettre alors le restant des cartes, qu'on appelle le talon, à sa droite.

Le premier joueur, à droite, parle le premier, s'il n'est pas carré; s'il a jeu suffisant, il annonce, ou qu'il voit le jeu seulement, c'est à dire les cinq jetons du jeu, ou qu'il le voit avec telle autre quantité de fiches ou jetons qu'il lui plaît d'y ajouter; s'il ne croit pas le jeu suffisant, il passe.

Lorsque le premier joueur a parlé, les autres répondent successivement, soit en tenant le jeu couvert, soit en relançant celui qui a ouvert le jeu, c'est à dire en offrant de jouer plus que lui, telle quantité de jetons et de fiches que détermine celui qui relance.

Lorsqu'il a relancé, ceux qui ont ouvert le jeu, sont obligés ou de tenir, c'est à dire de jouer ce qu'on leur propose, ou de renoncer en payant autant de jetons qu'il y en a au jeu, ou autant qu'ils en ont proposé de tenir. Ils peuvent aussi eux-mêmes relancer.

Lorsque tout le monde a parlé, si deux ou plusieurs joueurs tiennent, chaque joueur découvre son jeu, et les deux tenants cherchent dans le jeu des autres joueurs de quoi faire le leur.

Celui qui a le plus fort point gagne le coup, c'est à dire celui qui a le plus de cartes de la même couleur, ou les plus fortes en point; en cas de concurrence, le premier en cartes l'emporte.

Les cartes comptent comme au piquet : l'as compte onze points, les figures dix, et les autres cartes les points marqués.

L'as est la première carte du jeu, et attire à elle les autres cartes de la couleur qui sont sur le jeu.

Lorsque tout le monde passe, on recommence la donne; et chaque joueur remet un autre jeton, ce qui double le jeu.

Cependant, si l'un des joueurs s'était carré, le jeu lui appartiendrait.

Tous les joueurs au dessus de celui qui ouvre le jeu, peuvent revenir, quoiqu'ils aient passé, et tenir le jeu, ou même relancer.

Lorsqu'un des joueurs a ouvert le jeu, tous ceux qui ont parlé ensuite ne peuvent plus rien faire.

Celui qui ouvre le jeu reçoit la loi de ceux qui tiennent contre lui.

Lorsque plusieurs joueurs tiennent, c'est au premier après celui qui a ouvert le jeu à déclarer ce qu'il joue, et successivement par ordre : s'il tient sans plus, c'est à dire sans vouloir jouer plus que le jeu, celui qui lui succède peut relancer, et alors il est forcé de tenir ou d'abandonner le jeu, c'est à dire de donner au gagnant autant de jetons qu'il y en a sur le jeu.

Personne ne peut jouer plus qu'il n'a devant lui, c'est ce qu'on appelle faire son va-tout.

Lorsqu'un des joueurs a perdu tout ce qu'il a devant lui, il se retire et fait place à un autre.

Le brelan l'emporte sur les autres jeux ; celui d'as est le premier, ensuite les cartes prennent rang comme au piquet.

Il est cependant un brelan qui l'emporte sur tous les autres : c'est le brelan carré ; c'est à dire, lorsqu'un joueur a dans sa main trois cartes semblables, et que la quatrième retourne.

On appelle avoir jeu fait, trente-un, vingt-un et la retourne ; souvent vous croyez devoir relancer avec ce jeu : il ne se trouve dans le jeu des quatre autres joueurs qu'une carte de votre couleur, tandis qu'un autre avec un as seul, un roi quand l'as ne joue pas, en rencontre six ; alors vous perdez le coup.

Règles du jeu de la bouillotte.

1. La mise est de cinq jetons et de cinq fiches, chaque fiche valant cinq jetons.

2. Les cartes se donnent une à une ; la seizième alors se retourne.

3. S'il y a, par hasard, une carte retournée dans le jeu, on refait ; cependant on continue la donne pour vérifier s'il y a des brelans.

4. Le brelan simple reçoit deux jetons de chaque joueur. Le brelan carré en reçoit quatre.

5. Lorsque personne n'ouvre le jeu, la même personne recommence à donner, chaque joueur remettant un jeton.

6. On ne peut jouer moins que le jeu.

7. Le joueur qui a passé avant que personne ait ouvert le jeu, peut revenir contre celui qui l'ouvre et tenir.

8. Le joueur qui a passé lorsque le jeu est ouvert, ne peut plus revenir.

9. Lorsque plusieurs joueurs tiennent, c'est à celui le plus près à la droite de celui qui a ouvert, à déclarer combien il joue, sauf la relance des autres joueurs qui tiennent.

10. Celui qui, après avoir ouvert ou tenu, ne veut pas tenir ce dont il est relancé, renonce en payant ce qu'il a joué.

11. Lorsqu'il y a un refait, c'est à dire lorsque tout le monde a passé, on met sous le flambeau pour les cartes un des cinq jetons de la seconde mise.

12. Chaque brelan simple donne deux jetons au flambeau ; le brelan carré en donne quatre.

13. Qui se carre met un jeton au flambeau.

14. Le second refait en seconde donne, ne donne rien au flambeau.

15. Le troisième refait en quatrième, donne deux jetons. Voyez *Brelan*.

BRELAN. Sorte de jeu de renvoi où l'on joue à deux, à trois, à quatre ou cinq personnes, et où l'on ne donne que trois cartes à chaque joueur.

On distingue deux espèces de brelan, l'un qu'on nomme *brelan cavé*, et l'autre *bouillotte*.

Au *brelan cavé*, la partie est limitée à un certain nombre de coups ; la bouillotte, au contraire, dure aussi longtemps qu'il y a de joueurs, pour remplacer ceux qui sont décavés.

Le brelan, qui a engendré la bouillotte qui en est une modification, ne se joue presque plus aujourd'hui. Il a été remplacé par cette dernière qui en diffère de très peu. V. *Bouillotte*.

BRISCAN ou de la BRISQUE (jeu du). Ce jeu se joue à deux avec un piquet. La personne qui fait, donne cinq cartes à l'autre, par deux d'abord, et ensuite par trois, et en prend autant pour elle, après quoi elle retourne la onzième carte. Cette carte désigne l'atout, et se met sous le talon. La personne qui ne donne pas les cartes commence à jouer; c'est ensuite la levée de chaque main qui marque celui qui doit jouer. A mesure qu'on fait une levée, on est obligé, avant de prendre une autre carte, d'en prendre une au talon.

Quand on a dans la main le sept d'atout, on peut le changer avec la carte qui retourne, quelle qu'elle soit, pourvu qu'on le fasse avant de jouer pour la dernière levée des cartes du talon.

On a la liberté de renoncer tant qu'il y a des cartes au talon; mais quand il n'en reste plus, il faut forcer ou couper la carte de celui qui joue.

Lorsqu'une fois on a compté une tierce, une quatrième, ou une quinte dans une couleur, les cartes qui ont servi à former l'une des trois, ne peuvent plus valoir, si ce n'est dans le cas des quatre as, des quatre rois, des quatre dames, des quatre valets ou des quatre dix. Par exemple si l'on compte une tierce à la dame, et qu'après s'être défait du dix, on vienne à tirer le roi, quoique ce roi, avec la dame et le valet que l'on a dans la main, forme une nouvelle tierce, cette tierce néanmoins ne peut plus valoir; mais ensuite, si l'on vient à avoir quatre dames ou quatre valets, on ne laisse pas d'en compter la valeur. Il en est de même pour les autres tierces, quatrièmes ou quintes.

Quand après avoir compté une tierce, une quatrième, ou une quinte à la dame, on vient à lever le roi, ayant encore la dame dans son jeu, le mariage a lieu et vaut comme ci-après.

Manière de compter le jeu du briscan, dont la partie est de six cents points.

LES QUINTES EN ATOUT VALENT :

La majeure.	600
Celle au roi.	300
Celle à la dame.	200
Celle au valet.	100

BRISCAN ou BRISQUE

LES QUATRIÈMES EN ATOUT VALENT :

La majeure.	200
Celle au roi.	160
Celle à la dame.	120
Celle au valet.	80
Celle au dix.	60

LES TIERCES EN ATOUT VALENT :

La majeure.	120
Celle au roi.	100
Celle à la dame.	80
Celle au valet.	60
Celle au dix.	40
Celle au neuf.	20

Les quintes, les quatrièmes et les tierces dans les autres couleurs valent moitié moins que celles en atout.

Les quatre as valent.	150
Les quatre dix.	100
Les quatre rois.	80
Les quatre dames.	60
Les quatre valets.	40
Le mariage en à-tout vaut.	40
Les mariages dans les autres couleurs.	20

Les mariages de rencontre valent autant que ceux que l'on peut faire dans son jeu.

Lorsque celui qui fait, retourne une carte peinte, un as ou un dix, il compte dix.

Quand dans les cinq premières cartes de son jeu on a les cartes peintes, on compte vingt.

On continue à compter le même nombre, tant que l'on tire une carte peinte.

On compte la moitié moins pour les cinq premières cartes blanches, et tant qu'elles continuent d'être blanches.

L'as d'à-tout, excepté le cas où il aurait déjà été compté, vaut trente.

Celui qui lève la première carte du talon compte dix.

Lorsque toutes les cartes du talon étant levées, les cinq que l'on a dans la main sont toutes d'à-tout, on compte trente.

Celui qui fait les cinq levées compte vingt.

Quand tout est joué, celui qui a le plus de levées compte dix.

Ensuite chaque carte vaut séparément à celui qui les a :

L'as.	11
Le dix.	10
Le roi.	4
La dame.	3
Le valet.	2

Le total des cartes que l'on peut compter monte à cent vingt.

Les trois dernières basses cartes ne comptent point.

Si par hasard il arrive que l'un des joueurs fasse toutes les levées, cette vole lui fait gagner la partie.

BRUSQUEMBILLE. (jeu de la). Sorte de jeu de cartes auquel peuvent jouer ensemble deux, trois, quatre ou cinq personnes ; il y a seulement cette différence, que si les joueurs sont au nombre de deux ou de quatre, on emploie un jeu de piquet entier, et que s'ils sont au nombre de trois ou de cinq, on supprime deux sept, ce qui réduit le jeu à trente cartes.

Lorsque les joueurs sont au nombre de quatre, ils peuvent s'associer deux contre deux ; dans ce cas, chaque joueur communique son jeu à son associé, et peut lui demander conseil sur la manière de jouer.

Les as et les dix sont les *brusquembilles*, et par conséquent les principales cartes ; cependant l'as emporte le dix ; les autres prévalent l'une sur l'autre dans l'ordre suivant : le roi, la dame, le valet, le neuf, le huit et le sept.

Après qu'on est convenu du prix et de la durée de la partie, et qu'on a tiré la main, le joueur chargé de faire distribue trois cartes à chaque joueur, en commençant par la droite : ces cartes peuvent indifféremment se donner en une ou plusieurs fois.

Les cartes données, celui qui a fait, retourne la suivante de la dernière qu'il a prise pour lui, et il la place toute retournée sous le talon. C'est cette carte qui forme la triomphe. Le joueur qui est à la droite du distributeur des cartes, jette ensuite sur le tapis telle carte de son jeu qu'il juge à propos, et chacun des autres joueurs en use de même; alors ces cartes se relèvent par celui qui en a fourni une supérieure à celle qu'on a d'abord jouée, ou qui a coupé avec une triomphe. Ce dernier remplace la carte qu'il a jouée par une nouvelle qu'il prend au talon, et chaque autre joueur, en commençant par la droite, en fait autant. On continue de même jusqu'à ce qu'on ait levé toutes les cartes du talon.

Supposons la partie formée entre cinq joueurs qui sont: Louis, Antoine, Camille, Pierre et Alexandre; Louis qui a distribué les cartes, a à sa droite Antoine et successivement les autres joueurs qu'on vient de nommer. La triomphe ou la retourne est un carreau; Antoine ouvre le jeu en jetant sur le tapis la dame de pique; Camille, Pierre et Alexandre jouent où des piques inférieurs ou des trèfles, etc. Louis qui est le dernier à jouer, et qui a dans sa main l'as de pique, le joue et fait la levée.

Si dans le cas proposé Camille a un pique supérieur à la dame et qu'il le joue, les joueurs qui sont après lui pourront faire la levée en coupant avec une triomphe.

Il n'y a point de renonce à la *brusquembille* : ainsi, on peut, en toute circonstance, jouer telle couleur qu'on juge à propos sur celle qui d'abord a été jouée.

On convient du nombre de coups qu'il faudra jouer avant que la partie soit finie.

Elle se gagne par le moyen de points réunis dans les levées qu'on a faites. Celui qui a su en réunir la plus grande quantité, ou qui le premier a atteint la quantité convenue, emporte les enjeux.

Les points se comptent par la qualité des cartes qui se trouvent dans les levées qu'on a faites. Un as donne onze points, un dix en donne un de moins, un roi donne quatre points, une dame trois et un valet deux.

Celui qui joue la principale *brusquembille*, qui est l'as de triomphe, reçoit deux jetons de chaque joueur.

Le joueur qui fait une levée par le moyen d'un autre as, reçoit également deux jetons de chaque joueur ; mais s'il arrive qu'après avoir joué un as on ne fasse pas la levée, non seulement on ne reçoit rien, mais on est encore obligé de payer deux jetons à chaque joueur.

Ce que nous disons des as s'applique aussi aux dix, avec cette différence que les paiements relatifs au dix ne sont que d'un jeton, tandis qu'ils sont de deux jetons à l'égard des as.

Lorsque le jeu se trouve défectueux, soit parce qu'il y a trop de cartes, ou qu'il n'y en a pas assez, personne ne peut sur le coup gagner la partie ; mais il n'y a pas lieu de revenir contre les paiements des *brusquembilles* qui ont été faits avant qu'on s'aperçût de la défectuosité du jeu.

Si dans le jeu il se trouve deux cartes semblables, et qu'on s'en aperçoive avant que le coup soit fini, on cesse de jouer ; mais si le coup était fini, il vaudrait comme si le jeu eût été en règle.

Lorsqu'on a joué, on ne peut pas reprendre sa carte, quand même on aurait joué avant son tour.

Si un joueur a pris au talon avant son tour la carte d'un autre, et l'a mise dans son jeu, il doit la rendre à celui à qui elle appartient, et lui payer la moitié de ce qui est au jeu ; mais s'il n'a fait que voir cette carte, sans la joindre à son jeu, il la laisse pour celui à qui elle doit appartenir, et paie deux jetons à chaque joueur.

Lorsqu'en tirant une carte du talon, on en voit une seconde, on est obligé de payer deux jetons à chaque joueur.

Si, en jouant deux contre deux, l'un des joueurs voit la carte qui doit appartenir à l'un de ses adversaires, ceux-ci peuvent recommencer la partie ; mais le jeu continue si la carte vue doit revenir à celui qui l'a vue, ou à son associé.

Le joueur qui n'a accusé qu'un certain nombre de points, quoiqu'il en eût davantage, n'est point admis à rectifier son erreur quand les cartes son mêlées.

Si, par caprice ou autrement, l'on quittait le jeu avant que la partie fût finie, on la perdrait.

CARTES: Petits feuillets de carton oblongs, ordinairement blancs d'un côté, peints de l'autre de figures humaines ou autres, dont on se sert à plusieurs jeux. Entre ces jeux, il y en a qui sont purement de hasard, et d'autres qui sont de hasard et de combinaison. Il y en a où l'égalité est très exactement conservée entre les joueurs, par une juste compensation des avantages et des désavantages; il y en a d'autres où il y a évidemment de l'avantage pour quelques joueurs, et du désavantage pour d'autres; il n'y en a presque aucun dont l'invention ne montre quelque esprit; et il y en a plusieurs qu'on ne joue point supérieurement, sans en avoir beaucoup, du moins de l'esprit du jeu.

Le jésuite Menestrier, dans sa *Bibliothèque curieuse et instructive*, nous a donné une petite histoire de l'origine du *jeu de cartes*. Après avoir remarqué que les jeux sont utiles, soit pour délasser, soit même pour instruire; *que la création du monde a été pour l'Être Suprême une espèce de jeux;* que ceux qui montraient chez les Romains les premiers éléments s'appelaient *ludi magistri;* que Jésus-Christ n'a pas dédaigné de parler des jeux d'enfants; il distribue les jeux en jeux de hasard, comme les dés, voy. *Dés:* en jeux d'esprit, comme les échecs, voy. *Echecs;* et en jeu de hasard et d'esprit, comme les cartes. Mais il y a des *jeux de cartes*, ainsi que nous l'avons remarqué, qui sont de pur hasard.

Le jeu de cartes a dû être peu commun avant l'invention de la gravure en bois, à cause de la dépense que la peinture des cartes eût occasionnée.

Les ordonnances de Charlemagne, de saint Louis, de Charles IV et de Charles V contre les jeux défendus, font mention des dés et du trictrac, et ne parlent point des cartes: c'est une preuve qu'elles n'ont été connues que postérieurement à ces ordonnances. Il paraît qu'elles furent inventées vers la fin du règne de Charles V, attendu qu'il en est fait mention dans la chronique de *Petit Jehan de Saintré*, lorsqu'il était page de ce prince. Un peintre qui demeurait rue de la Verrerie, à Paris, nommé Jacquemin Gringonneur, en fut l'inventeur. On lit dans un compte de Charles Poupart, surintendant des finances et argentier de Charles IV : *Donné cinquante-six sols parisis à Jacquemin Gringonneur, peintre, pour trois jeux de cartes à or et à diverses couleurs, de plusieurs devises, pour porter devers ledit seigneur Roi pour son ébâtement.*

Il ne paraît donc aucun vestige de cartes à jouer avant l'année 1392, que Charles VI tomba en frénésie.

A la faveur de commentaires, les jésuites Daniel et Menestrier ont prouvé que le jeu de cartes était symbolique, allégorique, politique, historique, et qu'il renferme des maximes très importantes sur la guerre et le gouvernement.

Sans entrer dans l'examen de ces commentaires, dont se soucieraient fort peu les joueurs, nous dirons que les cartes se vendent au jeu, au sixain et à la grosse ; que les jeux se distinguent en jeux entiers, en jeux d'hombre et jeux de piquet.

Les jeux entiers sont composés de cinquante-deux cartes : quatre rois, quatre dames, quatre valets, quatre dix, quatre neuf, quatre huit, quatre sept, quatre six, quatre cinq, quatre quatre, quatre trois, quatre deux et quatre as.

Les jeux d'hombre sont composé de quarante cartes, les mêmes que celles des jeux entiers, excepté les dix, les neuf et les huit qui y manquent.

Les jeux de piquet sont de trente-deux : as, rois, dames, valets, dix, neuf, huit et sept.

On distingue les cartes en deux couleurs principales, les rouges et les noires : les rouges représentent un *cœur* ou un *losange*, les noires un *trèfle* ou un *pique* ; elles sont toutes marquées, depuis le roi jusqu'à l'as, de *cœur, trèfle, carreau* ou *pique*.

Celles qu'on appelle *rois* sont couronnées et ont différents noms ; le roi de cœur s'appelle *Charles* ; celui de carreau, *César* ; celui de trèfle, *Alexandre* ; et celui de pique, *David*.

Les dames ont aussi leurs noms : la dame de cœur s'appelle *Judith*; celle de carreau, *Rachel*; celle de trèfle, *Argire*; et celle de pique, *Pallas*.

Le valet de cœur se nomme *Lahire*; celui de carreau, *Hector*; celui de pique, *Ogier*; celui de trèfle a le nom du cartier.

Les dix portent dix points sur les trois rangées, quatre, deux, quatre.

Les neuf, sur les trois rangées, quatre, un, quatre.

Les huit, sur les trois rangées, trois, deux, trois.

Les sept, sur les trois rangées, trois, un, trois.

Les six, sur les deux rangées, trois, trois.

Les cinq, sur les trois rangées, deux, un, deux.

Les quatre, sur les deux rangées, deux, deux.

Les trois, sur une rangée, ainsi que les deux.

L'as est au milieu de la carte.

CAVAGNOLE. Sorte de jeu de hasard qui se joue dans les départements du midi. C'est une espèce de biribi, où tous les joueurs ont des tableaux, et tirent les boules à leur tour. Voy. *Biribi*.

COMÈTE (jeu de la). Ce jeu était jadis en grande vogue dans les sociétés, mais il a été débusqué par le boston, qui est aujourd'hui un des jeux à la mode.

Ce jeu est compliqué et demande une bonne mémoire pour retenir ses principes et ses règles. Les personnes curieuses de les connaître peuvent recourir à l'*Encyclop. méth.*, art. *Mathématiques*.

COMMERCE (jeu du). Ce jeu se joue avec un jeu de cartes entier, et les cartes y conservent leur valeur naturelle, à la réserve de l'as qui vaut onze et a la supériorité sur le roi, le roi sur la dame, et ainsi des autres.

On ne saurait jouer à ce jeu moins de trois, et on peut y jouer jusqu'à dix ou douze personnes.

Celui qui doit mêler, donne trois cartes à chaque joueur à la ronde, en commençant par sa droite; il lui est libre de les donner l'une après l'autre ou toutes les trois ensemble, afin de ne pas amuser le tapis.

Chacun des joueurs a devant soi un certain nombre de

jetons, auxquels on donne une valeur quelconque, et dont chacun en met un au jeu en y entrant.

L'essentiel à ce jeu, c'est de tirer au point, ou bien avoir séquence ou tricon; à cet effet on arrange ses cartes, de manière qu'elles soient disposées à faire l'un ou l'autre de ces jeux, ainsi que nous allons l'expliquer.

Le point est deux ou trois cartes de même couleur; le plus fort emporte toujours le plus faible. Une seule carte ne peut faire le point.

On appelle séquence ce qu'on appelle au piquet tierce, c'est à dire, as, roi et dame : roi, dame et valet : dame, valet et dix : valet, dix et neuf, et ainsi des autres, en observant toujours que la plus forte emporte ou doit emporter celle qui l'est moins.

Le tricon, c'est trois as, trois rois, trois dames, trois valets, et ainsi des autres; le plus fort gagne.

Il est bon de faire observer que n'y ayant qu'un de ces trois jeux qui puisse gagner, celui qui a le point le plus fort gagne lorsqu'il n'y a point de séquence dans le jeu ou de tricon, de même celui qui a la plus forte séquence, s'il n'y a point de tricon; car il faut savoir que le tricon gagne par préférence à la séquence, et la séquence au point.

Celui qui mêle à ce jeu est appelé banquier et le talon la banque : le banquier a plusieurs privilèges; il a aussi du désavantage.

On ne tourne point à ce jeu, où il n'y a point de triomphe.

Quand les cartes sont données, le banquier met le talon devant lui, et dit, qui veut commercer? Le premier en cartes après avoir examiné son jeu dit, pour argent, ou troc pour troc, et cela dépend absolument de lui; et ainsi du second, troisième, etc.

Commercer pour argent, c'est demander au banquier une carte du talon à la place d'une autre carte qu'il lui donne, et qui est mise sous le talon, et il donne alors au banquier un jeton pour cette carte.

Commercer troc pour troc, c'est changer une carte avec celui qui est à sa droite, et il n'en coûte rien pour cela; ainsi chacun des joueurs l'un après l'autre, et suivant son rang, commerce jusqu'à ce qu'il ait trouvé, ou quelqu'autre ait trouvé ce qu'il cherche.

Celui qui le premier a rencontré le point, la séquence ou le tricon, montre son jeu, et n'est point obligé d'attendre que les autres commerçants recommencent le tour lorsqu'il est fini : et si celui qui a un certain point auquel il veut se tenir, étend son jeu avant de commencer, ceux qui viennent après lui du même tour, ne peuvent commercer, et s'en tiennent à leur jeu, et si celui-là était premier, personne ne commercerait.

Lorsque l'un des joueurs a arrêté le jeu, celui de tous les joueurs qui a le plus fort point, la plus haute séquence, ou enfin le plus fort tricon, gagne, et l'on recommence un autre coup, celui de la droite du banquier mêlant.

Voici quels sont les privilèges du banquier, et en quoi il y a un avantage de faire.

Le banquier retire de ceux qui commercent pour argent un jeton pour chaque carte qu'il donne du talon.

Le banquier ne donne rien à personne, quoiqu'il commerce à la banque.

S'il arrivait entre plusieurs joueurs que le point fût égal, lorsqu'il n'y aurait point de séquence ou de tricon, le banquier gagnerait la poule par préférence aux autres.

Le banquier qui ne donne rien pour commercer à la banque, ne laisse pas de tirer un jeton de chaque joueur qui a commercé à la banque, lorsqu'il gagne la partie.

Le banquier peut également, comme les autres joueurs, commercer au troc ; il doit aussi fournir au joueur de sa gauche qui veut commercer au troc avec lui, une carte de son jeu sans argent.

Voici maintenant le désavantage qui se trouve à mêler ou être banquier.

Le banquier, quelque jeu qu'il puisse avoir en main, lorsqu'il ne gagne pas la poule, est obligé de donner un jeton à celui qui la gagne, parce qu'il est censé avoir toujours été à la banque.

Le banquier qui se trouverait avoir point, séquence ou tricon, et qui avec cela ne gagnerait pas la poule, parce qu'un autre joueur l'aurait plus haut, donnerait un jeton à chacun des joueurs; ce à quoi les autres joueurs ne sont pas tenus.

Ainsi l'on voit que si le banquier a de l'avantage, il arrive aussi quelquefois que, quoiqu'il n'ait rien ou peu tiré de la banque, il est forcé néanmoins de donner plus de jetons qu'il n'en a reçu.

Ce jeu, avant la révolution, avait grand cours dans les provinces ; mais depuis que la France s'est mise à se régénérer, la force des circonstances lui a commandé impérieusement de céder le pas à la fameuse *bouillotte*, ou à l'inévitable *écarté*.

COMMÈRE, ACCOMMODEZ-MOI (jeu de ma). Ce jeu qui a beaucoup de rapport avec celui de commerce, est pour ainsi dire, tombé dans l'oubli. On le nomme, *ma commère, accommodez-moi*, parce que tout l'esprit de ce jeu ne tend qu'à chercher à s'accommoder.

Pour jouer à ce jeu, il faut un jeu entier, qui est, comme l'on sait, composé de cinquante-deux cartes. On peut y jouer sept ou huit personnes à la fois ; chacun des joueurs prend un enjeu qui est d'autant de jetons que l'on veut ; et l'on fait valoir chaque jeton, à proportion de ce que l'on veut perdre ou gagner.

Après avoir rempli les premières formalités du jeu, celui qui fait, donne à chacun des joueurs trois cartes l'une après l'autre, ou toutes à la fois, et ensuite il met le talon sur la table, sans en tourner aucune carte, n'existant pas de triomphe à ce jeu.

Les cartes distribuées, on ne songe plus qu'à tirer au point, à la séquence et au tricon ; le tricon emporte la séquence, la séquence le point, et toujours le plus fort, quand il y en a deux de la même façon, emporte le plus faible, ou celui qui est premier des deux à la droite de celui qui mêle.

Il est bon de faire observer que l'as est au dessus du roi, et qu'il vaut onze points.

Le *point* en ce jeu consiste à avoir en main trois cartes d'une couleur, ce qu'on appelle autrement *flux*.

La *séquence* consiste en trois cartes dans leur ordre naturel, comme as, roi et dame; roi, dame et valet; cinq, six et sept, n'importe la couleur, pourvu que les cartes se suivent.

Le *tricon* est trois as, trois rois, trois dix, ou trois autres cartes d'une même manière.

Pour *s'accommoder*, et tâcher d'avoir les avantages qu'on vient de marquer, chacun arrange ses cartes, et voulant se défaire de celle qui l'accommode le moins, le premier en cartes, la prend de son jeu, et dit en la donnant à son compagnon à droite : *Ma commère, accommodez-moi*, et son compagnon lui rend à la place la carte de son jeu la plus inutile : et s'il n'a pas lieu d'être satisfait, il fait la même chose à l'égard de son compagnon à droite, et ainsi des autres, jusqu'à ce que quelqu'un des joueurs ait rencontré, auquel cas il étale son jeu, et gagne la partie, si personne n'a pas un plus haut point que lui, ou séquence ou tricon.

Le *tricon* gagne par préférence à la séquence; la séquence au point, et celui qui a la primauté l'emporte sur l'autre en cas d'égalité.

Celui qui gagne le point tire la poule seulement; celui qui gagne par une séquence tire non seulement la poule, mais encore un jeton de chaque joueur; et celui qui gagne par tricon, gagne outre la poule deux jetons de chaque joueur.

Souvent tous les joueurs, après avoir bien promené leurs cartes incommodes, ne trouvent point à s'accommoder dès la première donne; alors quand on est ennuyé de ne rien trouver de ce que l'on cherche, celui qui a fait prend le talon, et en donne une à chaque joueur qui en rend une en place, en commençant par la droite et par le dessus du talon; il met les cartes échangées au dessous; mais il faut que cela se fasse d'un commun consentement, autrement on recommencerait à mêler.

Lorsqu'on a pris chacun une nouvelle carte du talon, on fait le tour auparavant, en s'accommodant l'un l'autre, jusqu'à ce qu'un des joueurs ait attrapé le *point*, une *séquence* ou un *tricon*; et l'on pourrait même recommencer à en prendre du talon, si les joueurs ne s'accommodaient pas; mais cela arrive rarement; on ne fait aussi guère que deux donnes à ce jeu.

Il n'y a point d'autre peine infligée à celui qui donne mal que de remêler, et lorsque le jeu est reconnu faux, le coup ne vaut pas, mais les précédents sont bons, et si même le coup ou le jeu reconnu faux était fini, c'est à dire que quelqu'un eût gagné, le coup serait bon.

COUCOU (jeu du). Ce jeu dont on chercherait vainement l'origine et l'étymologie, ne se joue point à Paris, et n'a guère cours que dans quelques départements qui ne sont pas encore parvenus à une haute civilisation.

On peut jouer à ce jeu depuis cinq ou six personnes jusqu'à vingt. Lorsqu'on est en grand nombre, on joue avec un jeu de cartes entier, autrement l'on joue avec un jeu ordinaire de piquet, en observant néanmoins que les as sont les dernières cartes du jeu.

On voit d'abord à qui fera; chacun des joueurs prend huit ou dix marques qu'on fait valoir ce qu'on veut. Celui qui mêle, ayant fait couper le joueur de sa gauche, donne une carte sans la découvrir à chaque joueur, qui, l'ayant regardée, dit, si la carte est bonne : *je suis content*; et si la carte est un as ou une autre carte basse, il dit, *contentez-moi* à son voisin à droite, qui est obligé de changer avec lui de carte; à moins qu'il n'eût un roi; dans ce cas il dirait *coucou*, et celui qui demandait à se faire *contenter*, est forcé de garder sa mauvaise carte; les autres continuent à se faire contenter de la même manière, c'est à dire, à changer de carte avec le voisin à droite et à gauche une seule fois, jusqu'à ce que l'on en soit venu jusqu'à celui qui a mêlé, qui, lorsqu'on lui demande à être *contenté*, doit alors lui donner la carte de dessus le talon; à moins que ce ne fût un roi.

La règle générale, c'est que chaque joueur peut, lorsqu'il le croit avantageux à son jeux, et que c'est à son tour de parler, forcer son voisin à main droite de changer de carte avec lui, à moins qu'il n'ait un roi.

Le tour ainsi fait, chacun écarte sa carte sur table, et celui ou ceux qui ont la plus basse carte paient chacun au jeu un jeton qu'ils mettent dans un corbillon qui est au milieu de la table. Il arrive assez souvent que plusieurs joueurs paient à la fois ; mais c'est toujours la plus basse espèce des cartes qui sont sur le jeu qui paie ; les as paient toujours quand il y en a sur le jeu ; au défaut des as, les deux ; au défaut des deux, les trois, et ainsi des autres.

C'est un grand avantage que celui de mêler, parce qu'il revient trois cartes à celui qui fait, parmi lesquelles il choisit celle qui lui convient ; ce qui fait que fort rarement celui qui mêle paie ; chacun mêle à son tour, et lorsque quelque joueur a perdu tous ses jetons, il se retire du jeu, n'ayant plus rien à espérer pour lui : celui qui est le dernier à avoir des jetons, gagne la partie, quand il n'aurait qu'un jeton, si aucun des autres joueurs n'en a, et il tire alors ce que chacun a mis au jeu.

CROIX ou PILE (jeu de). Ce jeu consiste à jeter en l'air un pièce de monnaie ou médaille, dont ont convient d'appeler un côté *croix* et l'autre *pile*. Cette pièce étant tombée présente une de ses deux faces ; et l'un des deux joueurs gagne, lorsque la face, dite *croix* ou *pile*, répond au nom que ce joueur a désigné ; il perd lorsque c'est le contraire. On examine dans le *Dictionnaire des Mathématiques* combien il y a à parier qu'un joueur amènera *croix* en jouant deux coups de suite. Or, suivant les principes ordinaires, il y a quatre combinaisons :

Premier coup.	*Second coup.*
Croix.	Croix.
Pile.	Croix.
Croix.	Pile.
Pile.	Pile.

De ces quatre combinaisons, une seule fait perdre et trois font gagner. Il semble donc qu'il y ait trois contre un à parier en faveur du joueur qui jette la pièce. Si l'on parierait en trois coups, on trouverait huit combinaisons, dont une seule fait perdre et sept font gagner; ainsi il y aurait sept contre un à parier; mais cela est-il bien exact? Suivant la remarque de d'Alembert, et pour ne prendre ici que le cas de deux coups, ne faut-il pas réduire à une, dit ce savant géomètre, les deux combinaisons qui donnent *croix* au premier coup, puisque dès qu'une fois croix, par exemple, est venu, le jeu est fini, et le second coup est compté pour rien? Il s'ensuit de là que, suivant son opinion, il n'y a dans cette hypothèse que deux contre un à parier. Il faut le dire, par la même raison, que dans le cas de trois coups au lieu de sept, il n'y a que trois contre un à parier. Sur le surplus de ce problème, voyez l'article *Croix* ou *Pile*, dans le *Dictionnaire des Mathématiques*.

CUL-BAS (jeu du). Ce jeu, dont le nom en donne une idée, et dont l'invention se perd dans la nuit des temps, était, avant la révolution, le passe-temps le plus agréable des habitants de plusieurs provinces. Mais depuis que la France s'est régénérée, ce jeu est à peine connu. Quoi qu'il en soit, nous allons en énoncer ici brièvement les principes et les règles.

Le cul-bas se joue à cinq ou six personnes, plus ou moins, avec un jeu entier.

Avant de commencer à jouer, on règle la valeur de chaque jeton et le nombre des jetons que l'on veut jouer, après quoi l'on tire à qui fera; c'est la plus basse des cartes qui mêle. Il y a un grand désavantage pour celui qui mêle, parce qu'étant le dernier à prendre les cartes étendues sur le tapis, ceux qui sont premiers s'accommodent des meilleures ou de celles qui leur sont plus avantageuses, et laissent le rebut à celui qui a mêlé.

Ce dernier donne cinq cartes à chaque joueur, par deux et trois, après quoi il prend huit cartes de dessus le talon, qu'il étale sur le tapis, puis il met à part le talon, qui ne sert plus de rien pour le jeu.

Les cartes données, chacun examine son jeu, et le premier voit d'abord s'il n'a point de cartes pareilles à celles qui sont étalées, comme, par exemple, s'il y a un roi, un as, ou une autre carte de quelque nombre qu'elle puisse être, et que dans son jeu il en ait aussi ; il lèvera ce roi avec un roi, cet as avec un as, et ainsi des autres, en observant qu'il ne peut en ôter qu'une à la fois pour un tour.

Celui qui le suit lèvera un quatre ou un neuf, ou un sept, et ainsi des autres, s'il en a de pareilles dans son jeu. Tous les autres joueurs en font de même, chacun à son tour par la droite; et si quelqu'un de ces joueurs n'avait point de cartes pareilles à celles qui sont sur la table, il est obligé de mettre son *cul-bas*, c'est à dire d'étaler devant lui ses cartes à découvert : celui qui suit peut, s'il s'accommode des cartes que l'on vient de mettre bas, s'en servir comme de celles du talon, et n'est pas obligé de mettre le *cul-bas;* enfin on ne met *cul-bas* que lorsqu'on n'a point dans son jeu des cartes qui sont étalées sur le tapis.

Celui qui s'est plutôt défait de ses cinq cartes, gagne ce que chacun a mis pour le *cul-bas*, et oblige les autres à lui donner autant de jetons qu'il leur reste de cartes en main, et ceux qui ont mis *cul-bas* lui donnent autant de jetons qu'ils ont étalé de cartes sur le tapis.

Nous avons dit qu'on ne pouvait lever qu'une carte à la fois : cependant un joueur qui aurait dans son jeu trois cartes d'une même valeur, comme sont trois valets et ainsi des autres, pourrait lever avec ses trois valets un valet qui serait étalé, et c'est un grand coup qui aide beaucoup à gagner la partie, puisqu'il ne reste à se défaire ensuite que de deux cartes. Les cartes dont on s'en va et celles qu'on lève sont mises en tas devant chaque joueur sens dessus dessous, comme cartes inutiles.

De même s'il y a sur le jeu trois cartes d'une même façon, comme trois huit, etc., celui qui a le quatrième huit dans son jeu peut les lever tous les trois à la fois, mais cela ne l'avance pas davantage; et il doit, s'il joue bien, prendre plutôt quelques autres cartes sur le tapis, s'il le peut, celles-là ne pouvant pas lui manquer.

Lorsque dans les cinq cartes il arrive à quelqu'un des joueurs quatre rois, quatre six ou quatre autres cartes de la même sorte, il peut les écarter, en demander d'autres ou en prendre lui-même, si c'est lui qui donne.

DAMES (jeu de). C'est un jeu auquel on joue sur un tablier divisé en plusieurs cases, en se servant de petites pièces plates et rondes, de bois d'ébène, d'ivoire ou d'os; les unes blanches et les autres noires, qu'on appelle *dames* ou *pions*.

On distingue deux sortes de *jeux de dames*; l'un se nomme les *dames à la française*, et l'autre les *dames à la polonaise*.

Le premier est beaucoup moins étendu et moins varié que le second; celui-ci se joue sur un tablier ou damier où il y a cent cases, et l'on y emploie quarante pions, vingt blancs et vingt noirs.

Le damier de l'autre n'a que soixante-quatre cases, et l'on n'y emploie que vingt-quatre pions, douze blancs et douze noirs. Ici les pions ne marchent qu'en avant, et ne font qu'un pas à la fois, à moins qu'ils ne fassent quelque prise: les dames ne vont pas plus vite; mais elles peuvent marcher et prendre en arrière; là, au contraire, les pions prennent en avant et en arrière, et les dames sautent plusieurs cases en marchant. Il suit de là, que les combinaisons au jeu de dames *à la polonaise* sont beaucoup plus multipliées qu'au jeu de dames *à la française*. Aussi, ce premier est pour ainsi dire le seul qu'on joue aujourd'hui, et dont nous allons particulièrement nous occuper.

Le damier sur lequel on joue les dames à la polonaise a, comme nous l'avons dit, cent cases, et les joueurs ont, l'un vingt pions noirs, et l'autre vingt pions blancs.

On peut indifféremment placer les pions sur les cases blanches ou sur les cases noires; mais l'usage a prévalu de les placer sur les cases blanches.

Le damier doit être placé de manière que le trictrac se trouve à la droite de chaque joueur. Ce trictrac est relativement aux pions noirs les cases quarante-une et quarante-six, et relativement aux pions blancs les cases quarante-cinq et cinquante. Ainsi, le damier se trouve naturellement divisé en deux parties; les pions noirs occupent les vingt cases qui s'étendent depuis le numéro un jusqu'au numéro vingt inclusivement, et les pions blancs sont rangés sur un pareil nombre de cases, depuis le numéro trente-un jusqu'au numéro cinquante. D'où il suit qu'il reste entre les pions de chaque joueur deux rangs de cases vides, sur lesquelles se jouent les premiers pions.

Les règles du jeu de dames *à la polonaise* sont à peu près les mêmes que celles du jeu de dames *à la française*; il n'y a d'autre différence que celle qui doit dériver de la marche des pions et des dames, laquelle, comme nous l'avons dit, n'est pas la même dans les deux jeux.

Comme tous les joueurs n'ont pas la même habileté, il est d'usage, pour rendre une partie égale, que le plus savant fasse avantage à son adversaire; cet avantage est plus ou moins considérable, selon les classes auxquelles les joueurs sont réputés appartenir. Nous allons maintenant exposer les règles sacramentelles de ce jeu.

1. Les joueurs étant de force égale, le sort décide celui qui jouera le premier; mais lorsqu'un joueur reçoit avantage, il est d'usage qu'il joue le premier.

2. La marche du pion se fait toujours en avant, à droite ou à gauche, du blanc sur le blanc, et en ne faisant qu'un pas à la fois; mais quand il a à prendre, il fait deux, trois, quatre pas, et même davantage tant qu'il y a à prendre, et il peut alors marcher en arrière.

3. Aussitôt qu'on a touché au pion, on est obligé de le jouer, quand aucun obstacle ne s'y oppose; c'est pour cela qu'est établie la maxime : *dame touchée, dame jouée.*

4. Un pion est censé touché dès qu'on a mis le doigt dessus : au reste, on est maître de jouer où l'on veut le pion qu'on a touché quand on ne l'a pas quitté.

5. Si l'on veut toucher un ou plusieurs pions pour les arranger, on doit auparavant dire *j'adoube :* autrement on peut être forcé par l'adversaire à jouer celui des pions tou-

chés qu'il jugera à propos, pourvu qu'aucun obstacle n'empêche de le jouer.

6. Lorsqu'un pion a devant lui un autre pion de la couleur qui lui est opposée, et que derrière celui-ci, il se trouve une case blanche vide, le premier pion passe par dessus le second, l'enlève et se place à la case vide.

7. Et, s'il y a plusieurs pions de l'adversaire, derrière chacun desquels il se trouve une case blanche vide, le pion qui prend continue de passer par dessus, se place à la dernière case vide, et enlève tous les pions par dessus lesquels il a passé.

8. Il est bon de faire observer que, quand il y a plusieurs pions à prendre, on ne doit en enlever aucun avant que le pion qui prend ne soit posé sur la case où il faut qu'il s'arrête.

9. Le pion ou la dame qui prend, non seulement ne peut pas repasser, et doit au contraire s'arrêter sur la case où il a déjà passé, et sur laquelle il y a un pion ou une dame qui fait partie de ceux qu'on doit enlever, si ce pion ou cette dame en a une autre par derrière, quand bien même il y aurait en outre un ou plusieurs pions ou dames à prendre; mais encore, le pion ou la dame placée derrière le pion ou la dame qui doit prendre, a droit de prendre ce pion ou cette dame, s'il y a une case vide. L'exemple suivant va rendre sensible cette règle.

Le joueur aux pions blancs a un pion sur chacune des cases : vingt-sept, trente-deux, trente-trois et trente-sept, et une dame sur la case quarante-trois.

L'adversaire a un pion noir sur chacune des cases : trois, quatre et neuf, une dame sur la case dix, une autre sur la case treize, et un pion sur la case dix-neuf.

La dame noire de la case treize, qui en a quatre à prendre, est obligée de se placer sur la case vingt-huit, parce qu'elle est arrêtée par le pion de la case trente-deux, qu'elle ne peut enlever qu'après s'être placée ; en sorte que le pion blanc de la case trente-deux, qui se trouve derrière cette même dame noire de la case vingt-huit, la prend, ainsi que deux autres pions, et va à dame à la case cinq.

10. Quand on a plusieurs pions à prendre, et qu'en les enlevant on en laisse par mégarde un ou plusieurs sur le damier, l'adversaire a le droit de souffler, s'il le juge à propos, le pion avec lequel on a pris : au reste, on est maitre de souffler ou de ne pas souffler. Lorsqu'on ne veut pas souffler, on oblige l'adversaire de prendre, et celui-ci ne peut jamais s'y refuser.

11. Si celui qui est en droit de souffler, a levé ou touché le pion à souffler, il n'est plus le maitre de faire prendre, il faut qu'il souffle. Cette règle est fondée sur celle-ci : *pion touché, pion joué*, ce qui signifie que, quand on a touché un pion, on est tenu de le jouer.

12. Quand on refuse de prendre, on perd la partie. Cette règle est fondée sur ce que refuser de prendre, c'est refuser de jouer ; et celui qui refuse de jouer quitte la partie, et doit, par conséquent, la perdre. De là, cette maxime, *qui quitte la partie, la perd.*

13. Lorsqu'un joueur, ayant à prendre d'un côté seulement, lève ou touche par erreur un autre pion que celui qui doit prendre, ou qu'ayant à prendre de plusieurs côtés, il lève ou touche un autre pion que celui qui doit prendre du bon côté, l'autre joueur peut tout à la fois souffler le pion qui devait prendre régulièrement, et obliger son adversaire à jouer ce qu'il a touché.

14. Aussitôt qu'on a joué, on ne peut plus souffler, si le joueur qui n'a pas pris d'abord prend le coup suivant, ou si le pion qui devait prendre a changé de position ; mais si les choses restent dans le même état, le joueur qui a négligé de souffler peut y revenir ou faire prendre, même après plusieurs coups, soit qu'il ait d'abord aperçu ou non la faute de son adversaire.

15. Un coup est censé joué lorsqu'on a placé ou quitté le pion.

16. On est dans le cas d'être soufflé quand, au lieu de

prendre le plus où le plus fort, on prend le moins et le plus faible.

17. On a à prendre le plus, quand il n'y a d'un côté à prendre qu'un ou deux pions, tandis que d'un autre côté on peut en prendre davantage.

18. On a à prendre le plus fort, quand, à nombre égal, il y a des pions d'une part et des dames d'autre part, ou une dame et des pions. On conçoit, qu'en pareil cas, on doit prendre du côté des dames ou de la dame, attendu qu'une dame vaut mieux qu'un pion.

19. Observez que quand il y a d'une part trois pions à prendre, et d'une autre part un pion et une dame, et même deux dames, il faut, pour éviter d'être soufflé, prendre les trois pions, attendu qu'ils l'emportent en nombre sur le reste.

20. Quand un pion est arrivé sur une des cases où il doit être damé, on le couvre d'un autre pion de même couleur, et il prend alors le nom de *dame*.

21. Les pions blancs se dament sur les cases une, deux, trois, quatre, cinq, et les pions noirs sur les cases quarante-six, quarante-sept, quarante-huit, quarante-neuf et cinquante.

22. Il ne suffit pas qu'un pion passe sur une des cases dont on vient de parler pour être damé; il faut qu'il y reste placé par un coup qui s'y termine : c'est pourquoi, si un pion arrivé sur une de ces cases avait encore à prendre, il faudrait qu'il continuât son chemin et qu'il restât pion ; c'est ce qu'on concevra plus facilement par l'exemple qui suit :

Supposons que les cases trente-quatre, quarante-deux et quarante-trois, soient occupées par des pions blancs; et la case trente par un pion noir, on voit que celui-ci, prenant les pions blancs des cases trente-quatre et quarante-trois, arrive à la case quarante-huit, qui est une de celles où les pions noirs doivent être damés; mais, dans ce cas, le pion dont il s'agit ne peut pas devenir *dame*, parce que, ayant à prendre le pion blanc de la case quarante-deux, il ne fait que passer sur la case quarante-huit pour s'arrêter ensuite sur la case trente-sept, qui n'est pas du nombre de celles où l'on dame.

S'il arrivait dans cette circonstance que le même pion noir s'arrêtât sur la case quarante-huit, et qu'il ne prit que les pions blancs des cases trente-quatre et quarante-trois, on pourrait les souffler.

23. Une *dame* diffère d'un *pion* et par la marche et par la manière de prendre.

Elle en diffère par la marche, en ce que le *pion* ne fait qu'un pas en avant, à moins qu'il ne prenne, et il ne prend que de case en case, au lieu que la *dame* peut aller d'une extrémité du damier à l'autre extrémité, si le passage est libre, c'est à dire si dans cet espace il ne se trouve aucun *pion* de la couleur de cette *dame*, ou des *pions* de la couleur opposée qui ne soient pas en prise.

La *dame* diffère du *pion* par la manière de prendre, en ce qu'elle peut, lorsqu'elle a à prendre, traverser plusieurs cases à la fois, pourvu qu'elles soient vides ou qu'il s'y trouve des *pions* de la couleur opposée qui soient en prise, en sorte qu'elle peut tourner à droite, à gauche, et quelquefois faire le tour du damier.

24. Quand deux joueurs de force égale restent, à la fin d'une partie, l'un avec trois *dames*, et l'autre avec une seulement, mais sur la ligne du milieu, cette partie est nécessairement remise, et l'on doit en recommencer une autre.

25. La *dame* unique n'ayant pas la ligne du milieu, il y a plusieurs coups pour gagner; mais, comme ils ne sont pas forcés, et qu'il faut que la partie ait une fin, il est de règle que le joueur des trois *dames* ne puisse obliger son adversaire à jouer plus de quinze coups, et celui-ci ne peut les refuser quand même il ferait avantage à celui-là.

26. Lorsque celui qui a les trois *dames* fait avantage, il ne peut également exiger que trois coups.

27. Mais, si l'avantage que fait un joueur consiste dans la remise, ou lui accorde vingt coups, après lesquels la partie est finie et perdue pour lui, si son adversaire a conservé sa *dame* jusqu'alors.

28. Dans une partie où les coups sont limités, on ne peut les excéder, sous prétexte que le coup qui excède et qui fait gagner est une suite nécessaire du coup précédent ; en pareil cas la partie est gagnée irrévocablement, lorsque le dernier coup fixé est joué.

29. Un coup n'est complet que quand chaque joueur a joué une fois : ainsi, lorsque celui qui a joué le premier joue pour la vingtième ou la vingt-cinquième fois, le vingtième ou le vingt-cinquième coup n'est achevé que quand celui qui a joué le dernier a aussi joué pour la vingtième ou la vingt-cinquième fois.

30. Lorsqu'à la fin d'une partie un joueur qui n'a qu'une *dame*, offre à son adversaire, qui a une *dame*, et deux *pions*, ou deux *dames* et un *pion* de lui damer les deux pions ou le pion, afin de compter aussitôt les coups limités, ce dernier est obligé d'accepter l'offre, sinon le premier peut quitter la partie comme remise.

31. Quand un joueur fait une fausse marche, il dépend de son adversaire de faire rejouer en règle, ou de laisser le *pion* ou la *dame* mal jouée sur la case où ils se trouvent.

32. Il n'y a aucune faute à jouer un pion qui ne peut pas être joué.

33. Il n'y a pareillement point de faute à jouer un des pions de son adversaire, attendu qu'on n'a pas droit de les jouer : on ne pourrait même, en pareil cas, être soufflé si l'on avait à prendre ; la raison en est que pour faire naître le droit de souffler, il faut qu'on ait touché des pions qui puissent être joués.

34. Lorsqu'un joueur donne à l'autre pour avantage la moitié, le tiers ou le quart de la remise ou du pion, il en résulte, pour les deux joueurs, l'obligation de jouer deux, trois ou quatre parties afin de remplir la convention ; ces deux, trois ou quatre parties n'en font proprement qu'une dans ce cas ; c'est pourquoi si l'on donne la revanche, il faut encore en jouer le même nombre.

35. Une partie doit être jouée jusqu'à la fin, ou elle est

perdue pour celui qui la quitte sans le consentement de son adversaire.

36. Lorsqu'on joue de l'argent, on doit mettre au jeu à chaque partie : il en est de même quand on parie.

37. Si quand on joue de l'argent, un spectateur donne quelque conseil, même indirectement, à l'un des joueurs, et que celui-ci en profitant vienne à gagner la partie, ce spectateur indiscret doit être condamné à payer pour le perdant et pour ceux qui pariaient sur son jeu.

38. S'il arrive quelque contestation sur un coup, elle doit être jugée par ceux des spectateurs qui ne parient pas ; on les prie pour cet effet de s'expliquer, et les joueurs sont tenus de se conformer à leur décision.

Observations importantes. Quand un des joueurs est réduit à une dame et que l'autre n'en a que trois, il n'y a aucun coup forcé qui puisse faire gagner la partie à celui-ci : c'est pourquoi, entre joueurs de force égale, la plupart des parties sont remises, parce que dans l'attaque rien ne l'emporte sur la défense ; mais il en est autrement entre deux joueurs dont l'un est supérieur à l'autre ; car, quoiqu'il n'y ait aucun coup forcé pour faire gagner le joueur qui a trois *dames*, il y en a plusieurs dans lesquels peut donner son adversaire, s'il ne les connaît. C'est pour ce dernier que Manouri, dans son *Traité du jeu de dames*, a indiqué les positions et les coups qu'il doit éviter pour ne pas perdre la partie. Nous sommes obligés d'y renvoyer nos joueurs.

Lorsqu'à la fin d'une partie on se trouve avec une *dame* et un *pion* contre trois *dames*, le meilleur parti à prendre est de donner le *pion* aussitôt qu'on le peut, attendu qu'on défend plus aisément la partie quand on n'a qu'une dame seule ; ce qu'a démontré d'une manière évidente le même Manouri.

On appelle *faire tant pour tant* l'action de donner à prendre à son adversaire un ou plusieurs *pions*, une ou plusieurs *dames*, pour ensuite se trouver dans une position à lui prendre le même nombre de pièces que celui qu'il a pris.

C'est par le *tant pour tant* que les joueurs habiles parent des coups et qu'ils en préparent; en effet, a-t-on un jeu embarrassé? on le dégage en faisant un pour un, ou deux pour deux : voit-on dessiner un coup dangereux? on l'évite par un *tant pour tant*: Veut-on fortifier le côté faible de son jeu? on y réussit par des *tant pour tant*: veut-on se placer dans un poste avantageux? un *tant pour tant*, fait à propos, y conduira : enfin c'est par des *tant pour tant*, qu'un pion en tient souvent plusieurs enfermés, et qu'on parvient à gagner le coup.

Le *coup du repos* est une position dans laquelle l'un des joueurs a plusieurs fois de suite à prendre, et l'autre par conséquent autant de coups à jouer librement et sans obstacle. Tandis que le premier joueur fait des prises, le second arrange ses pions de manière à faire un coup que son adversaire ne puisse empêcher, ou il se met derrière un ou plusieurs pions en prise ; on appelle cela *coup de repos*, par la raison que le pion du second joueur, qui est derrière ceux de son adversaire, ou qui est disposé pour faire un coup, se repose en quelque sorte, en attendant son tour de marcher. Le coup de repos est presque toujours occasionné par trop de précipitation de la part de l'adversaire, qui, voyant un pion en prise, se met derrière, et se trouve obligé de le prendre, et donne par là le temps à son adversaire de former presque toujours un plan avantageux dont l'exécution est forcée.

Il arrive néanmoins quelquefois que le coup de repos est le fruit de la combinaison d'un joueur.

De la lunette. Lorsque deux pions d'un même joueur sont placés de manière qu'il y a derrière chacun d'eux une case vide, et entre eux une autre case vide, où l'adversaire peut se placer, cela s'appelle une *lunette*. Quand on s'y place, un des deux pions est nécessairement pris, attendu qu'on ne peut pas les jouer, ni par conséquent les sauver tous les deux à la fois.

La lunette présente fréquemment plusieurs pions à prendre, tant d'un côté que d'un autre. Comme elle est le plus souvent un piège que tend un joueur adroit, on doit y prendre garde ; car il faut supposer que ce n'est pas sans motifs que l'adversaire s'expose à perdre un ou plusieurs pions. En pareil cas, avant d'entrer dans la lunette, on se met en idée à la place de celui contre qui l'on joue, et l'on calcule alors ce que l'on ferait soi-même, si l'on avait à jouer son jeu.

Il nous suffit d'avoir donné les règles du jeu, sans entrer dans de plus grands développements, qui seraient inutiles, car la manière de bien jouer ce jeu dépend du plus ou moins d'intelligence des joueurs, de la combinaison des coups, de ceux prévus ou à prévoir, et des diverses positions des pions et des dames : sur tous ces objets, il n'est guère possible de présenter des données certaines : le temps et l'expérience en apprendront beaucoup plus sur le bien jouer des dames, que toutes ces nomenclatures de coups, dont quelques uns peut-être ne se rencontrent qu'une fois dans un siècle.

Au surplus nous renvoyons à l'excellent *Traité des dames* par Manouri, dont nous avons extrait les préceptes les plus essentiels, et les règles sacramentelles du jeu.

DAMES RABATTUES (jeu des). Ce jeu est ainsi nommé, parce que l'on y rabat effectivement toutes ses dames les unes après les autres, et qu'on les couche toute plates l'une devant l'autre.

Ce jeu est un des plus faciles à apprendre, et l'on peut assurer que le hasard seul y décide.

Il se joue dans un trictrac, garni de quinze dames de chaque couleur, de deux cornets de dés. On ne peut le jouer que deux ensemble et avec deux dés.

Il faut que chacun des joueurs mette toutes ses dames dans la table du trictrac, le plus près du jour, et là qu'il fasse six piles ou tas de ses dames, sur toutes les flèches qui sont de son côté ; sur chacune des trois premières flèches, proche le jour, il faut mettre deux dames qui font six dames, et sur chacune des trois autres flèches, qui sont jusqu'à la bande de séparation, il faut mettre trois dames qui, avec les six précédentes, composent les quinze dames de chaque joueur.

Il faut mettre toutes les dames l'une sur l'autre, et non point accouplées en manière de case.

On nomme le dé en ce jeu, de même qu'aux autres jeux de table, c'est à dire le plus gros nombre le premier.

Les doublets ne s'y jouent qu'une fois, de même qu'au trictrac.

Il faut jouer le dé rondement, sans hésiter, et le faire toucher du moins la bande de son adversaire. Il est bon partout dans le trictrac, pourvu qu'il ne soit pas en l'air.

Il est permis de changer de dés, et même de rompre, quand on appréhende quelques coups.

L'on peut aussi convenir de ne point rompre, et établir par conséquent une peine contre celui qui rompra.

Quand chacun a empilé ses dames, celui qui a gagné le dé joue, et rabat de dessus sa pile deux dames, suivant le nombre qu'il a fait.

On commence à compter par la case la plus près du jour; ainsi, celui qui a fait six as, abat la dame qui est empilée sur la première case, où il n'y a que deux dames, et par là joue l'as.

Pour le six, il abat une des trois dames qui sont sur la case qui joint la bande de séparation.

Il faut entendre par là que l'on prend l'as sur la première case ou pile, le deux sur la seconde, le trois sur la troisième, le quatre sur la quatrième, le cinq sur la cinquième, et le six sur la sixième pile, qui est la dernière.

On voit d'abord que cette manière de jouer les nombres est bien différente des autres jeux de table, où, par exemple, pour jouer un six l'on place la dame six flèches au dessus de l'endroit d'où elle part, au lieu qu'ici l'on ne fait que mettre la dame à bas, sur la même flèche où elle était empilée.

Quand vous avez joué votre six et as, votre adversaire joue le dé à son tour; s'il fait un doublet, par exemple, terne ou double deux, comme sur les cases du trois et du deux, il n'a qu'une dame à abattre, vous abattez l'autre pour lui ; mais parce qu'il a fait un doublet, il a encore le dé et joue derechef ; et, s'il fait un second doublet, il rejoue encore : en un mot, celui qui fait un doublet a toujours le dé, jusqu'à ce qu'il ait fait un coup simple.

Il y a deux choses essentielles à remarquer en ce jeu.

La première, que tout ce qui ne peut point être joué par l'un des joueurs, l'autre le joue, supposé qu'il le puisse, et, s'il ne le peut pas, il n'est joué ni par l'un ni par l'autre.

Par exemple, votre adversaire a d'abord fait deux et as qu'il a joué ; vous avez ensuite joué, et avez amené le même coup, que vous avez pareillement joué ; votre adversaire rejoue et fait encore deux et as : il ne les joue point, ni vous non plus, parce que vous n'avez ni l'un ni l'autre aucun de ces nombres, les ayant déjà abattus.

La seconde, que celui qui fait un doublet conserve le dé, et joue jusqu'à ce qu'il ait fait un coup simple.

On appelle coup simple les nombres inégaux, comme sont six et cinq, cinq et quatre, trois et deux, quatre et trois, etc.

Les doublets sont deux nombres semblables, tels que sont sonnez, double deux, terne, quaterne, ambezas, quine.

Toute la conduite que ce jeu demande, c'est d'être bien attentif aux nombres que celui contre qui l'on joue amène, afin de ne pas manquer à jouer tout ce qu'il ne joue pas ; car celui contre qui l'on joue n'est pas obligé de vous avertir de votre jeu ; au contraire, il a intérêt que vous oubliiez à jouer tous les nombres que vous pourriez jouer, afin d'avancer son jeu plus que vous.

Après avoir rabattu les dames de dessus les diverses piles et tas, celui qui le premier les a toutes rabattues, lève à chaque coup de dé les dames dans le même ordre qu'il les a d'abord jouées.

Par exemple, s'il fait bezet, il lève les deux dames de la première case, et, parce qu'il a fait un doublet, il joue encore une fois ; s'il fait un second coup bezet, il ne lève rien, ne lui étant pas permis de jouer bezet tout d'une, en prenant une dame sur la seconde case, parce que chaque case en ce jeu a son nombre fixe et certain, et que la seconde case ne peut servir qu'à jouer un deux ou deux, et la troisième un trois, et ainsi des autres ; et, quoiqu'il soit dit ci-devant que les nombres que l'on ne peut pas jouer sont joués par l'autre, cette règle reçoit ici son exception ; car, par exemple, si après que vous avez rabattu l'as, le deux, le trois, etc., il vous reste encore un cinq ou un six à rabattre, et que votre adversaire ayant tout rabattu et levé un bezet, ait fait un second bezet ; en ce cas, ni lui ni vous ne lèverez rien ; lui, parce qu'il n'a plus de bezet à jouer, et vous, parce que c'est une des règles de ce jeu, qu'on ne peut rien lever tant que l'on n'a point abattu toutes ses dames ; ainsi, n'ayant point abattu toutes vos dames, non seulement vous ne pouvez pas jouer ce que votre adversaire ne joue point ; mais, qui plus est, c'est que vous ne pouvez pas jouer vous-même les nombres que vous faites, et c'est votre adversaire qui les joue pour vous, jusqu'à ce que vous ayez rabattu votre dernière dame ; ce qui fait que bien souvent votre adversaire n'a plus que deux ou trois dames à lever, lorsque votre dernier nombre arrive, quelquefois même il n'en a plus qu'une ; mais quand une fois vous avez abattu votre dernière dame, alors vous levez bien plus promptement que votre homme n'a fait, car vous ne pouvez plus rien faire pour lui, à moins que vous ne fussiez extrêmement malheureux ; lui, au contraire, travaille toujours pour vous ; car, comme il a peu de dames, il ne saurait si facilement faire les nombres qui lui manquent, et il arrive assez souvent que celui qui a commencé à lever perd la partie.

Celui qui le premier a levé toutes ses dames, a gagné incontestablement la partie.

La règle que bois touché doit être joué, n'a point lieu en ce jeu, parce que chaque pile de bois a son nombre fixe, étant impossible de pouvoir jouer le même nombre de différents endroits ; ainsi, supposez que vous ayez fait un carme, et qu'au lieu d'abattre les dames de la quatrième case, vous ayez abattu deux dames de la cinquième, vous devez remettre vos deux dames sur votre cinquième pile, et jouer votre carme comme il doit être joué.

DÉS (jeu de). Sorte de jeu de hasard fort en vogue chez les Grecs et les Romains. L'origine en est très ancienne, si l'on en croit Sophocle, Pausanias et Suidas, qui en attribuent l'invention à Palamède. Hérodote le rapporte aux Lydiens, qu'il fait auteurs de tous les jeux de hasard.

Les dés antiques étaient des cubes, de même que les nôtres; le jeu le plus ordinaire était à trois dés.

Il n'entre point dans le plan de cet ouvrage de nous occuper des diverses manières de jouer aux dés qui étaient en usage chez les anciens. Ainsi, laissant ces recherches à faire à nos érudits, nous allons établir quelques calculs sur les chances que l'on peut raisonnablement attendre de ce jeu.

Il est visible qu'avec deux dés on peut amener trente-six coups différents; car chacune des six faces du dé peut se combiner six fois avec chacune des six faces de l'autre. De même avec trois dés on peut amener 36×6, ou 216 coups différents; car chacune des 36 combinaisons des deux dés peut se combiner six fois avec les six faces du troisième dé. Donc, en général, avec un grand nombre de dés $= n$, le nombre des coups possibles est de $6n$.

Donc il y a 35 contre 1 à parier qu'on ne fera pas rafle de 1, de 2, de 3, de 4, de 5, de 6, avec deux dés. Voyez *Rafle*. Mais on trouverait qu'il y a deux manières de faire 3, trois de faire 4, quatre de faire 5, cinq de faire 6, et six de faire 7, cinq de faire 8, quatre de faire 9, trois de faire 10, deux de faire 11, un de faire 12; ce qui est évident par la table suivante qui exprime les 36 combinaisons.

2	3	4	5	6	7
3	4	5	6	7	8
4	5	6	7	8	9
5	6	7	8	9	10
6	7	8	9	10	11
7	8	9	10	11	12

Dans la première colonne verticale de cette table, supposons qu'un des dés tombe successivement sur toutes ses faces, l'autre dé amenant toujours 1 ; dans la seconde colonne, que l'un des dés amène toujours 2, l'autre amenant ses six faces, etc., les nombres pareils se trouvent sur la même diagonale. On voit donc que 7 est le nombre qu'il est le plus avantageux de parier qu'on amènera avec deux dés, et que 2 et 12 sont ceux qui donnent le moins d'avantages. Si on prend la peine de former ainsi la table des combinaisons pour trois dés, on aura six tables de 36 nombres chacune, dont la première aura 3 à gauche en haut, 13 à droite en bas, et la dernière aura 8 à gauche en haut et 18 à droite en bas ; et l'on verra par le moyen des diagonales, que le nombre de fois que le nombre 8 peut arriver est égal à $6 + 5 + 4 + 3 + 2 + 1$, c'est à dire à 21 ; ainsi qu'il y a 21 cas sur 216 pour que ce nombre arrive, qu'il y a 15 cas pour amener 7, 10 pour 6, 6 pour 5, 3 pour 4, 1 pour 3 ;

Que pour amener 9, il y a un nombre de combinaisons $= 5 + 6 + 5 + 4 + 3 + 2 = 25$;
Que pour amener 10, il y a $4 + 5 + 6 + 5 + 4 + 3 = 27$;
Que pour amener 11, il y a $3 + 4 + 5 + 6 + 5 + 4 = 27$;
Que pour amener 12, il y a $2 + 3 + 4 + 5 + 6 + 5 = 25$;
Que pour amener 13, il y a $1 + 2 + 3 + 4 + 5 + 6 = 21$;
Que pour amener 14, il y a 15 ;
Que pour amener 15, il y a 10 ;
Que pour amener 16, il y a 6 ;
Que pour amener 17, il y a 3 ;
Et que pour amener 18, il n'y a qu'une seule combinaison.

Ainsi, 10 et 11 sont les deux nombres qu'il est le plus avantageux de parier qu'on amènera avec trois dés ; il y a à parier 27 sur 216, c'est à dire 1 contre 8 qu'on les amènera ; ensuite c'est 9 ou 12, ensuite c'est 8 ou 13, etc.

On peut déterminer, par une méthode semblable, quels sont les nombres qu'il y a le plus à parier qu'on amènera avec un nombre donné de dés, ce qu'il est bon de savoir en plusieurs jeux.

DOMINO. Sorte de jeu qui se joue avec des dés longs et

plats, dont une face est ordinairement d'ébène noire, et l'autre d'ivoire ou d'os. C'est sur celle-ci que sont marqués les points de chaque dé.

Le nombre des dés s'étend ordinairement à 28; ils sont divisés en sept espèces qui commencent par le double blanc et finissent par le double six; ces dés forment ensemble 168 points (1).

Dans ces différents dés, il y en a huit qui ont une même terminaison, c'est à dire qu'il y a 8 blancs, 8 as, 8 deux, 8 trois, 8 quatre, 8 cinq et 8 six. On en compte huit, par la raison qu'il se trouve deux blancs dans le double blanc, deux trois dans le double trois, etc.; il suit de là que ces différents dés ont un bout marqué de chaque espèce de dé.

Avant d'exposer les règles du domino, il convient de faire connaître les différentes parties auxquelles ces règles s'appliquent; ainsi, nous parlerons successivement.

1° De la partie du tête-à-tête, chaque joueur prenant six dés;

2° De la partie du tête-à-tête, à quelque nombre de dés que ce soit, sans être au point.

3° De la partie du tête-à-tête aux points, chaque joueur ayant sept, huit ou dix dés.

4° De la partie du tête-à-tête aux points, chaque joueur ayant douze dés.

5° De la partie à quatre, chacun pour soi, sans être aux points.

6° De la partie de la poule.

7° De la partie au piquet voleur, c'est à dire, de deux personnes contre deux autres, ayant chacune six dés, et jouant pour gagner le plus tôt cent points.

(1) Ce nombre des dés est porté quelquefois à 36; ils sont alors divisés en huit espèces qui commencent par le double blanc et finissent par le double sept : ces dés forment 252. On le porte aussi, mais rarement, à 45, et ces dés sont divisés en neuf espèces qui commencent par le double blanc et finissent par le double huit; ces dés forment pour lors ensemble 360 points.

Partie du tête-à-tête, chaque joueur ayant six dés. L'objet que chaque joueur a en vue est de gagner le premier cent points ; cette manière de jouer n'est fondée que sur des probabilités, et le hasard donne quelquefois un résultat différent de celui qu'on espérait.

Si celui qui pose, ayant un double dé seul, n'a d'ailleurs que peu de points, il ne jouera pas mal en risquant de fermer le jeu, et de faire abattre pour compter.

Partie du tête-à-tête, à quelque nombre de dés que ce soit, sans être aux points. Dans cette partie, chaque joueur se propose simplement de faire *domino*, c'est à dire de placer tous ses dés avant que son adversaire ait placé les siens. Pour atteindre à ce but, il est important de conserver les deux bouts ouverts, sans s'inquiéter si l'adversaire place ses dés ou passe beaucoup de points. Au reste, il arrive fréquemment dans cette partie que le jeu peut se fermer ; mais on doit éviter de le faire quand on a beaucoup de points, attendu qu'en ce cas, celui qui a le plus grand nombre de points, perd le coup.

Partie du tête-à-tête aux points, chaque joueur ayant sept, huit ou même dix dés. Le joueur qui parvient à compter cent points avant son adversaire, gagne la partie. Celui qui pose le premier, joue bien en avançant le dé dont il a le plus. Si l'on ne pose pas le premier, on doit éviter d'avancer un dé dont a le double sans en avoir aucun autre ; la raison en est, qu'en avançant un tel dé, il est presque certain que le double dé de la même espèce vous restera dans la main.

Partie du tête-à-tête aux points, chaque joueur ayant douze dés. Cette partie exige plus d'attention que les précédentes, pour éviter les fautes et gagner des points.

Si vous avez un double dé, et ceux qui le suivent, vous ne devez pas en commençant poser ce double dé, parce que vous seriez obligé d'avoir le jeu à chaque dé ; au lieu qu'en posant un autre dé, votre adversaire est tenu d'appliquer un dé au bout ouvert, sur lequel vous posez un des dés dont avez le plus ; ainsi, vous enchaînez la partie, et vous la conduisez jusqu'au point de la fermer. Il faut surtout avoir attention de ne point ouvrir un dé contenant beaucoup de points, et de couvrir autant qu'on peut ceux que l'adversaire avance, notamment quand on a lieu de présumer qu'il boude à l'autre bout. Le joueur qui compte le premier cent points, gagne la partie.

Partie à quatre, chacun pour soi, sans être aux points. Pour jouer cette partie, chacun met au jeu une somme convenue, et quand les dés sont mêlés, chaque joueur en prend six. Toutes les fois qu'on fait *domino*, on retire du jeu une somme égale à celle qu'on y a mise.

Supposons que ce soit à vous à poser le premier, il est clair que vous ferez *domino* avant tout autre joueur, si vous ne boudez pas, puisque vous avez un dé de moins. Vous retirez donc alors votre enjeu; ensuite on remêle les dés pour un nouveau coup, et le joueur qui est à votre droite pose le premier. S'il arrive que vos adversaires boudent une seule fois chacun, vous ferez encore *domino*, et vous retirerez un nouvel enjeu. On continue de cette manière jusqu'à ce que les quatre enjeux soient gagnés.

Partie de la poule. Cette partie se joue entre trois ou quatre personnes. Chacune met au jeu une somme convenue pour former la poule; cette poule doit appartenir au joueur qui le premier parvient à compter cent points en sa faveur. Dans cette partie, on fait souvent le sacrifice de son intérêt particulier pour favoriser le joueur qui a le moins de points, au préjudice de celui qui en a le plus.

Partie au domino voleur, c'est à dire, de deux personnes contre deux autres, ayant chacune six dés, et jouant pour gagner le plus tôt cent points. En général, on doit tâcher, dans cette partie, de fermer toujours le dé de son adversaire.

Supposons que devant poser le premier, vous ayez en main un double dé avec trois ou quatre autres dés qui s'y rapportent, et un second double dé isolé, avec un dé quelconque, vous jouerez bien en posant le double dé isolé, parce que vous obligerez vos adversaires à vous ouvrir les dés auxquels les vôtres se rapportent; vous devenez ainsi maître du jeu, et vous ne pouvez pas manquer de faire *domino*.

Si votre jeu est disposé de manière à ne vous présenter aucun succès certain, vous devez être attentif au dé que votre partenaire pose, et faire dans ce dé un partout, si vous en avez un à faire.

Il faut aussi prendre garde à la position de vos adversaires ; car s'ils jouent pour peu de points, il convient que vous avanciez vos gros dés, afin d'éviter de perdre sur le coup.

RÈGLES GÉNÉRALES A CONSERVER AU JEU DE DOMINO.

1. La première opération consiste à faire décider par le sort à qui appartiendra l'avantage de poser le premier ; on mêle pour cela les dés, et chaque joueur en ayant pris un, l'avantage reste au plus fort point, et successivement à ceux qui en approchent le plus.

2. Si l'on joue au *domino voleur*, ceux qui ont les deux plus forts points sont partenaires l'un de l'autre. Et si ces points sont égaux, on peut obliger les deux partenaires à prendre chacun un nouveau dé, pour faire décider à qui appartiendra l'avantage de poser le premier.

3. Quand on joue avec six dés et plus, jusqu'à douze, le joueur qui en prend un de moins pour former son jeu, perd la partie ; mais il faut pour cela qu'on fasse apercevoir sa faute immédiatement après que chaque joueur a posé un dé.

4. Si l'on prend un ou plusieurs dés au delà de ce qu'on doit en avoir, on est obligé de les garder.

5. Si les joueurs sont au nombre de quatre, chacun devant avoir six dés, celui qui en a un de moins est obligé de le reprendre au talon. Cette exception à la rigueur de la règle trois, est fondée sur ce que, ne devant rester que quatre dés au talon, on s'aperçoit facilement de l'erreur du joueur qui n'a pas son compte.

6. Le joueur qui doit poser le premier doit retourner les dés et les mêler ; tout autre joueur peut aussi les mêler.

7. Lorsqu'en prenant les dés, quelque joueur en fait voir

un; on doit remêler; mais si c'est en retournant ses dés qu'un joueur en découvre un, on ne refait pas.

8. Lorsqu'un dé est couvert, ou qu'un joueur a joué à l'extrémité opposée, les dés ne se relèvent pas, et la partie est bonne, quand même le dé qui couvre ne s'adapterait pas régulièrement au dé à couvrir.

9. Le joueur qui doit poser le premier ne peut prendre ses dés qu'après que ses adversaires ont pris les leurs.

10. Lorsqu'un dé présenté sur un bout ne s'y adapte pas, mais s'adapte à l'autre bout, il doit être posé.

11. Si avant de poser un dé, le joueur annonce ce dé, et qu'ensuite il en présente un autre, les adversaires peuvent exiger que le dé annoncé soit posé.

12. À quelque partie que ce soit, les joueurs doivent laisser leurs dés sur la table.

13. Celui qui peut fermer le jeu, est libre de le faire, s'il le juge à propos.

14. Si un joueur dit qu'il *boude*, et que par ce moyen le jeu se trouve fermé, ou que l'on joue encore, et qu'ensuite le joueur présente son dé sur un autre bout, la partie doit, par cette faute, être terminée sur le champ; si l'on joue la *poule*, le joueur en faute paye un enjeu à chacun de ses adversaires; si l'on joue au *domino voleur*, il est obligé de payer la partie tant pour lui que pour son partenaire; enfin, si l'on joue à quelque autre partie, sa faute la lui fait perdre.

15 Lorsqu'un joueur prend ses dés, il faut qu'il les prenne devant lui et qu'il n'en ait que son compte juste; s'il en prenait davantage et qu'il voulût en faire un choix avant qu'ils fussent retournés, il serait tenu de garder les dés qu'il aurait pris de trop, ou un autre joueur les lui retirerait.

16. Tous les dés découverts doivent être posés sur le coup, s'ils peuvent être adaptés à ceux qu'on a posés précédemment.

17. Les dés du talon doivent toujours être à la droite du joueur qui pose.

18. Lorsqu'un joueur, après avoir annoncé qu'il boudait, s'aperçoit qu'il s'est trompé, il doit être admis à poser si celui qui est sous sa main n'a pas encore posé; et si ce dernier a

posé, l'autre peut, par la suite, poser le dé sur lequel il s'est trompé.

19. S'il arrivait au *domino voleur*, qu'un joueur, pour faire connaître à son partenaire qu'il a un certain dé, posât ce même dé, quoiqu'il ne pût pas s'adapter à ceux qui seraient posés, les adversaires seraient fondés à empêcher que ce partenaire ouvrît par le dé découvert; cependant, si c'était un dé forcé, ils ne pourraient pas le faire bouder.

20. Toutes les fautes sont personnelles, et un partenaire n'en doit pas souffrir; cependant, s'il ne peut pas perdre, il ne peut rien gagner.

21. Lorsque le jeu se trouve fermé, le joueur qui a le moins de points gagne; s'il y a égalité de points entre plusieurs, excepté le poseur, le joueur le plus près de la droite de celui qui a posé, gagne par primauté.

22. Si un joueur demande qui a posé le premier, ou quel est le dé qu'on a posé le premier, on n'est nullement obligé de le lui dire.

23. Lorsque dans une partie qui a eu lieu tête-à-tête, un joueur fait découvrir les dés de son adversaire, celui-ci est fondé à faire remêler, quel que soit le nombre des dés qui lui restent.

24. Un joueur ne doit pas se faire conseiller; mais s'il arrivait qu'un spectateur conseillât de jouer un dé sans qu'on eût provoqué ce conseil, les joueurs ne pourraient pas empêcher que le dé désigné ne fût posé.

RÈGLES DE L'ÉCARTÉ.

Observations sur le jeu de l'écarté et règles générales.

ECARTE (le jeu de l') se joue avec un jeu de piquet (trente-deux cartes), entre deux personnes, et, à moins de conventions contraires, en cinq points la partie.

S'il y a, ce qui arrive assez souvent, un ou plusieurs rentrants avec lesquels on joue, cela s'appelle faire un *cul-levé*.

talon se place à la droite de celui qui donne, et le jeu entier à sa gauche.

La coupe n'est bonne que s'il reste deux cartes au moins au talon.

La galerie a le droit d'avertir quand un joueur s'attribue, pour en faire son profit, les levées qui appartiennent à son adversaire. Elle a le droit, en général, de faire des observations toutes les fois qu'elle juge qu'une erreur pourrait prendre un caractère de fraude si elle était faite avec intention.

Aucun joueur ne peut regarder les levées de son adversaire; s'il le fait, il doit être forcé de terminer le coup à jeu découvert.

Si une carte s'échappe du jeu et tombe sur le tapis, elle n'est supposée jouée que si elle est couverte ou si elle couvre en tout ou en partie la carte jouée par l'adversaire.

Tout joueur qui, par mépris, dédain ou colère, jette ses cartes et les mêle, perd deux points.

Un joueur qui abandonne la partie la perd; néanmoins, son adversaire est obligé de la continuer avec un membre de la galerie s'il y a des paris et dans l'intérêt seulement des parieurs.

Le coup où l'on s'aperçoit qu'un jeu de cartes est faux est nul; les coups précédents sont seuls bons.

La partie commence par celui qui a reçu des cartes, qui joue le premier.

On ne peut pas renoncer à la couleur annoncée, exemple : si, en jouant, on annonce du trèfle et qu'on jette du *carreau*, ou une autre couleur que celle annoncée, on est tenu de jouer de la couleur annoncée si l'adversaire l'exige.

Cependant l'adversaire peut profiter de la carte jouée qui n'est pas la couleur annoncée, s'il juge qu'elle lui est plus favorable; mais dans ce cas il doit couvrir la carte, qui, une fois couverte, ne peut plus être reprise pour en jouer une autre.

La carte qui est jouée avant son tour peut être reprise si

Les cartes sont classées dans l'ordre suivant pour leur supériorité : le *roi*, la *dame*, le *valet*, l'*as*, le *dix*, le *neuf*, le *huit* et le *sept*.

Tous les cas non prévus dans les règles générales et dans celles qui suivent doivent être décidés contre le joueur qui a fait une faute.

De la main, de la coupe, de la donne, de la maldonne, des cartes retournées, du roi, de la retourne, de l'écart, du point, de la vole, de la renonce et sous-forcc, et des paris.

De la main.

La main se tire, comme à d'autres jeux, entre les deux joueurs, en coupant le jeu et découvrant la dernière carte de la coupe; l'adversaire en fait autant avec ce qui reste du jeu.

La main, ou le droit de jouer le premier, appartient au joueur qui a coupé la carte supérieure.

Comme dans tous les autres jeux, la main suit en partie liée.

La main est bien tirée, quoiqu'avec un jeu de cartes faux, c'est à dire auquel il manquerait une ou plusieurs cartes, ou qui en contiendrait plusieurs doubles, ou de trop.

De la coupe.

Si un joueur ne découvre pas la carte de sa coupe, il est censé avoir coupé la plus basse carte.

Si un joueur découvre deux cartes, il est censé avoir coupé la plus basse des deux.

De la donne.

Il appartient à celui qui a la main de mêler le jeu, de faire couper son adversaire, et de donner dix cartes, dont cinq à l'un et cinq à l'autre, en ayant soin de les distribuer soit par trois et deux, soit par deux et trois, en continuant pendant toute la partie dans l'ordre qu'il aura adopté en commençant.

Si un joueur donne à la place de l'autre, on recommence le coup si l'erreur est reconnue avant d'avoir retourné. Si on ne la reconnaît qu'après la retourne et avant d'avoir joué ou écarté, on met en réserve le jeu tel qu'il est pour le coup suivant, et on continue avec l'autre jeu. Après avoir joués ou écarté, le coup est bon.

Le joueur qui joue, après donne sur écart, avec plus de cinq cartes, perd un point et le droit de marquer le roi.

Si le joueur qui donne retourne plusieurs cartes au lieu d'une, son adversaire a le droit, s'il juge convenable d'en faire usage, de rétablir la retourne telle qu'elle doit être, sans opérer aucun changement au talon ; de mettre par conséquent la carte vue sous le talon, et même de recommencer le coup.

De la maldonne.

Une maldonne d'emblée qui est reconnue avant que les cartes données aient été vues par les joueurs, se répare en rétablissant l'ordre de distribution.

Si, avant que les joueurs aient vu leurs cartes, un des joueurs s'aperçoit qu'il en a reçu moins qu'il n'en a demandé, l'erreur est réparée en rétablissant l'ordre de distribution.

Mais si les joueurs ont vu les cartes, et que celui qui donne ait une ou plusieurs cartes de moins, son adversaire peut recommencer le coup en prenant la main, ou lui laisser prendre la première ou les deux premières du talon ; dans le cas où celui qui donne aurait une carte de plus, son adversaire peut recommencer le coup en prenant la main, ou lui donner une carte de son jeu au hasard.

Si le premier à jouer a une ou plusieurs cartes de moins, il peut recommencer le coup en prenant la main, ou prendre la première ou les premières cartes du talon ; si au contraire il a une ou plusieurs cartes de trop, il peut recommencer le coup en prenant la main, ou écarter de son jeu les cartes qu'il a de trop.

Cependant s'il est prouvé que la maldonne ne vient pas du

joueur qui donne, mais de celui qui reçoit les cartes, et qui aurait demandé par exemple trois cartes en n'en écartant que deux, ou deux cartes en en écartant trois, alors la faute ne pourrait être attribuée à celui qui donne, mais à son adversaire, qui dans ce cas perdrait un point et ne pourrait compter le roi.

Des cartes retournées.

Si, en donnant les cartes, on s'aperçoit qu'il se trouve dans le jeu une ou plusieurs cartes retournées, le coup est nul si les joueurs n'ont pas vu leur jeu ; cependant si la carte retournée est la onzième, comme elle est destinée à être vue par les deux joueurs, rien ne peut être changé à la partie.

Si on ne voit les cartes retournées qu'après l'écart, et qu'elles reviennent à celui qui donne, le coup est bon, et la carte ou les cartes retournées se distribuent aux joueurs à qui elles reviennent de droit ; mais si la carte retournée revient à celui qui reçoit les cartes, il est libre de tenir le coup pour bon ou de recommencer, parce que celui qui donne ayant fait la faute, il doit en souffrir seul.

Si celui qui donne retourne une ou plusieurs cartes en donnant, et que ce soit de son jeu, le coup est bon, puisque c'est de sa faute, et qu'il doit par conséquent en souffrir seul ; mais si c'est du jeu de son adversaire, celui-ci peut, la donne finie, tenir le coup pour bon, ou faire recommencer.

Du roi.

Le joueur qui a dans son jeu le roi de la couleur de la retourne marque un point.

Le roi doit être annoncé avant de le jouer. Cependant on peut encore l'annoncer après l'avoir joué ; mais il faut alors qu'il ait été joué en premier, et qu'il n'ait pas été couvert par la carte de l'adversaire ; car dans ce cas on ne pourrait marquer le point.

Le second joueur doit toujours annoncer le roi avant de le jouer ; néanmoins il doit, dans son intérêt, ne l'annoncer qu'après que son adversaire a joué sa première carte.

De la retourne.

Le joueur qui retourne le roi marque un point.

On nomme *atout* la couleur de la retourne; elle emporte toutes les autres couleurs.

De l'écart.

Si le premier joueur n'est pas satisfait des cartes qu'il a reçues, il propose d'écarter; si le second joueur, également peu satisfait des siennes, accepte la proposition qui lui est faite, il donne au premier autant de cartes qu'il lui en demande, et en prend aussi pour lui autant qu'il en veut, mais pas au delà de cinq.

On ne peut plus refuser des cartes dès qu'on en a demandé.

Après cette seconde donne, le premier joueur n'étant pas encore satisfait de ses cartes, il peut encore en demander de nouvelles, et ainsi de suite jusqu'à l'extinction des trente-deux cartes; cependant le second joueur est toujours libre d'accepter ou de refuser.

L'écart est jeté par les deux joueurs du côté opposé au talon, et mêlés ensemble; il n'est plus permis aux joueurs d'y toucher.

Lorsqu'on a demandé une quantité de cartes, on ne peut plus changer.

Si le premier joueur demande encore des cartes, que le second réponde étourdiment *combien?* et qu'il n'en reste pas assez pour satisfaire à sa demande, le premier est tenu de recevoir les cartes qui restent au talon, et de compléter son jeu avec les cartes de son dernier écart.

Le joueur qui regarde son écart doit jouer à jeu découvert.

Lorsque le premier joueur propose après la première donne, et que le second refuse, celui-ci perd deux points s'il ne fait pas trois levées; il en est de même pour le premier joueur s'il joue sans avoir proposé; il perd dans ce cas deux points s'il ne fait pas trois levées.

Le joueur qui retourne comme s'il donnait d'emblée, tandis qu'il donne après écart, ne peut refuser un second écart lorsque son adversaire l'exige.

Du point.

A moins qu'on n'ait le roi, on ne peut faire plus de deux points.

Trois levées sans le roi comptent un point.

De la vole.

Le joueur qui fait toutes les levées sans le roi compte deux points; il fait *la vole*.

Celui qui fait trois points avec le roi fait aussi *la vole*.

De la renonce et sous-force.

On ne peut pas renoncer, c'est à dire refuser de jouer de la couleur demandée si on en a.

On ne peut pas non plus sous-forcer, c'est à dire fournir de la couleur demandée, mais dans une carte inférieure à celle qui est jouée par l'adversaire, ainsi un valet de pique, sur une dame de pique, si on a le roi de pique.

Si un joueur a renoncé ou sous-forcé, chacun reprend ses cartes dès qu'on s'en aperçoit pour jouer de nouveau. Dans ce cas le joueur qui a renoncé ou sous-forcé ne gagne qu'un point s'il fait la vole, et rien s'il fait le point.

Des paris.

Il est permis à celui qui parie de conseiller le joueur pour lequel il parie.

Un pari qui est fait à charge de revanche n'oblige à la revanche que le gagnant.

Les paris doivent être renouvelés à chaque partie.

Les joueurs ont, pour les paris, la préférence sur la galerie.

ÉCHECS (jeu des). C'est un jeu d'adresse, où la justesse des combinaisons peut seule faire gagner la partie.

On a sur l'origine et les progrès de ce jeu, un ouvrage publié en 1617, par dom Piétro Carrera. On y trouve une liste d'un certain nombre d'hommes célèbres de l'antiquité, qui ont parlé avantageusement de ce jeu : tels sont entre autres Hérodote, Euripide, Sophocle, Philostrate, Homère, Virgile, Aristote, Sénèque, Platon, Ovide, Horace, Quintilien, Martial, etc. La plupart d'entre eux attribuent l'invention de ce jeu à Palamède. D'autres assignent à cette invention une époque encore plus reculée. Quelques-uns prétendent que le philosophe Sersa, conseiller d'Ammollin, roi de Babylone, inventa les échecs pour divertir ce prince, et le détourner par ce moyen de son penchant naturel à la cruauté.

Quoi qu'il en soit de l'origine de ce jeu, il est certain qu'il a servi d'amusement à beaucoup de héros anciens et modernes : Euripide, dans sa tragédie d'*Iphigénie en Aulide*, rapporte qu'Ajax et Protésilaus jouaient aux échecs en présence de Mérion, d'Ulysse et d'autres fameux Grecs. Homère, dans le premier livre de l'Odysée, nous dit, que les princes amants de Pénélope jouaient aux échecs devant la porte de cette princesse. On montrait plusieurs années avant la révolution, à l'abbaye de Saint-Denis, les échecs avec lesquels Charlemagne se délassait de ses travaux. L'Alexandre du nord, Charles XII, haïssait le jeu et le défendait à ses troupes : mais il avait excepté le jeu d'échecs, et même il excitait à y jouer par le plaisir qu'il paraissait y prendre. Voltaire nous dit que, quand ce monarque était à Bender, il jouait journellement aux échecs avec le général Poniatowski, ou avec son trésorier Grothusen. Voltaire lui-même jouait aux échecs avec le jésuite Adam, qui n'était pas le premier homme du monde. J.-J. Rousseau faisait sa partie avec le musicien Philidor, le plus grand joueur d'échecs qui ait existé jusqu'alors, et qui nous a laissé un ouvrage sur ce jeu. Napoléon Bonaparte en avait fait une de ses distractions, mais il n'y réussissait pas aussi bien qu'à conduire une armée.

Les échecs se jouent entre deux joueurs seulement, sur une table carrée, qu'on appelle *échiquier*, divisée en 64 cases aussi carrées, disposées sur huit de base et huit de hauteur. Ces cases sont alternativement de deux couleurs différentes dans le sens de la base et dans celui de la hauteur ; par exemple, blanches et noires, au moins suivant l'usage. Cette table se place entre les deux joueurs, de manière que chacun ait à sa droite la case blanche angulaire.

Cela posé, les joueurs auront chacun seize pièces, qu'on appelle *échecs*, blanches pour l'un et noires pour l'autre ; ils les arrangeront chacun de leur côté sur les deux premières bandes de l'échiquier, une par case. Ces pièces se distinguent pour chacun, en huit grandes et huit petites. Les petites égales en valeur, et par conséquent en figures, sont appelées pions, et se placent sur la seconde bande de l'échiquier ; les grandes, inégales en valeur et en figures, se placeront sur la première bande, qu'on peut appeler base de l'échiquier ; elles consistent :

1° En deux tours qu'on place dans les cases angulaires, l'une à droite et l'autre à gauche ;

2° En deux cavaliers qu'on place à côté des tours ;

3° En deux fous qu'on place à côté des cavaliers ;

4° Enfin, en un roi et une dame ou reine qu'on place dans les deux cases restantes, de manière que la dame noire soit sur la case noire qui reste à remplir, et la dame blanche sur la case blanche.

On distingue sur l'échiquier deux espèces de cases contiguës l'une à l'autre. Les unes ont un côté de commun à elles deux, et sont de couleurs différentes. On les appelle contiguës de la première espèce, les autres n'ont qu'un angle de commun, et sont toujours de même couleur : on les appelle contiguës de la seconde espèce.

Marche des pions. Les pions cheminent suivant les bandes perpendiculaires aux bases de l'échiquier, et formées par conséquent par une suite de cases contiguës de la première espèce. Ils avancent toujours du jeu de celui qui les conduit vers le jeu ou dans le jeu de l'adversaire, et ne reculent jamais.

La première fois qu'on joue au pion, on peut lui faire faire un pas ou deux à volonté ; mais ce premier coup joué, il ne peut faire qu'un pas au coup suivant. Au reste, la case sur laquelle on se propose de jouer le pion doit être vide. Si une pièce de l'adversaire est placée sur une case contiguë de la seconde espèce à celle occupée par le pion, et contiguë de la première espèce à celle où le pion pourrait aller le coup suivant, selon la marche expliquée précédemment, alors le pion peut prendre la pièce, ce qui se fait en enlevant cette pièce de dessus l'échiquier, et mettant le pion à la place de la pièce enlevée : cette prise compte pour un coup, et on ne joue pas, comme aux dames, autant de coups de suite qu'il y a de pièces à prendre : ceci doit s'entendre des prises faites avec toute autre pièce.

On n'est pas non plus forcé de prendre comme aux dames, et ceci doit aussi s'entendre des autres pièces.

Si un pion d'une couleur, par exemple, un pion blanc, est poussé deux pas à son premier coup, et si un pion de couleur opposée, dans ce cas un pion noir, est assez avancé pour prendre le pion blanc, si on ne l'eût joué qu'un pas, alors ce pion blanc est dit passer prise ; le pion noir peut le prendre, comme s'il n'eût été poussé qu'un pas, et cela s'appelle prendre en passant. Ce pion noir doit donc se mettre sur la case, non pas où le pion blanc a été poussé, effectivement, mais sur celle qu'il aurait occupée, s'il n'eût été poussé qu'un pas. Au reste, cette prise en passant doit avoir lieu immédiatement après que le pion blanc a été poussé, et l'adversaire ne peut plus y revenir dans les coups suivants.

Enfin, si ce pion arrive à la base de l'échiquier, occupée primitivement par les grandes pièces de l'adversaire, on dit qu'il est arrivé à dame ; alors il devient une dame ou toute autre pièce, excepté le roi cependant, au gré de celui qui le conduit, et dès l'instant il n'est plus distingué de la pièce dans laquelle il a été transformé ; il en a la marche et la valeur, telles qu'elles vont être définies.

Marche des tours. Les tours marchent suivant les bandes perpendiculaires aux bases, ou suivant les bandes parallèles à ces bases. Sur ces bandes elles font un pas, deux, trois, à volonté, de manière qu'une tour, placée sur une base quelconque, peut être en un coup aux bases ou aux limites latérales de l'échiquier, pourvu toutefois qu'il n'y ait pas de pièces dans sa direction. Dans ce dernier cas, si la tour et la pièce sont de même couleur, la tour pourra aller jusqu'à la pièce, sans pouvoir passer pardessus. Si la pièce appartient à l'adversaire, la tour n'en pourra pas mieux passer pardessus cette pièce, mais elle pourra la prendre; alors on enlèvera la pièce de dessus l'échiquier, et on mettra la tour à la place de la pièce enlevée.

Il en sera de même des autres pièces dont il nous reste à parler. Elles prendront la pièce de l'adversaire qui s'opposera à leur marche : les pions seuls prennent différemment.

Marche des cavaliers. Un cavalier étant placé sur une case donnée, que nous appellerons A, un certain nombre de cases sont contiguës de la première espèce à A, au moins deux, au plus quatre. Un certain nombre de cases sont contiguës de la seconde espèce à ces contiguës de la première, au moins deux, au plus huit; eh bien! le cavalier peut aller en un coup de la case A à l'une de ces contiguës de la seconde espèce, à volonté; ainsi il ira toujours du blanc au noir ou du noir au blanc, et on pourra le jouer au moins de deux manières, et au plus de huit, bien entendu que la case où l'on se propose de jouer le cavalier ne sera pas occupée par une pièce de même couleur.

Marche des fous. Les fous diffèrent des tours dans leur marche, en ce que ces derniers suivent des lignes formées par des cases alternativement blanches et noires, contiguës de la première espèce; les fous, au contraire, suivent des lignes formées par des cases de même couleur, et contiguës de la seconde espèce.

Ainsi, de deux fous qu'il y a dans chaque jeu, l'un, placé d'abord sur le noir, ne quitte pas cette couleur, et l'autre, placé sur le blanc, ne quitte jamais le blanc : le reste leur est commun avec les tours.

Marche de la dame. Cette pièce renferme dans sa marche celles de la tour et du fou.

Marche du roi. Le roi va en un coup de sa case de départ à l'une des contiguës à cette case, de la première ou seconde espèce, à volonté. De plus, le roi et la tour n'ayant été joués, ni l'un, ni l'autre, si l'intervalle entre ces pièces est vide, la tour peut se mettre à côté du roi, et, dans ce même coup, le roi saute par dessus la tour et se met de l'autre côté : cette manière de jouer s'appelle *roquer*. Il y a deux rocs, celui du côté du roi et celui du côté de la dame. Nous ferons observer que les pièces du côté du roi s'appellent pièces du roi, et celles du côté de la dame, pièces de la dame.

Nous avons dit que deux rocs avaient lieu ; dans celui du côté du roi, la tour du roi se place à la case de son fou, et d'un même coup le roi saute par dessus et se place à la case de son cavalier. Dans le roc du côté de la dame, la tour se place à la case de la dame, et d'un même coup le roi saute par dessus pour se mettre à la case du fou de sa dame.

Relativement à ces deux cas, on peut bien jouer les tours à côté du roi sans roquer, c'est à dire sans faire sauter le roi ; mais on ne peut pas le faire sauter sans mettre les tours à côté de lui. Dans plusieurs cas, le roi ne peut pas roquer ; ce que nous expliquerons un peu plus bas.

A ce jeu, on ne gagne pas la partie comme celle des dames, en prenant toutes les pièces de son adversaire, mais en lui prenant son roi seulement, quand toutes les autres pièces lui resteraient. Un joueur doit donc faire marcher ses pièces pour défendre son roi le mieux possible, et attaquer le plus vivement celui de son adversaire, qui réciproquement doit opposer la même résistance et tenter de semblables efforts.

On ne prend pas le roi par surprise ; ainsi quand on l'attaque, c'est à dire quand on joue une pièce qui le mettrait dans le cas d'être pris au coup suivant, s'il y était pourvu, on doit avertir l'adversaire, en disant *il y a échec*, de retirer son roi ou plus généralement de faire cesser l'attaque ; si l'adversaire, sans être attaqué, met lui-même son roi en prise, on n'en pourra pas non plus profiter pour le prendre ; mais on l'avertira, et il jouera un autre coup s'il peut ; car si l'adversaire, son roi n'étant pas attaqué, ne peut pas jouer son coup sans mettre ce roi en prise, il ne joue pas,

5.

et la partie est remise; on dit alors qu'il est *pat*, ou que son roi est *pat*.

Mais, si ce roi attaqué ne peut pas se retirer sans être pris par quelque pièce de l'adversaire, et s'il ne peut se couvrir d'aucune pièce, c'est alors qu'il est vraiment pris; la partie est gagnée par ce coup, et le vainqueur annonce sa victoire en disant *échec et mat*, ou plus simplement *mat*, s'il s'en aperçoit; car quelquefois le joueur ne voit pas qu'il fait *mat*, et alors un tel *mat* est dit *aveugle*; mais, en France, la partie n'en est pas moins gagnée.

Dans trois cas, un roi ne peut pas *roquer*;

1° Quand il reçoit échec;

2° Quand, en se plaçant à la case qui lui est destinée par le *roc*, il se trouve en prise ou, comme on dit ordinairement, en *échec*.

3° Enfin, quand la tour est aussi en prise à la case qui lui est destinée par le roi. Dans ces trois cas, si un joueur voulait faire roquer son roi, on l'avertirait qu'il ne le peut, en lui disant dans le premier cas, *vous êtes échec*; dans le second, *vous tombez sous l'échec;* dans le troisième, *vous passez sous l'échec.*

Nous allons donner une partie élémentaire en faveur de ceux qui ont besoin de se fortifier dans la pratique des marches expliquées ci-dessus et dans les premiers principes. Celui qui en voudra profiter, rangera les pièces des deux couleurs sur l'échiquier, comme si on devait jouer une partie; ensuite il les jouera des deux côtés, comme il va être indiqué.

PARTIE.

1.

Blanc. Le pion du roi, deux pas.

Noir. Le pion du fou de la dame, deux pas.

2.

B. Le fou du roi, à la quatrième case du fou de sa dame.

N. Le cavalier de la dame, à la troisième case de son fou.

3.

B. La dame, à la troisième case du fou du roi.
N. Le cavalier de la dame, à la quatrième case de la tour pour prendre le fou.

4.

B. Ce fou donne *échec et mat*, en prenant le pion du fou du roi noir

Note première. Ce mat s'appelle l'*échec du berger*, on ne sait trop pourquoi ; un joueur attentif ne le souffre qu'une fois.

Première variante ou troisième coup du noir.

3.

Blanc. La dame, à la troisième case du fou du roi.
Noir. Le cavalier du roi, à la troisième case de son fou, pour éviter le mat qui vient de lui être appliqué.

4.

B. La dame, à la troisième case de son cavalier.
N. Le cavalier du roi prend le pion.

5.

B. Le fou donne *échec et mat*, en prenant le pion du fou du roi noir.

Note deuxième. Ce mat est presque aussi simple que l'échec du berger ; un commençant comprendra par ce coup qu'il ne faut pas toujours prendre une pièce : souvent un tel appât trompe un faible joueur, et lui fascine les yeux sur le danger qui le menace. Il y a plusieurs autres défenses de ce mat qui ne valent pas mieux, et qui n'aboutissent qu'à le reculer d'un petit nombre de coups, ou contribuent au moins au désordre du feu. Dans une seconde variante, le noir va opposer une meilleure défense.

Deuxième variante au troisième coup du noir.

3.

Blanc. La dame, à la troisième case du fou du roi.
Noir. Le cavalier de la dame à la quatrième case du roi.

4.

B. La dame, à la troisième case de son cavalier.
N. Le cavalier prend le fou.

REMARQUE.

Dans la suite de cette partie ou dans d'autres, quand nous donnerons des notes, nous adresserons la parole au blanc en seconde personne, et nous parlerons du noir en troisième personne, pour éviter des répétitions fastidieuses.

Note troisième. Vous jouez votre dame à cette case, parce que vous conservez l'espérance de lui donner le mat comme dans la première variante, s'il venait à déplacer son cavalier, sans défendre convenablement le pion du fou du roi; mais il rompt vos projets en prenant votre fou; bien entendu qu'à votre quatrième coup, au lieu de jouer la dame où vous l'aviez jouée, vous ne pouviez pas prendre utilement le pion du fou de son roi; car, si vous l'aviez pris avec votre fou ou avec votre dame, il aurait pris l'un ou l'autre avec son cavalier, et par conséquent aurait gagné une pièce.

Continuation de la deuxième variante.

5.

Blanc. La dame reprend le cavalier.
Noir. Le pion du cavalier de la dame, un pas.

6.

B. Le cavalier du roi, à la troisième case de son fou.
N. Le fou de la dame, à la deuxième case de son cavalier.

7.

B. Le cavalier du roi, à la quatrième case du roi noir.
N. Le cavalier du roi, à la troisième case de sa tour, pour parer le mat.

8.

B. Le pion de la dame, deux pas.
N. Le pion prend le pion.

9.

B. Le fou prend le cavalier.

N. Le pion du roi, un pas.

Note quatrième. Vous l'auriez fait mat, s'il avait repris votre fou. Ainsi, il perd une pièce pour n'avoir pas prévu ce coup, et n'avoir pas, par conséquent, attaqué le cavalier avec le pion de sa dame, au lieu de prendre le vôtre. Dans ce cas, vous, jouant le même coup, il aurait pris votre cavalier, vous auriez retiré votre fou, et il n'y aurait eu qu'une pièce pour pièce.

Continuation de la variante.

10.

B. Le fou, à la deuxième case de la dame.
N. Le pion de la dame, un pas.

11.

B. La dame donne échec à la première case de sa tour.
N. Le roi, à sa deuxième case.

12.

B. Le cavalier du roi donne échec à la troisième case du fou de la dame noire.
N. Le fou prend le cavalier.

13.

B. La dame reprend le fou.
N. Le pion du fou du roi, un pas.

Note cinquième. Par le jeu de ce pion, il prépare une retraite à son roi et le dégagement de ses pièces; s'il avait poussé ce pion deux pas, vous lui auriez donné échec avec le fou, à la quatrième case du cavalier de son roi. Ce roi se serait retiré forcément à la deuxième case de son fou, n'ayant pas d'autre place; alors vous auriez pris sa dame avec votre fou.

Continuation de la variante.

14.

Blanc. La dame donne échec à la deuxième case du cavalier de la dame noire.
Noir. Le roi, à sa case.

15.

B. La dame donne échec à la troisième case du fou de la dame noire.

N. Le roi, à la seconde case de son fou.

16.

B. La dame, à la quatrième case de son fou.

N. La tour de la dame, à la case de son fou.

17.

B. La dame prend le pion à sa quatrième case.

N. La tour prend le pion.

Note sixième. Vous deviez défendre ce pion, plutôt que de prendre le sien, qui était double. C'est ainsi qu'on appelle deux pions de même couleur, placés sur la base perpendiculaire. Un tel pion, cependant, n'est pas toujours un désavantage; mais ce n'est pas trop le cas ici : nous vous avons fait jouer ainsi, pour nous donner une occasion de parler des pions doubles.

Continuation de la variante.

18.

Blanc. Le cavalier de la dame, à la troisième case de sa tour.

Noir. Le pion du roi, un pas pour prendre la dame.

19.

B. La dame donne échec à sa cinquième case.

N. Le roi, à sa case.

20

B. La dame donne échec à la troisième case du roi noir.

N. Le fou couvre l'échec.

Note septième. Il a attaqué votre dame en laissant sa tour en prise, parce qu'il a cru qu'il serait temps de la retirer, après que vous auriez retiré la dame. Il n'a pas prévu que retirant la dame par échec, après qu'il aurait paré l'échec, vous prendriez cette tour. Vous ne deviez pas lui donner le second échec à la troisième case de son roi. Il n'aboutit qu'à dégager ses pièces. Vous étiez aussi bien maître de son jeu en tenant votre dame à la cinquième case, d'autant plus qu'il n'osera vous proposer la dame pour dame, allant avoir deux pièces de moins. Par cette raison, vous n'en gagnerez pas moins et vous n'aurez perdu que du temps; mais il y a des circonstances où un échec si mal donné vous eût fait perdre la partie.

Continuation de la variante.

21.

Blanc. Le cavalier prend la tour.
Noir. La dame, à la deuxième case de son fou.

22.

B. Vous roquez du côté du roi.
N. La dame prend le cavalier.

23.

B. La tour de la dame, à la case de son fou.
N. La dame prend le fou.
B. La tour de la dame mat à la case du fou de la dame noire.

Nous n'entrerons pas dans de grands détails sur cette matière. Les amateurs pourront consulter les livres qui en traitent particulièrement. Nous donnerons cependant deux parties, pour faire voir que les joueurs, débutant chacun par le pion du roi deux pas, celui qui a le trait joue mal et perd ce trait en jouant au second coup le cavalier du roi à la troisième case de son fou.

Philidor avait mis cette proposition en avant, et pour l'établir, il a fait deux parties; nous en avons copié une dans le *Traité théorique et pratique du jeu d'échecs*, par une société d'amateurs. Mais on a prétendu que celui qui n'a pas le trait gagnait parce que l'autre ne jouait pas le coup juste qu'on indique, pour lequel on ne fait point de partie; nous prétendons prouver que ce coup n'est pas tel qu'on le dit, et que l'avantage n'en reste pas moins à celui qui n'a pas le trait; avantage, il est vrai, qui ne mène pas au gain forcé de la partie; elle pourra être remise contre un bon joueur.

ÉCHECS.

PREMIÈRE PARTIE.

1.

Noir. Le pion du roi, deux pas.
Blanc. De même.

2.

N. Le cavalier du roi, à la troisième case de son fou.
B. Le pion de la dame, un pas.
N. Le pion de la dame, deux pas.
B. Le pion du fou du roi, deux pas.

4.

N. Le pion de la dame prend le pion.
B. Le pion du fou du roi prend le pion.

5.

N. Le cavalier du roi, à sa cinquième case.
B. Le pion de la dame, un pas.

6.

N. Le pion du roi, un pas.
B. Le cavalier du roi, à la troisième case de sa tour.

Note. Selon la société d'amateurs, le sixième coup du noir est le coup juste qui lui fera gagner la partie, et que Philidor ne lui a pas fait jouer.

7.

N. Le pion du fou de la dame, deux pas.
B. Le pion du fou de la dame, un pas.

8.

N. Le cavalier de la dame, à la troisième case de son fou.
B. Le fou du roi, à la quatrième case du cavalier de la dame noire.

9.

N. Le pion prend le pion.
B. Le pion prend le pion.

10.

N. La dame donne *échec* à la cinquième case de sa tour.
B. Le roi, à la case de son fou.

ÉCHECS

11.

N. Le cavalier, à la deuxième case du fou du roi blanc.
B. La dame, à la case du roi.

12.

N. La dame prend le pion.
B. Le cavalier prend le cavalier.

13.

N. Le pion reprend le cavalier.
B. La dame, à la troisième case de son fou.

14.

N. La dame donne *échec* à la case de la dame blanche.
B. Le roi prend le pion.

15.

N. La dame prend la tour.

Dans cette position, ce que le noir pourra faire de mieux, sera de remettre la partie.

SECONDE PARTIE.

1.

Noir. Le pion du roi, deux pas.
Blanc. De même.

2.

N. Le cavalier du roi, à la troisième de son fou.
B. Le pion de la dame, un pas.

3.

N. Le fou du roi, à la quatrième case du fou de la dame.
B. Le pion du fou du roi, deux pas.

4.

N. Le fou prend le cavalier.
B. La tour prend le fou.

5.

N. Le pion prend le pion.
B. Le fou de la dame prend le pion.

6.

N. Le pion du fou de la dame, un pas.
B. Le pion du cavalier du roi, deux pas.

7.

N. La dame, à la troisième case de son cavalier.
B. La tour, à la deuxième case du cavalier du roi.

8.

N. La dame prend le pion.
B. Le cavalier de la dame, à la deuxième case de la dame.

9.

N. Le pion de la dame, deux pas.
B. Le pion du cavalier du roi, un pas.

10.

N. Le cavalier du roi, à la deuxième case de sa dame.
B. Le pion du roi, un pas.

11.

N. Le roi roque.
B. La tour, à la deuxième case du roi.

12.

N. La tour, à la case du roi.
B. Le cavalier, à la deuxième case du fou du roi.

Dans cette position, le noir évitera avec peine la perte de la partie, quoiqu'il ait gagné un pion. Mais il aurait conservé l'attaque si, au lieu de sacrifier ce pion, vous aviez perdu le temps à ramener le fou à la troisième case du roi.

On peut conclure de ces deux parties, sinon rigoureusement, au moins probablement, que celui qui a le trait perd ce trait, et en fait passer l'avantage à son adversaire, quand il joue le cavalier au second coup. Peut-être même, en jouant votre troisième coup autre que celui qu'on vous a fait jouer, vous feriez encore repentir le noir d'avoir joué son cavalier à cette case, parce que le pion du fou de son roi étant retenu par ce cavalier, il ne pourra pas le lier aux autres, pour rester maître du centre de l'échiquier.

Si celui qui a le trait joue mal en jouant ainsi son second coup, on connaît encore que ce coup serait encore plus mauvaise, si, outre ce trait, on lui faisait avantage du pion. Quand on a le pion et le trait, on ne doit jamais jouer les cavaliers devant les fous, au second coup ni au suivant, si l'on n'y est pas forcé pour réparer quelques grosses bévues, ou pour profiter de celles de son adversaire.

Quelquefois une partie paraît désespérée ; cependant on la gagne ; et tel a donné le mat à son adversaire, qui lui même semblait ne pouvoir l'éviter ; il faut faire attention à cela, et on ne doit pas abandonner, sans quelque examen, une partie qui paraît perdue ; mais il ne faut pas croire que les cas se présentent aussi souvent que M. Stama le prétend dans le recueil qu'il a publié sur les échecs, recueil composé de cent parties, qui, selon Philidor, sont des jeux d'enfants. Cependant nous allons donner une de ces parties, pour en faire connaitre le genre. D'après la situation des pièces, un amateur pourra s'exercer, s'il juge à propos, à chercher les coups avant de lire la partie.

PREMIÈRE PARTIE DE STAMA.

Situation des pièces noires.

1 Le roi, à la case de sa dame.
2 La dame, à la troisième case du roi blanc.
3 Le fou du roi, à la deuxième case du fou de sa dame.
4 Le fou de la dame, à la case de sa tour.
5 Le cavalier, à la deuxième case du fou du roi.
6 La tour du roi, à la case du roi.
7 La tour de la dame, à la case du fou de la dame.
8 Le pion du fou de la dame, à la quatrième case de ce fou.
9 Un pion, à la quatrième case du fou du roi.
10 Un pion, à la troisième case du cavalier du roi blanc.
11 Un pion, à la troisième case de la dame.
12 Un pion, à la quatrième case de la tour du roi blanc.
13 Un pion, à la deuxième case du roi.

Situation des pièces blanches.

1 Le roi, à la case de son fou.
2 La dame, à la troisième case du roi noir.
3 Le fou du roi, à la case de la dame.
4 La tour de la dame, à sa cinquième case.
5 Un cavalier, à la troisième case du cavalier de la dame.

6 Un cavalier, à la quatrième case de la tour de la dame.
7 Un pion, à la cinquième case du roi.
8 Un pion, à la quatrième case du fou du roi.
9 Un pion, à la quatrième case de la dame.
10. Un pion, à la deuxième case du cavalier du roi.
11 Un pion, à la troisième case de la tour du roi.

JEU.

1.
Blanc. La dame, à la deuxième case de la dame noire donne *échec.*
Noir. Le roi prend la dame.

2.
B. Le cavalier prend le pion du fou de la dame, et donne *échec.*
N. Le pion prend le cavalier.

3.
B. Le cavalier prend le pion et donne *échec.*
N. Le roi, à la case de sa dame.

4.
B. Le cavalier donne *échec* à la troisième case du roi noir.
N. Le roi, à la deuxième case de la dame.

5.
B. Le fou donne *échec* à la quatrième case de la tour de la dame.
N. Le fou de la dame couvre l'*échec.*

6.
B. Le fou prend le fou et donne *échec.*
N. Le roi prend le cavalier.

7.
B. Le pion de la dame donne *échec* et mat.

Il s'est introduit avant la révolution une espèce de partie au café de la Régence, à Paris, place du Palais-Royal, que nous allons faire connaître. Dans cette partie, un joueur ôte sa dame, et y substitue un certain nombre de pions qui puissent maintenir égalité entre ses forces et celles de son adversaire. Si ces joueurs jouent à but à la partie ordinaire, le nombre des pions est entre sept et huit.

Dans ce cas, celui qui ôte la dame pourra prendre sept pions à une partie, et huit à l'autre.

Quand on ne jouera pas à but, on prendra un nombre de pions plus ou moins grand, selon que l'on sera moins ou plus fort que son adversaire. Par exemple, on pourra prendre quatre pions pour la dame, si on fait avantage de la tour à la partie ordinaire.

Cette partie se joue rarement, et n'a lieu que parmi les joueurs de première force.

———

Après avoir tracé la marche du jeu d'échecs, et établi ses règles, nous avons cru superflu de nous étendre davantage, et donner quelques descriptions de ces parties et de ces coups arrangés par les amateurs qui ne se rencontrent presque jamais, et qui d'ailleurs peuvent être dérangés par le jeu d'une simple pièce dont on n'avait point calculé l'effet. Les personnes qui désireront connaître ces parties et ces coups, peuvent consulter les divers traités d'échecs, et surtout l'ouvrage de Philidor, qui a passé pour le plus savant joueur d'échecs de l'Europe.

EMPRUNT (jeu de l'). Ce jeu a beaucoup de rapport avec le *hoc*; mais comme il y a quelque différence dans la manière de jouer, nous dirons succinctement en quoi il diffère. On l'a nommé le jeu de l'emprunt, parce qu'on n'y fait qu'emprunter.

Après être convenu de ce qu'on veut jouer à la partie, comme au *hoc*, et vu à qui mêlera, celui qui doit mêler, ayant fait couper à sa gauche, donne à chacun le nombre de cartes qu'il lui faut, et qui s'élève, lorsque l'on joue six personnes, à huit cartes chacun; lorsque l'on n'est que cinq, dix chacun; et si l'on n'est que quatre, chacun aura également dix cartes; mais on lèvera les deux dernières espèces de cartes, comme sont les as et les deux; et à trois, chacun aura douze cartes; on lèvera en ce cas encore une espèce de cartes qui seront les trois : ainsi de quarante cartes dont ce jeu est composé, il n'en restera que quatre.

Quand celui qui est le premier en carte a jeté celle de son jeu qu'il a jugée à propos, le second est obligé de jouer celle qui suit de même couleur ; s'il ne l'a pas, il l'emprunte de celui qui l'a, en lui payant un jeton pour cet emprunt ; le troisième ensuite est obligé de jouer aussi la carte suivante, ou de l'emprunter de même ; le quatrième fera de même, et ceux qui suivront aussi, en allant toujours par la droite jusqu'à ce qu'il en n'y ait plus de cette couleur.

Celui qui est à la droite du joueur qui a joué la dernière carte, ou en empruntant, ou de son jeu, recommence à jouer une carte de son jeu de telle couleur qu'il lui convient ; on observe la même manière de jouer, jusqu'à ce que l'un des joueurs se soit entièrement défait de toutes ses cartes ; le premier qui s'en est défait gagne la partie, et tire par conséquent tout ce qu'on a mis au jeu, et se fait payer encore ce dont on est convenu pour les cartes qui restent en main aux autres joueurs.

Mais si ayant au talon quelque carte de la couleur jetée, on ne pouvait par conséquent l'emprunter d'aucun joueur, on la prendrait du talon, en payant au jeu ce qu'on aurait payé au joueur qui l'aurait eue.

Il y a un grand avantage à être premier à jouer, puisqu'on commence par la couleur la plus avantageuse à son jeu, où il faut absolument que l'on réponde. Voy. *Hoc* (jeu du).

ESPÉRANCE (jeu de l'). Ce jeu se joue entre plusieurs personnes, avec deux dés.

On distribue à chaque joueur un certain nombre de jetons qui ont une valeur convenue. On fait ensuite indiquer par le sort le joueur qui doit avoir le dé. Si celui-ci amène un as, il donne un jeton au joueur qui est à sa gauche ; s'il amène un six, il met un jeton à la poule ; si ses deux dés présentent un as et un six, et qu'il lui reste plus d'un jeton, il en donne un au joueur qui est à sa gauche, et il en met un autre à la poule. Si, dans ce cas, il n'a qu'un jeton, il le met à la poule.

Le joueur qui n'amène ni un as ni un six, n'a rien à payer ; il quitte seulement le dé, et passe le cornet au joueur qu'il a à sa droite : celui-ci en fait autant dans la même circonstance ; mais, quand un joueur amène un doublet, il conserve le cornet pour jouer un second coup ; et s'il amène encore un doublet, il joue un troisième coup dans la vue d'amener un troisième doublet, s'il vient à réussir, il gagne la partie ou la poule.

Un joueur gagne aussi la poule, lorsqu'ayant encore un ou plusieurs jetons, il n'en reste plus aux autres joueurs.

Il est bon de faire observer que, quoiqu'un joueur qui a perdu tous ses jetons ne puisse plus dans cet état avoir le cornet à son tour, il est néanmoins possible qu'il ressuscite, c'est à dire qu'il rentre au jeu. Ceci a lieu quand le joueur qu'il a à sa droite amène un as, parce qu'alors ce dernier est obligé de lui payer un jeton.

FERME (jeu de la). Plus il y a de joueurs, plus ce jeu devient intéressant ; on y joue jusqu'à dix ou douze. Le jeu de cartes doit être entier, à l'exception des huit, parce que si on les y laissait, le nombre de seize arriverait trop fréquemment, et l'on déposséderait trop tôt le fermier ; de même on ne laisse que le six de cœur, levant les trois autres six, parce qu'il serait trop aisé de gagner, à cause de chaque figure qui vaut six, et des dix. Le *six de cœur* est appelé par excellence le *brillant*.

Remarquez que celui qui fait seize par le moyen du six de cœur, gagne par préférence à tout autre, à cartes égales ; car celui qui gagnerait en deux cartes, gagnerait au préjudice de celui qui gagne avec trois cartes ; par exemple, un neuf et un sept gagneraient sur un sept, un six et un trois ; mais lorsque le nombre de cartes est égal, celui qui a la prime gagne, à moins qu'on ne fît les seize à cartes égales par le six de cœur, qui gagne la primauté.

Le fermier est l'un des joueurs qui prend la ferme au plus haut prix, soit à dix, à quinze et à vingt sous, et même plus haut, selon que l'on fait valoir les jetons.

L'argent convenu pour la ferme est d'abord mis à part, et celui qui dépossède le fermier le gagne.

Celui qui est le fermier mêle toujours après avoir fait couper le joueur de sa gauche ; il donne à chacun des joueurs une carte de dessus du jeu, ensuite il donne du dessous du talon à qui en demande, en commençant également par sa droite, et à chacun à son tour une carte après l'autre, autant que chacun en désire. Il est libre à celui qui a un certain nombre de points, et qui craint de passer le nombre seize, de s'y tenir et de ne point prendre de cartes ; on ne paye en ce cas rien au fermier ; celui qui, ayant pris une seconde carte, passe le nombre de seize, qui est le nombre qu'il faut pour déposséder le fermier, lui paye autant de jetons qu'il le surpasse de points ; par exemple si ayant un neuf en main, il lui arrive un dix, il payera trois jetons au fermier, parce que dix-neuf qu'il a surpasse seize de trois points, et ainsi des autres à mesure.

A l'égard de la valeur des cartes, elles valent tout ce qu'elles sont marquées, l'as pour un point, et ainsi des autres, et chaque figure pour dix.

Lorsqu'on a un point approchant de seize, il est bon de s'y tenir pour deux raisons : la première, que l'on ne risque pas de payer au fermier ; et la seconde, que l'on peut gagner le jeton que chacun a mis au jeu, et que celui qui a le point le plus près de seize au dessous, gagne, lorsqu'il n'y a personne qui dépossède le fermier ; car celui qui dépossède le fermier gagne non seulement le prix de la ferme, mais encore les jetons que chacun a mis au jeu.

Celui qui a dépossédé le fermier, devient fermier lui-même, à moins que l'on ne soit convenu qu'on le sera toujours, ou que chacun le sera à son tour ; auquel cas celui qui doit être fermier prend les cartes et donne à chaque joueur.

Chaque fermier doit mettre en lieu de sûreté le prix convenu pour la ferme, que celui qui dépossède gagne.

Il en est indemnisé au moyen des jetons que chaque joueur lui donne de surplus de seize points.

Il est libre à un joueur de demander au banquier tant de

cartes qu'il veut ; il ne le peut qu'à son tour, et l'une après l'autre.

Lorsqu'il y a deux points égaux pour tirer le jeu, celui qui a la primauté le gagne.

Nota. Il y a une autre manière de jouer le jeu de la ferme, qui diffère peu de la première, mais qui n'est point usitée, parce qu'elle semble un tant soit peu compliquée, et par conséquent peu susceptible d'être préférée à celle dont nous avons exposé les principes et les règles.

FLORENTINI ou DE LA DUPE (jeu du). Ce jeu qui nous vient d'Italie, est fondé en grande partie sur le hasard. Il se joue avec cinquante-deux cartes, c'est à dire avec un jeu entier. Les joueurs sont un banquier et des pontes dont le nombre est illimité.

Le banquier, après avoir développé et mêlé les cartes, les fait passer devant les pontes qui sont autour de la table, afin que chacun puisse les mêler, s'il le juge à propos. Lorsqu'elles sont revenues au banquier, il les mêle de nouveau, et fait couper par le ponte que bon lui semble. Il retourne ensuite la première carte et la met devant lui : on la nomme la carte du banquier.

Supposons que cette carte soit un roi ; c'est de l'arrivée plus prompte ou plus tardive d'un autre roi, que doivent dépendre la perte et le gain des joueurs, comme nous allons le démontrer.

Après que le banquier a mis, comme on l'a dit, la première carte retournée devant lui, il en retourne une seconde qu'il met sur le tapis : ce sera, par exemple, un as. Les pontes qui espèrent qu'on retournera un roi plutôt qu'un as, mettent sur cette dernière carte ce qu'ils veulent risquer. Quand les mises sont faites, le banquier les couvre avec des sommes égales à celles que les pontes ont jugées à propos de risquer. Le banquier retourne ensuite une autre carte, qui est, par exemple, un valet : on joue alors sur ce valet comme on a fait sur l'as, et l'on continue d'en user de même relativement aux nouvelles cartes que le banquier vient à retourner, quand elles ne sont pas semblables à celles qui sont déjà ou devant le banquier ou sur le tapis.

Lorsqu'il arrive une carte pareille à celles qui ont déjà été retournées, telle, par exemple, qu'un as, le banquier gagne tout ce que les pontes ont mis sur l'as : s'il vient ensuite un valet, il gagne tout ce qui est sur le valet ; mais si le banquier retourne un roi avant ces cartes, il perd alors tout ce qu'il a joué contre les pontes, parce que la carte qu'il a retournée pour lui en commençant est un roi.

On conçoit, par ce que nous venons de dire, que la partie ne finit que quand le banquier retourne une carte semblable à la sienne. Par conséquent, s'il arrivait que le banquier retournât dans le cours de la partie, les douze cartes qui diffèrent de la sienne, et qu'ensuite il retournât successivement douze autres semblables à celles là, il serait ce qu'on appelle en *main pleine* ou *opéra* (1) ; car il gagnerait tout ce que les pontes auraient pu jouer dans le cours de la partie : mais, si après avoir retourné les douze cartes qui diffèrent de la sienne, il en retournait une semblable à cette dernière, il perdrait autant que les pontes auraient mis sur ces douze cartes, et il éprouverait alors ce qu'on appelle un *coupe-gorge* (2).

Il peut arriver que les deux premières cartes retournées soient deux cartes semblables, comme deux rois, deux dames, deux dix, etc. Dans ce cas, ces deux cartes sont pour le banquier, et l'on dit alors que sa carte est double. Il suit de là qu'avant que les pontes puissent jouer, il faut qu'il y ait sur le tapis deux cartes de la même espèce et différentes de celles du banquier, autrement ils joueraient avec désavantage, puisqu'il serait probable que, n'y ayant plus dans le jeu que deux cartes semblables à celles du banquier, elles se

---

(1) C'est l'action par laquelle le banquier amène toutes les cartes retournées sur le tapis avant d'amener la sienne ; ce qui lui fait gagner tout ce qu'il peut gagner de cette main là.

(2) C'est l'acte par lequel le banquier amène sa carte la première, ce qui lui fait perdre tout ce qu'il peut perdre de cette main là.

montreraient plus tard que celles qui seraient au nombre de trois.

Il peut encore arriver que les trois premières cartes retournées soient trois cartes semblables, comme trois six, trois deux, etc. ; ces trois cartes sont pareillement pour le banquier, et alors sa carte est triple. Ainsi il faut, avant que les pontes puissent jouer, qu'il y ait sur le tapis des cartes triples, pour établir l'égalité des risques.

En dernier résultat, le jeu de *florentini* ou de la *dupe* est une espèce de lansquenet renversé. La différence de ce jeu à celui du lansquenet consiste en ce qui suit :

1° Celui qui tient la *dupe* se donne la première carte;

2° Celui a coupé les cartes est obligé de prendre la seconde;

3° Les autres joueurs peuvent prendre ou refuser la carte qui leur est présentée;

4° Celui qui prend une carte double, est obligé d'en faire le parti;

5° Celui qui tient la *dupe* ne quitte point les cartes et conserve toujours la main. Voyez *Lansquenet*.

GAMMON ou **TOUTES-TABLES** (jeu du). Ce jeu était généralement nommé autrefois, en France, le *toutes-tables* ; mais le nom de *gammon* ou *back-gammon* est celui qui prévaut aujourd'hui et qui vient des Anglais, chez lesquels il est en grand usage, car ils ne jouent presque point, ou même ignorent notre trictrac.

La beauté de ce jeu consiste non seulement à bien jouer ses dames, mais encore à battre son adversaire à propos, et savoir bien ménager une partie double.

Ce jeu se joue dans un trictrac. Chaque joueur dispose ses dames en quatre parties ou quatre tas qu'il place diversement dans les quatre tables du trictrac; c'est à dire que chacun a d'abord des dames dans toutes les tables du trictrac.

De la disposition du jeu, du placement des dames. On ne peut jouer que deux ensemble à ce jeu, de même qu'au trictrac et au révertier, et on peut prendre un conseil.

Pour faire entendre comme il faut disposer le jeu et placer

vos dames, imaginez-vous que vous êtes assis devant une table proche d'une fenêtre, laquelle est à votre gauche, que sur cette table il y a un trictrac ouvert, et que de l'autre côté de la table, il y a une personne contre qui vous devez jouer, qui a la fenêtre à sa droite. Il faut présentement placer vos dames dans ce trictrac; savoir, deux sur la flèche qui est dans le coin à la droite de votre adversaire et de son côté; cinq sur la flèche qui est dans l'autre coin à la gauche de votre adversaire; trois sur la cinquième flèche de la table qui est de votre côté et à votre droite, et les cinq dernières sur la première flèche qui joint la bande de séparation dans la seconde table de votre côté et à votre gauche.

Votre adversaire doit faire la même chose. Il doit mettre deux dames sur la première lame du coin qui est de votre côté à votre gauche, cinq sur la dernière lame du coin qui est de votre côté à votre droite, trois sur la cinquième lame de son côté à sa gauche, et les cinq dernières sur la première lame qui joint la bande de séparation dans la seconde table de son côté à sa droite.

De ce qui est nécessaire pour jouer et commencer à jouer, et comment il faut appeler et nommer les dés. Pour jouer à ce jeu, il faut, de même qu'au révertier, que le trictrac soit garni de quinze dames de chaque couleur, de deux cornets et de dés.

Outre cela, il faut deux fichets pour marquer les parties, lorsque l'on joue en plusieurs parties.

On se sert soi-même, c'est à dire que chacun met les dés dans son cornet, et on ne joue qu'avec deux dés.

A l'égard du dé, on tire à qui l'aura, et on nomme et appelle les nombres de même qu'au révertier.

De la manière de jouer ou jeter les dés, et quand le coup est bon ou non. On sait à cet égard les mêmes règles qu'au révertier. Voyez *Revertier*.

De la manière de jouer les dames quand on commence la partie. Les doublets se jouent au jeu doublement, de même qu'au révertier, c'est à dire que si vous faites quine, il faut jouer vingt points avec une ou plusieurs dames; si vous faites sonnez, il faut en jouer vingt-quatre, et ainsi des autres doublets : ce qui s'entend toutefois, pourvu que vous puissiez jouer, et que le passage ne soit pas fermé par des cases de votre adversaire.

Au commencement de la partie, vous pouvez jouer ou les deux dames qui sont dans le coin à la droite de votre adversaire, ou celle qui sont dans le coin qui est à sa gauche, ou bien celles qui sont dans les tables de votre côté, et faire des cases indifféremment dans toutes les tables, et afin que vous ne fassiez pas marcher vos dames d'un côté pour l'autre, il faut que vos deux dames qui sont dans le coin à la droite de votre adversaire viennent jusqu'au coin qui est à sa gauche ; de là vous les passez de votre côté à votre droite, et vous les faites aller ensuite, avec tout le reste de vos dames, dans la table que est à votre gauche, parce que c'est dans cette table-là qu'il faut que vous passiez votre jeu, et qu'il est essentiel que vous y passiez toutes vos dames, avant d'en pouvoir lever aucune.

De la manière de battre les dames. On bat les dames à ce jeu de la même manière qu'au révertier, c'est à dire en plaçant sa dame sur la même dame où était celle de son adversaire, ou bien en passant. Par exemple, vous faites quatre et as, vous battez une dame que votre adversaire a découverte du quatre, et de la même dame dont vous avez joué le quatre, vous en jouez un as, qui vous sert à couvrir une de vos dames, ou bien que vous mettez en sur-case.

Vous pouvez même d'une seule dame battre trois à quatre dames, si vous faites un doublet, et qu'en le jouant vous trouviez ces dames-là découvertes sur vos passages.

Toutes les dames qui ont été battues, sont comme au révertier hors du jeu, et celui à qui elles appartiennent ne peut jouer quoi que ce soit, qu'il ne les ait toutes rentrées.

De la manière de rentrer. On a observé qu'il fallait que vos deux dames, qui sont à la droite de votre adversaire, allassent à la gauche, de là qu'elles vinssent à votre droite, et de votre droite dans la table qui est à votre gauche de votre côté, et que les deux dames de votre adversaire qui sont à votre gauche, devaient faire le même chemin, et qu'il devait les conduire depuis votre gauche, jusque dans la table qui est à sa droite de son côté : cela doit faire connaître que ces deux dames qui font absolument tout le tour du trictrac, sont la tête ou pile de ce jeu ; toutes les dames qui ont été battues, doivent rentrer par la table où l'on place ces deux dames ; c'est à dire que vous, vous devez rentrer par la table où sont vos deux dames, laquelle est à la gauche de votre adversaire.

Il est facile de rentrer à ce jeu, car non seulement vous pouvez rentrer sur votre adversaire en le battant, quand il a quelques dames découvertes ; mais encore vous pouvez rentrer sur vous-même, et mettre sur une même flèche, tant de dames que vous voudrez. Par exemple, si n'ayant point encore joué vos deux dames du coin ou tête de votre jeu, vous faites un bezet, et que vous ayez quatre dames à rentrer, vous pouvez les mettre toutes sur cette même flèche où sont vos deux dames. Si vous avez quelque autre case dans la table de votre rentrée, vous pouvez de même y mettre tant de dames que vous voudrez : on appelle ces cases-là des ponts, parce qu'elles servent à passer, et sont très utiles.

De la conduite qu'il faut tenir à ce jeu. Il y a dans ce jeu quatre tas ou piles de dames ; la première qui est la tête du jeu, sont les deux dames qui sont dans le coin à la droite de votre adversaire ; la seconde, les cinq dames qui sont dans le coin à sa gauche ; la troisième, les trois dames qui sont sur la cinquième case de la table qui vous touche à votre gauche ; et la quatrième, les cinq dames qui sont sur la première flèche qui joint la bande de séparation dans la seconde table.

Si le premier coup que vous jouez, vous faites six ou cinq, il faut jouer une des dames de votre première pile ou tête, et la mettre sur la seconde.

Si vous faites un six et as, il faut jouer un six de votre seconde pile, et un as de la troisième, et faire une case.

Si vous faites trois as, il faut jouer le trois de votre troisième pile, et l'as de la quatrième, et faire pareillement une case ; en un mot, il faut tâcher de faire quatre ou cinq cases de suite, autour de vos troisième et quatrième piles, afin d'empêcher votre adversaire de passer les dames de sa tête ou première pile.

Quand vous avez quatre ou cinq cases ; si vous pouvez encore caser, il n'en faut pas perdre l'occasion, et toujours joindre vos cases tant que vous pourrez ; et si votre adversaire se découvre lorsque votre jeu est ainsi avancé, il ne faut point hésiter; si au contraire le jeu de votre adversaire était plus avancé que le vôtre et qu'il se découvrît, il ne faudrait pas le battre, car souvent les bons joueurs tendent des pièges pour faire tomber dedans, et gagner ensuite la partie double, ou du moins avoir la simple sûre.

Il faut donc avant de battre, examiner si votre adversaire ne pourra pas vous battre à son tour, et en cas qu'il vous batte, si vous pourrez rentrer facilement.

De la manière de lever et finir le jeu. Lorsque l'on a passé toutes ses dames dans la table de la quatrième pile, on lève à chaque coup de dé toutes les dames qui donnent sur la bande du trictrac, de même qu'au jan de retour, quand on a joué au jeu du trictrac.

Pour chaque doublet on lève quatre dames, quand on en a qui donnent juste sur le bord. Si la case que l'on devrait lever se trouve vide, et qu'il y ait des dames derrière pour jouer le doublet que l'on a fait sans rien lever, il faut le jouer. S'il n'y a rien derrière, on lève celles qui suivent la flèche, d'où le doublet qu'on a amené devait partir.

Celui qui a le plus tôt levé toutes ses dames, gagne la partie simple.

De la double. Souvent on joue en deux ou trois parties, et même en plus grand nombre, parce que ce jeu va assez vite.

Quelquefois aussi on joue à la première partie, et on convient que celui qui gagnera la partie double, aura le double de ce qu'on a joué.

L'on gagne la partie double quand on a levé toutes ses dames, avant que son adversaire ait passé toutes les siennes dans la table de sa quatrième pile, et qu'il en ait levé une; autrement l'on ne gagnerait que la partie simple.

Quand on joue en plusieurs parties et que l'on gagne

double, on marque deux parties ; celui qui a gagné recommence et a le dé.

Des avantages que l'on peut donner. Les avantages que l'on peut donner à ce jeu étant presque les mêmes qu'au jeu du révertier, nous y renvoyons le lecteur, où l'on en a expliqué quelques uns, outre lesquels on donne toute table, ambezas, à bas et le dé, et encore d'autres qui dépendent de la convention des joueurs.

GARANGUET (jeu du). Le garanguet se joue avec trois dés dans le tablier d'un trictrac. On place les talons comme au jeu du trictrac, et l'on joue les dames de manière à les amener dans la région où est celui de son adversaire. Celui qui a sorti le premier, gagne le trou ou deux, si la double a été convenue.

Si dans les nombres qu'on amène ainsi par trois dés, il se trouve un doublet, on le joue double, pourvu que l'un des deux nombres qui le composent soit plus fort que le troisième dé. Au cas contraire, on le joue comme un autre nombre ; ainsi si j'amène 2, 2 et 3, je joue sept points en une, deux ou trois dames ; mais si j'amène 4, 4 et 3, je joue seize points pour les carmes, et 3 pour le troisième dé. Si j'amène trois nombre égaux, ce qui forme un *triplet*, je les joue trois fois. Voyez *Trictrac, Gammon.*

GILLET (jeu du). Ce jeu, dont on chercherait vainement l'origine et l'étymologie, se joue à quatre personnes qui font chacune leur jeu en particulier. On se sert du piquet pour y jouer, et les cartes y ont la même valeur.

Comme aux autres jeux de cartes, on voit à qui fera ; celui qui mêle donne alors à chacun des joueurs trois cartes, l'une après l'autre, mais, au préalable, chacun des joueurs a mis dans deux corbillons qui sont au milieu de la table, un jeton ou plus, et le jeton vaut autant qu'ils veulent le faire valoir.

L'un des deux corbillons, n'importe lequel, est pour le *gé*, qui est ce qu'on dispute d'abord ; et l'on appelle *gé* deux as, deux rois, deux dames, ou deux valets, etc.

Il est loisible aux joueurs de renvier pour le *gé*, les uns sur les autres, et pour lors celui qui a le *gé* le plus haut gagne, et tire l'argent qui est dans le corbillon et l'argent des renvis, à moins qu'un des joueurs n'ait tricon, c'est à dire trois as, trois rois, trois dames, etc.

Le moindre *tricon* étant au-dessus et gagnant le *gé* le plus haut.

Lorsque le *gé* est gagné, l'on en vient au second corbillon qui est pour le *point* ou *flux*; il dépend du premier d'aller du jeu simple ou de revenir de ce qu'il veut, ainsi du second, lorsque le premier a parlé; il peut augmenter le renvi, ou céder sans vouloir y aller, s'il n'a pas assez beau jeu pour cela.

Deux as en main valent vingt et demi; un as et un roi ou une autre carte qui vaille dix de la même couleur, valent vingt-un et demi; également deux as et un roi, ou une autre carte qui vaille dix de la même couleur, valent vingt-un et demi, ainsi des autres cartes qui valent leur valeur, mais qui doivent être de la même couleur, pour ajouter le nombre de plusieurs cartes ensemble : après que l'on a poussé le renvi autant qu'on l'a voulu, ceux qui ont tenu étendent leur jeu, soit qu'ils aient flux ou non; avoir flux, c'est avoir trois cartes d'une même couleur, comme trois cœurs ou trois carreaux, etc. Le plus haut point gagne toujours, parce que celui qui a le plus haut flux a toujours le plus haut point.

GUIMBARDE (jeu de la). Ce jeu s'appelle encore jeu de la *mariée*, parce qu'il y a un mariage qui en fait l'avantage principal.

On y joue depuis cinq jusqu'à huit ou neuf personnes, et dans ce cas le jeu de cartes doit être entier; mais si l'on n'est que cinq ou six, on en ôtera toutes les petites jusqu'au six ou sept, pourvu qu'il en reste assez pour faire un talon raisonnable.

Chacun des joueurs prend un certain nombre de jetons qu'il fait valoir à proportion de ce qu'il veut jouer gros ou petit jeu.

On doit mettre sur le jeu cinq espèces de petites boîtes carrées, dont l'une sert pour la guimbarde, qui est la mariée; l'autre pour le roi, l'autre pour le fou, la quatrième pour le mariage, et la dernière pour le point, les boîtes sont rangées sur la table en cette manière :

Le point...... *Le mariage*....... *Le fou*.....
  ☐   ☐   ☐
        Le roi..... *La guimbarde*.....
          ☐   ☐

Chacun des joueurs met un jeton dans chaque boîte, ensuite on voit à qui fera, et celui qui doit mêler ayant battu les cartes, fait couper celui qui est à sa gauche, donne à chaque joueur cinq cartes, par trois et deux, après quoi il tourne la carte de dessus le talon, et c'est cette tourne qui fait le triomphe.

Expliquons maintenant les termes du jeu.

Le point est trois, quatre ou cinq cartes d'une même couleur; une ni deux ne sont pas point, et le plus haut point emporte le plus bas, et lorsqu'il se rencontre égal, celui qui a la main gagne le point.

Le mariage est le roi et la dame de cœur en main : c'est un très grand avantage.

On appelle le fou, le valet de carreau.

Le roi, c'est le roi de cœur, nommé ainsi tout court, parce que c'est l'époux honorable de la guimbarde, qui est la dame de cœur.

Lorsque chacun a reçu les cinq cartes, et que la tourne est faite, chacun regarde dans son jeu s'il n'y a point quelqu'un de ces jeux dont nous avons parlé, comme le roi, la guimbarde ou le fou; ils peuvent arriver tous cinq en un seul coup, à un joueur; comme s'il avait le roi, la dame de cœur, le valet de carreau, et un ou deux autres cœurs pour lui faire le point, il tirerait pour ses cœurs, supposé que son point fût bon, la boîte du point; pour le valet de carreau, la boîte du fou; pour le roi de cœur, celle du roi; et pour la dame, celle de la guimbarde; et enfin pour tous les deux ensemble, celle du mariage ; et lorsqu'on a quelqu'un de ces avantages séparément, on les tire à proportion qu'on en a, en observant de les étaler sur table avant que de les tirer, ensuite chacun accuse son point, et le plus haut l'emporte.

Le point levé, on met aux fonds chacun un jeton dans la même boîte, et ce sont ces jetons que gagne celui qui lève plus de mains que les autres.

Il faut pour le moins faire deux mains pour l'emporter, car si les joueurs n'en font que chacun une, ce fonds demeure dans la boîte pour servir au point le coup suivant ; et si les deux joueurs avaient fait deux mains chacun, celui qui les aurait faites le premier gagnerait.

La guimbarde est toujours la principale triomphe du jeu en quelle couleur que soit la triomphe ; le roi de cœur en est la seconde, et le valet de carreau la troisième, qui ne change jamais ; les autres cartes ont leur valeur ordinaire ; les as sont inférieurs aux valets et supérieurs aux autres cartes, comme dix, neuf, etc.

Le premier à jouer commence à jeter telle carte de son jeu qu'il veut, et le jeu se continue à jouer comme à la triomphe, chacun pour soi, et tâchant autant qu'il est possible de faire deux mains et davantage s'il peut, afin de pouvoir emporter le fonds.

Outre le mariage de la guimbarde, il s'en fait encore d'autres, comme, par exemple, lorsqu'on joue un roi de carreau, de trèfle ou pique, et que la dame de l'une ou de l'autre de ces peintures, et de la même couleur, tombe dessus, c'est un mariage, de même que lorsqu'ils se trouvent tous deux dans une même main.

Règles du jeu de la guimbarde. 1. S'il arrive un mariage en jouant les cartes, celui qui le gagne tire un jeton de chaque joueur, hors de celui qui a jeté la dame : si on a ce mariage en main, personne n'est alors exempté de payer ce jeton.

2. Celui qui gagne un mariage par triomphe, ne gagne qu'un jeton de ceux qui ont jeté le roi et la dame.

3. Il n'est pas permis de couper un mariage avec le roi

de cœur, ni la dame, ni avec le valet de carreau.

4. Qui a le grand mariage en main, c'est à dire le roi et la dame de cœur, tire deux jetons de chaque joueur, en jouant les cartes, outre les boîtes qu'il a gagnées : quand on le fait sur la table, il n'en vaut qu'un, c'est à dire lorsque le roi de cœur est levé par la guimbarde qui, par un privilège à elle seulement accordé, enlève le roi de cœur.

5. On paie un jeton pour le fou ; mais si, indirectement, ce fou va s'embarquer dans le jeu, et qu'il soit pris par le roi ou la dame de cœur, il ne gagne rien ; au contraire, il en paie un à celui qui l'emporte.

6. Pour faire un mariage en jouant les cartes, il faut que le roi et la dame de la même couleur tombent immédiatement l'un sur l'autre, sinon le mariage n'a pas lieu.

7 Celui qui a la dame d'un roi qui vient d'être joué et doit jouer immédiatement après, est obligé de la mettre pour faire le mariage, autrement il payerait un jeton à chacun pour avoir rompu le mariage.

8. Celui qui renonce paye un jeton à chaque joueur.

9. Celui qui pouvant forcer ou couper sur une carte jouée, ne le fait pas, paie un jeton à chaque joueur.

10 Celui qui donne mal paye un jeton à chaque joueur et mêle de nouveau.

11. Lorsque le jeu est faux, le coup où il est découvert faux ne vaut pas, s'il n'est achevé de jouer ; mais s'il est achevé de jouer, il est bon, de même que les précédents.

12. On ne doit pas jouer avant son tour, et celui qui le fait paye un jeton à chacun des joueurs.

GUINGUETTE (jeu de la). Ce jeu, qui probablement a été inventé dans une guinguette ou un cabaret des barrières de la capitale, se joue depuis trois jusqu'à huit personnes, si l'on veut.

On prend un jeu de cartes tout entier ; si cependant l'on ne jouait que trois ou quatre, on ne jouerait qu'avec trente-six cartes, en ôtant les petites jusqu'au cinq : les as ne valent qu'un point, et sont les moindres cartes du jeu.

GUINGUETTE.

Chacun des joueurs prend trente ou quarante jetons plus ou moins, qu'il fait valoir à proportion qu'il a dessein de jouer gros ou petit jeu.

Il y a à ce jeu des termes essentiels à expliquer avant de passer outre.

1° La *guinguette*, est la dame de carreau ;

2° Le *cabaret*, qui est composé d'une tierce de valet, de dix, de neuf; et ainsi des autres en descendant, les rois ni les dames ne faisant point tierce ;

3° Enfin, le *cotillon*. On appelle *cotillon* le talon qu'on met au milieu de la table, après que chacun a reçu ses cartes ; il est libre à tous les joueurs de remuer chacun à son tour.

Comme il y a un grand avantage à avoir la main, puisque le premier à jouer est en droit de faire la triomphe de la couleur la plus avantageuse à son jeu, l'on voit à qui mêlera, et celui sur le lequel le sort est tombé, après avoir battu les cartes et fait couper le joueur à sa gauche, en donne à chaque joueur par deux fois deux, et ensuite met le talon au milieu de la table.

Il y a au milieu de la table trois petites boîtes, l'une pour la guinguette, l'autre pour le cabaret, et la troisième pour le cotillon.

Chacun ayant reçu ses quatre cartes, examine s'il n'a point la guinguette, c'est à dire la dame de carreau, et celui qui l'a, après l'avoir montrée, tire les jetons que chacun a mis dans la boîte marquée guinguette, et lorsque la guinguette n'est pas dans le jeu, encore qu'elle vînt après à l'un des joueurs en remuant le cotillon, la guinguette resterait, et serait double pour le coup suivant.

Lorsque la guinguette a été tirée, ou laissée pour le coup suivant, on cherche le cabaret ; ceux qui l'ont, quelque petit qu'il soit, doivent dire qu'ils l'ont, sans en dire la qualité ; mais ils peuvent, comme ils jugent à propos, renvier d'un demi-setier, chopine ou pinte ; le demi-setier est un jeton qu'on met au cabaret, et qui est un renvi qu'on fait sur ce qui y est déjà, la chopine est deux jetons, et la pinte quatre ;

le plus fort cabaret emporte le plus petit, et s'il s'en trouve deux ou trois, ou davantage qui soient égaux, celui qui fera le premier l'emportera.

On peut, si l'on veut au cabaret, renvier de tant de demi-setiers, pintes et chopines qu'on voudra ; celui qui fait le dernier renvi gagne, si les autres ne le tiennent point, eût-il un cabaret plus bas qu'eux.

Et lorsqu'on ne lève point le cabaret, il double pour le coup suivant.

Après avoir observé ce qu'on vient de dire, on passe de la guinguette et du cabaret au *cotillon*, et pour lors celui qui a mêlé dit *cotillon*, et chaque joueur met un jeton dans la boîte destinée pour le cotillon.

Le premier en carte nomme telle couleur qu'il veut pour triomphe, sans que cela l'oblige de jouer ; il dira *je joue*, et mettra un second jeton au cotillon.

Si un autre n'a pas jeu pour jouer, et que cependant il puisse espérer par la rentrée de faire beau jeu, il écartera telle de ses cartes qu'il voudra, et qu'il mettra au milieu de la table, en disant, *je remue le cotillon ;* et pour cela il lui en coûte deux jetons qu'il met au cotillon, puis ayant pris le talon et l'ayant bien battu, il coupe net, et tire pour lui la carte de dessous la coupe qu'il a faite, sans tourner les cartes qu'il tient, ni montrer celle qui lui vient.

On peut tour à tour renvier le cotillon jusqu'à deux fois, c'est à dire quand on l'a remué une fois, il faut attendre que les autres aient parlé, et pour lors, soit qu'ils l'aient renvié ou non, quand son tour de parler revient, on dit je remue le cotillon, comme auparavant, et on y met deux jetons. Cette règle est égale pour tous les joueurs.

Celui qui remue le cotillon est censé avoir dit, je joue.

Quand on a remué le cotillon ou qu'on a dit, je joue sans le remuer, on joue les cartes comme à la bête, en se souvenant quelle est la triomphe que le premier en carte a nommée, et que l'as ne vaut qu'un, et est inférieur au deux, et à toutes les autres cartes du jeu.

GUINGUETTE.

Règles du jeu de la guinguette.

1. Celui qui joue au cotillon et lève deux mains, le gagne, si les deux autres sont séparées.
2. S'il n'en prend qu'une, et qu'un autre en ait deux ou trois, il doit deux jetons pour le cotillon.
3. S'il n'en prend point du tout, il doit tout le cotillon : ce qu'on dit ici d'un joueur se doit entendre de tous ceux qui font jouer, de sorte que bien souvent on a le plaisir de voir qu'il est dû plusieurs cotillons. Ces cotillons sont comme des bêtes qui se mettent sur le jeu l'une après l'autre, quoique faites sur le même coup.
4. Quand il est dû un cotillon, personne n'y met que celui qui le doit.
5. Si deux de ceux qui sont du cotillon font chacun deux levées, celui qui les a le premier l'emporte, et l'autre lui doit les deux jetons du cotillon.
6. Qui accuse la guinguette doit la montrer avant que de la lever, sinon il paye deux jetons et la guinguette qui, outre cela, est double pour le coup suivant.
7. Celui qui ayant le cabaret supérieur, après l'avoir accusé, ne le montre pas avant que de le lever, doit également deux jetons au profit du cabaret qui est double pour le coup suivant.
8. Celui qui en mêlant donne trop de cartes doit un jeton pour le cotillon, et on doit rebattre si celui à qui on les donne le souhaite.
9. Celui qui renonce, perd le cotillon et est obligé de reprendre la carte, si les joueurs l'exigent.
10. Il n'est pas permis, sous la même peine, de ne point couper une carte jouée, qu'on peut couper, ou de ne pas mettre dessus une carte jouée, quand on le peut, puisqu'on doit forcer à ce jeu.
11. Si celui qui est le premier en carte oublie de nommer la triomphe et remue en même temps le cotillon, et que celui qui vient après lui le prévienne en la nommant, elle est bien nommée, et il est obligé de jouer.

12. Celui qui fait la vole tire un jeton de chaque joueur, outre le cotillon, et gagne tous les cotillons qui sont dus.

HASARD (jeu de). On joue à ce jeu avec deux dés comme on joue au *quinquenove*. Nommons Pierre celui qui tient le dé, et supposons que Paul représente les autres joueurs. Pierre poussera les dés jusqu'à ce qu'il ait amené ou 5, ou 6, ou 7, ou 8, ou 9. Celui de ces nombres qui se présentera le premier servira de chance à Paul ; ensuite Pierre recommencera à pousser les dés pour se donner la chance. Or les chances de Pierre sont ou 4, ou 5, ou 6, ou 7, ou 8, ou 9, ou 10, en sorte qu'il en a deux plus que Paul, savoir 9 et 10. Il faut encore savoir ce qui suit :

1° Si Pierre, après avoir donné à Paul une chance qui suit ou 6 ou 8, amène au second coup ou la même chance ou douze, il gagne ; ou bezet, ou deux et as, ou onze, il perd.

2° S'il a donné à Paul la chance de 5 ou de 9, et qu'il amène au coup suivant la même chance, il gagne ; mais s'il amène ou bezet, ou deux, etc., ou onze, ou douze, il perd.

3° S'il a donné à Paul la chance de 7, et qu'il amène le coup suivant, ou la même chance, ou onze, il gagne ; mais s'il amène ou deux, etc., ou douze, il perd.

4° Pierre, s'étant donné une chance différente de celle de Paul, gagnera, s'il amène sa chance avant que d'amener celle de Paul ; et il perdra s'il amène la chance de Paul avant que d'amener la sienne.

5° Quand Pierre et Paul ont perdu, on recommence le jeu, en donnant de nouvelles chances ; mais Pierre ne quitte le dé, pour le donner à celui qui le suit, que lorsqu'il a perdu.

6° S'il y a plusieurs joueurs, ils ont tous la même chance.

HER (jeu du). Le jeu, connu sous cette dénomination, n'est autre que celui du coucou. Voy. *Coucou* (jeu du).

HOC (jeu du). Ce jeu, très en vogue sous le ministère du cardinal Mazarin, avait pris le surnom de *Hoc Mazarin*; mais il se jouait différemment à Lyon ; ce dernier est aujourd'hui entièrement oublié ; le premier a encore quelquefois lieu dans quelques départements de la France, et se joue à deux ou trois personnes. Dans le premier cas on donne quinze cartes à chacun, et dans le second douze ; le jeu est composé de toutes les petites.

Le roi lève la dame, et ainsi des autres, suivant l'ordre naturel des cartes.

Ce jeu est une espèce d'ambigu, puisqu'il est mêlé du piquet, du brelan et de la séquence, appelé ainsi, parce qu'il y a six cartes qui font *hoc*.

Le privilège des cartes qui font *hoc*, est qu'elles sont assurées à celui qui les joue, et qu'il peut s'en servir pour telles cartes que bon lui semble.

Les *hocs* sont les quatre rois, la dame de pique et le valet de carreau, chacune de ces cartes vaut un jeton à celui qui la jette.

Après avoir réglé le temps que l'on veut jouer, mis trois jetons au jeu que l'on fait valoir ce que l'on veut, et dont l'un est pour le point, le second pour la séquence, et le troisième pour le tricon, on voit à qui fera, et celui qui doit faire ayant mêlé et fait couper à sa gauche, distribue le nombre des cartes que nous avons dit ci-devant.

Le premier commence par accuser le point, ou à dire passe, s'il voit qu'il est petit, ou à renvier, s'il l'a haut ; s'il passe et que les autres renvient, en disant deux, trois ou quatre au point, il y peut revenir ; on ne peut renvier sur celui qui renvie jusqu'à vingt jetons au dessus, et ainsi de ceux qui suivent en montant toujours de vingt ; l'on peut de moins si l'on veut, et celui qui gagne le point, le lève avec tous les renvis sans que les deux autres soient obligés de lui rien donner.

Cela fait, on accuse la séquence, ou bien on dit passe pour y revenir, si on le juge à propos, au cas que les autres renvient de leur séquence, et pour lors le premier qui a passé peut en être.

Quand il n'y a point de renvi, et que le jeu est simple, celui qui gagne de la séquence, tire un jeton de chaque joueur pour chaque séquence simple qu'il a en main ; la première, qui vaut, fait valoir les moindres à celui qui l'a; de la séquence on passe au tricon qu'on reuvie de même que le point.

Le point est plusieurs cartes d'une même couleur; celui qui en a davantage, gagne le point, et lorsque le nombre de cartes est égal, celui qui a le plus haut point, gagne : l'as vaut un point, et les figures dix, les autres ce qu'elles sont marquées.

La séquence est trois cartes d'une même couleur qui se suivent; la séquence de quatre cartes vaut mieux que celle de trois, celle de cinq que celle de quatre, et ainsi des autres; et lorsque le nombre de cartes est égal, celui qui a la plus haute séquence, gagne; dame, valet et dix, est la plus forte séquence simple, et la dernière est as, deux et trois.

Le tricon est trois as, trois deux, et ainsi des autres cartes, en montant jusque aux dames.

Mais si par hasard l'on passe du point de la séquence et du tricon, et que par conséquent on ne tire rien, on double l'enjeu pour le coup suivant, et celui qui gagne, gagne double, encore qu'il ait son jeu simple, et tire outre cela un jeton de chaque joueur.

Lorsqu'on a séquence ou tierce de roi, quoique l'enjeu ne soit que simple, on en paye deux à celui qui gagne; on en donne autant à celui qui gagne une séquence simple, lorsqu'il a en main une séquence de quatre cartes; c'est à dire une quatrième de quelque carte que ce puisse être jusqu'au valet.

Si le jeu est double, on en paye chacun quatre.

On donne trois jetons pour la quatrième du roi, quoique le jeu ne soit que simple, et six quand il est double.

On donne trois jetons à celui qui gagne la séquence avec une quinte, c'est à dire, cinq cartes de suite, et six lorsque le jeu est double.

Celui qui a une quinte de séquence du roi, quoique l'enjeu ne soit que simple, gagne de chaque joueur quatre jetons, et huit si le jeu est double; on ne paye pas davantage pour les sixièmes, etc.

Lorsque le jeu est simple, celui qui gagne tricon tire deux jetons de chaque joueur ; et lorsqu'il est double, quatre.

On en paye quatre pour trois rois, lorsque le jeu est simple, et autant pour quatre dames, quatre valets, etc., et l'on double lorsque le jeu est double. Quatre rois au jeu simple en valent huit, et au jeu double, seize : bien entendu qu'on ne paye les jetons qu'à celui qui gagne, lequel, au moyen d'une séquence haute, peut en faire passer des inférieures, et de même au moyen du plus haut tricon, s'en faire payer des moindres qu'il aurait au jeu ordinaire.

Il est permis de revenir au tricon, comme au point et à la séquence.

Il reste maintenant à apprendre la manière dont les cartes doivent être jouées. La voici :

Supposé que le premier des trois joueurs ait en main un, deux, trois, quatre, ou autres cartes, ainsi de suite, quoiqu'elles ne soient point de la même couleur, et que les deux autres n'aient pas de quoi mettre au dessus de la carte où il s'arrête, la dernière carte qu'il a jetée lui est *hoc*, et lui vaut un jeton de chaque joueur ; il recommence par les plus basses, parce qu'il y a plus d'espérance de rentrer par les hautes ; et si, par exemple, il joue l'as, il dira un ; et s'il n'a pas le deux, il dira sans deux ; celui qui le suit, et qui aura un deux, le jettera, et dira deux, trois, quatre, et ainsi des autres, jusqu'à ce qu'il manque de la carte suivante qu'il dira, par exemple sept sans huit, et ainsi des autres ; et lorsque les autres joueurs n'ont pas la carte qui manque à celui qui joue, la dernière carte qu'il a jetée lui est *hoc*, et lui vaut un jeton de chaque joueur ; il en est de même de toutes les autres, comme celles dont on vient de parler ; et lorsque le joueur suivant celui qui dit par exemple quatre sans cinq, n'ayant point de cinq, a un *hoc*, il peut l'employer pour le cinq, comme il a été dit, les *hocs* valant ce qu'on veut qu'ils valent, et alors il commence à jouer par telle carte qu'il juge plus avantageuse à son jeu, et il gagne un jeton de chaque joueur pour le *hoc* qu'il a joué.

Il faut, autant qu'on le peut, chercher à se défaire de ses

cartes à ce jeu, puisqu'on paie deux jetons pour chaque carte qui reste en main depuis dix jusqu'à douze, et un pour chaque carte au dessous de dix. Si cependant il n'en reste qu'une, on payerait six jetons pour cette seule carte, et quatre jetons pour deux.

Celui qui a cartes blanches, c'est à dire qui n'a point de figures dans son jeu, gagne pour cela dix jetons de chaque joueur.

Mais s'il se trouvait que deux des joueurs eussent les cartes blanches, le tiers ne payerait rien ni à l'un ni à l'autre.

Celui qui, par mégarde, en jetant par exemple un quatre, dirait quatre sans cinq, et qui cependant aurait un cinq dans son jeu, payerait, à cause de cette méprise, cinq jetons à chaque joueur, s'ils le découvraient.

Celui qui accuse moins de points qu'il n'en a, ne peut y revenir : ainsi s'il perd le point par là, c'est tant pis pour lui.

HOCA. Jeu de hasard, très pernicieux par les subtilités et les tromperies auxquelles il peut donner lieu ; il nous vint, au milieu du 17 ^{e} siècle, de Rome, où il causait tant de désordres, que le pape fut obligé de chasser ceux qui tenaient la banque, et ceux même qui y jouaient. Les Italiens, que le cardinal Mazarin avait amenés en France, obtinrent du roi la permission de faire jouer le *hoca* dans Paris. Le parlement rendit contre eux deux arrêts, et menaça de les punir sévèrement. *Je ne vois nulle part que la peine*, dit madame de Sévigné, *ait été capitale*.

Ce jeu, qui est tenu par un joueur, appelé *banquier*, consiste en une grande carte divisée par raies, en plusieurs numéros qui sont dans des carrés, sur l'un ou plusieurs desquels numéros celui qui joue contre le banquier met une somme quelconque.

Le banquier tient entre ses mains un sac, dans lequel sont des boules marquées des mêmes numéros que ceux qui sont écrits sur la carte. Après que ces boules ont été ainsi renfermées, on les brouille en apparence autant qu'il est possible. Alors un des joueurs qui ont mis au jeu (car cent personnes pourraient mettre en même temps), tire une des boules ; on en regarde le numéro , et si celui qui est pareil sur la grande carte est couvert de quelque somme, le banquier est obligé d'en payer vingt-huit fois autant. Tout ce qui est couché sur les autres numéros est perdu pour ceux qui l'ont mis, et demeure au banquier, qui a toujours pour lui deux de ses raies de profit ; car il y en a trente sur lesquelles on met indifféremment, et il n'en paie que vingt-huit de celui que l'on rencontre.

Ce jeu, comme on le voit, a beaucoup de rapport avec celui de la belle ; mais la chance est plus avantageuse au banquier, que ce dernier.

HOMBRE A TROIS (jeu de l'). Ce jeu qui nous vient des Espagnols, et dont on chercherait vainement l'étymologie, demande beaucoup d'application, du silence et de la tranquillité.

Il n'y a, à proprement parler, qu'une manière de jouer l'hombre, qui doit être à trois personnes, quoique l'usage ait introduit de le jouer aussi à deux personnes ; mais cette dernière manière n'approche en rien de l'agrément et de la perfection du jeu à trois.

L'hombre ne se joue presque plus ; ce qui nous dispensera d'entrer dans tous ses détails ; d'ailleurs il faut voir jouer ce jeu, et la théorie est superflue où la pratique est tout. Les préceptes sont arides ; ce n'est qu'avec le temps et l'expérience qu'on peut comprendre ce jeu dont il faut faire une espèce d'étude. Nous nous contenterons donc d'en exposer ici seulement les règles, pour ceux qui, le sachant, peuvent en avoir oublié quelques unes, en renvoyant à l'*Encyclop. Méthod.* les personnes qui seront curieuses d'en connaître tous les développements.

Règles du jeu de l'hombre à trois.

1. Il n'est pas permis de donner les cartes autrement que par trois.

2. Si en donnant les cartes, il se trouve un as noir retourné, on doit refaire.

3. S'il y a plusieurs cartes tournées en donnant, on refait.

4. S'il y a une carte tournée au talon, quelle qu'elle soit, et qu'on s'en aperçoive avant qu'on ait demandé si on joue, ou que quelqu'un ait nommé, pour jouer sans prendre, on refait.

5. Celui qui mêle ne peut point jouer, lorsqu'il y a une carte tournée au talon.

6. Celui qui mêle et donne dix cartes, ou les prend pour lui, ne peut jouer du coup; pour les deux autres, ils peuvent jouer; mais il faut auparavant que de demander à jouer en prenant, ou de nommer en jouant sans prendre, qu'ils déclarent qu'ils ont dix cartes, sans quoi ils feraient la bête; et le coup achèverait de se jouer.

7. Celui qui n'en donne ou prend que huit, ne peut jouer; celui qui les a reçues peut jouer, en avertissant auparavant qu'il n'a que huit cartes.

8. Celui qui n'a que huit cartes, peut jouer sans prendre avec ses huit cartes, celui qui en a dix peut aussi jouer sans prendre; mais il faut auparavant qu'on lui tire une carte de son jeu : l'on en tirerait de même une s'il en avait dix après avoir pris.

9. Celui qui avec huit cartes va au talon, soit qu'il fasse jouer ou non, doit en prendre une de plus qu'il n'en écarte; et celui qui y va avec dix cartes, doit en écarter une de plus qu'il n'en prend.

10. Celui qui se trouve avec plus ou moins de cartes, après avoir pris, fait la bête.

11. Celui qui demande à jouer ou joue sans prendre avec huit ou dix cartes sans avertir qu'il en a plus ou moins, fait la bête; mais celui qui passerait ayant plus ou moins de cartes, ne ferait pas la bête, pourvu qu'auparavant que de prendre, il avertît qu'il a plus ou moins de cartes, et qu'il prît au talon le nombre de cartes nécessaires, pour parfaire de celui de neuf qu'il doit avoir en jouant.

12. Celui qui en mêlant donne plus de dix cartes à l'un des joueurs, refait.

13. Si le jeu est faux, c'est à dire qu'il y ait plus ou moins de cartes, ou deux cartes semblables, ou des cartes qui ne

sont pas du jeu de l'hombre, ainsi qu'un huit, un neuf ou un dix, le coup est nul, si l'on s'en aperçoit en le jouant; mais si l'on ne s'en aperçoit réellement qu'après qu'il est joué, le coup est bon.

14. Le coup est joué lorsqu'il ne reste plus de cartes dans la main des joueurs, ou que l'hombre a fait assez de mains pour gagner, ou bien l'un des tiers assez pour pouvoir gagner codille.

15. Si l'hombre oublie à nommer sa couleur, l'un des deux autres peut nommer pour lui; et si les deux nomment ensemble différentes couleurs, on joue en celle qui a été nommée par celui qui est à la droite de l'hombre.

16. L'hombre qui a oublié à nommer sa couleur, ou qui s'est mépris en la nommant, peut refaire son écart, si la rentrée n'est pas confondue avec son jeu.

17. L'hombre doit nommer formellement la couleur en laquelle il joue.

18. Quoique l'hombre ait vu sa rentrée, sa couleur est bien nommée, s'il prévient les deux autres.

19. Si celui qui joue, ou sans prendre, ou en prenant, nomme une couleur pour l'autre, ou qu'il nomme deux couleurs, celle qu'il a nommée la première est la triomphe, sans pouvoir en revenir.

20. Celui qui a dit passe, ne peut plus être reçu à jouer.

21. Celui qui a demandé à jouer, ne peut ni s'empêcher de jouer, ni jouer sans prendre, à moins qu'il ne soit forcé; auquel cas il le peut par préférence à celui qui le force.

21. Celui qui n'étant pas dernier en carte, et n'ayant pas jeu à jouer sans prendre, nomme sa couleur sans avoir écarté, et sans avoir demandé si l'on joue, est alors obligé de jouer sans prendre.

23. Celui qui joue sans prendre à jeu sûr en l'étalant sur la table, n'est pas obligé de nommer sa couleur, si ce n'est qu'on l'obligeât à jouer, et que les autres voulussent écarter.

24. Celui qui tourne une carte du talon, pensant jouer à un jeu où l'on tourne, ne peut point jouer du coup, sans ôter la liberté pour cela aux autres, et il fait la bête.

25. De même si quelqu'un en remettant le talon sur la table ou autrement, en retourne une carte, on joue le coup, mais il fait la bête.

26. S'il reste des cartes au talon, celui qui a écarté le dernier les peut voir, auquel cas les autres ont le même droit après lui ; mais celui des deux autres qui les regarderait, si le dernier ne les avait vues, ferait la bête.

27. Celui qui a pris trop de cartes du talon, peut mettre celles qu'il a de trop, s'il ne les a pas vues, et qu'elles ne soient pas confondues avec son jeu, et il ne fait pas la bête.

28. S'il les a vues, ou qu'elles soient confondues avec son jeu, il fait la bête, et on lui tire au hasard celles qu'il a de trop que l'on met sur les écarts.

29. S'il n'en prenait pas assez, il peut reprendre dans le talon ce qui lui manque, s'il est encore sur table, sinon au hasard dans les écarts ; il ne fait pas la bête, si l'on n'a pas commencé de jouer.

30. Celui qui n'a pas de la couleur dont on joue, n'est pas obligé de couper, et celui qui a de la couleur n'est pas obligé de mettre au dessus de la carte jouée, quoiqu'il le puisse.

31. L'on ne doit point jouer avant son rang ; mais on ne fait pas la bête pour cela.

32. Celui cependant qui n'étant pas à jouer, jetterait sur le tapis une carte qui probablement pourrait nuire à l'hombre, ferait la bête.

33. L'hombre qui a vu une carte qu'un des joueurs a tirée de son jeu, n'est pas en droit de la demander, à moins qu'étant vue elle puisse préjudicier à son jeu ; auquel cas celui qui a montré sa carte est obligé de la jouer, s'il le peut sans renoncer, sinon il ne la jouera pas, mais il fera la bête.

34. Il est libre de tourner les levées faites par les autres, pour voir ce qui est passé ; l'on ne doit cependant tourner les levées faites, ni compter tout haut ce qui est passé, que lorsqu'on est à jouer, devant laisser compter son jeu à chacun.

35. Celui qui, au lieu de tourner les levées qui sont devant un des joueurs, tourne et voit son jeu, fait la bête de moitié avec celui à qui sont les cartes retournées, de même

celui qui, au lieu de prendre le talon, prendrait le jeu d'un tiers; dans ce dernier cas, il faudrait faire remettre le jeu comme il était, et s'il était confondu de manière à ne pouvoir être remis, il dépendrait de l'hombre de refaire.

36. Celui qui renonce, fait la bête autant de fois qu'il renonce, et si l'on en fait apercevoir à chaque différente fois qu'il a renoncé; mais si les cartes sont pliées, il ne fait qu'une bête quand il aurait renoncé plusieurs fois.

37. Il faut pour que la renonce soit faite, que la levée soit pliée, ou que celui qui a renoncé ait joué sa carte pour le coup suivant, pouvant autrement la reprendre sans avoir fait faute.

38. Si la renonce préjudicie au jeu, et que le coup ne soit pas achevé de jouer, on peut reprendre le jeu et le recommencer à la levée où la renonce a été faite; mais si le coup est achevé de jouer, on ne reprend plus le jeu.

39. Celui qui, ayant demandé en quoi est la triomphe, couperait de la couleur qu'on lui aurait dit, quoique effectivement ce ne fût pas la triomphe, ne ferait pas la bête; mais il ne saurait reprendre sa carte qui serait bien jouée.

40. Celui qui, sans avoir demandé la triomphe, couperait d'une couleur qui ne la serait pas, et aurait plié la levée, ferait la bête.

41. Celui qui montre son jeu, avant que le coup soit gagné, fait la bête.

42. Il n'est pas permis à l'hombre de la demander remise, ni de demander à s'en aller lorsque sa rentrée n'est pas favorable.

43. Il ne lui est pas libre de donner codille à qui bon lui semble, étant obligé de payer le codille à celui qui de droit doit le gagner, si par bizarrerie il le donnait à celui qui ne devrait pas l'avoir.

44. L'hombre ne peut en aucune manière demander *gano*.

45. Celui des deux tiers qui est sûr de ses quatre mains ne doit pas demander *gano*, ni faire appuyer.

46. Celui qui a demandé *gano* ayant sa quatrième main sûre, et a gagné codille par ce moyen, est en droit de tirer le

codille; mais cela ne se pratique point parmi les beaux joueurs, qui en ce cas laissent le coup par remise ; d'ailleurs on doit éviter de jouer avec ces gens qui courent de la sorte au codille.

47. Plusieurs bêtes faites sur un même coup, vont ensemble, à moins qu'on ne soit convenu autrement.

48. Les plus fortes bêtes se jouent toujours les premières.

49. Celui qui fait deux bêtes à la fois, peut les faire aller ensemble ; mais celui qui fait une bête sur une autre bête, ne peut la faire aller ensemble avec la première que du consentement des deux tiers.

50. Quand les joueurs marquent diversement, on paye suivant celui qui marque le plus, et on fait la bête de même.

51. Quand on a gagné codille, on met trois jetons au jeu, quoiqu'il y ait encore des bêtes à tirer.

52. Les trois matadors ne peuvent être forcés par une triomphe inférieure.

53. Le matador supérieur force l'inférieur, lorsqu'il est joué par le premier qui joue.

54. Le matador supérieur ne force pas l'inférieur, s'il est joué sur une triomphe premièrement jouée.

55. Les matadors et les sans-prendre ne peuvent plus se demander quand on a coupé pour le coup suivant, à moins que par affectation, l'on ne mêlât et coupât si vite, qu'on ne lui en donnât pas le temps : en ce cas, s'il n'a point reçu le jeu et la consolation d'aucun joueur, il est en droit de demander le sans-prendre et les matadors, avec le jeu qui lui est encore dû ; mais si c'était lui qui eût coupé ou donné des cartes, il ne pourrait plus revenir.

56. Les matadors ne se payent que lorsqu'ils sont dans la main de l'hombre.

57. Si celui qui joue sans prendre avec des matadors, demande l'un sans demander l'autre, il ne lui est dû que ce qu'il a demandé.

58. Celui qui au lieu de demander les matadors qu'il a, demanderait le sans-prendre qu'il n'aurait pas joué, de même que celui qui demanderait les matadors au lieu du sans

prendre, ne pourrait exiger ni l'un ni l'autre, ce jeu demandant une explication formelle.

59. Le jeu, la consolation et la bête peuvent se demander plusieurs coups après.

60. On ne peut pas revenir des méprises qui peuvent avoir été faites en comptant les bêtes, passé le coup d'après qu'elles ont été tirées.

61. Celui qui fait toutes les levées, fait la vole et gagne le double de ce qu'il y a au jeu, à moins que l'on ait fixé ce que doit gagner celui qui fait la vole.

62. S'il y a plusieurs bêtes, il les tire et rien de plus, à moins toujours que l'on n'ait convenu autrement.

63. S'il y a plusieurs bêtes qui aillent ensemble, parce qu'elles ont été faites ensemble, on paye le double à celui qui fait la vole, ou comme l'on est convenu.

64. Celui qui ne fait pas la vole l'ayant entreprise, paye ce qu'on lui aurait payé pour la vole s'il l'avait faite.

65. La vole est entreprise quand, après avoir fait les cinq premières mains ou levées, on a joué la sixième carte.

66. Quand la vole est entreprise, il n'y a plus moyen de s'en dédire.

67. Quand la vole est entreprise, les deux joueurs qui la défendent, peuvent se communiquer leur jeu et convenir de ce qu'ils garderont pour l'empêcher.

68. Si celui qui a manqué la vole, a des matadors ou joue sans prendre, on les lui doit payer avec la consolation.

69. Si l'on joue à tout tirer, les deux tiers se partagent tout ce qu'il y a sur le jeu; et si l'on a réglé la vole, l'hombre paye à chacun des tiers ce que l'on est convenu, mais il gagne ce qu'il y a sur le jeu dans ce dernier cas.

70. Celui qui, après avoir pris sa rentrée, regarde son écart, ne peut faire la vole.

71. Celui qui gagne par codille ne marque point aux tours, non plus que celui qui fait la vole; mais celui qui manque la vole, l'ayant entreprise, doit y mettre.

72. Ceux qui admettront le contre, recevront à jouer par préférence au premier en carte qui voudrait jouer sans pren-

dre, celui qui en jouant sans prendre s'engagerait à la vole.

73. Celui qui ayant joué sans prendre, s'est embarqué à faire la vole sans la faire, paye à chacun le droit de vole : et il n'est payé ni du sans-prendre, ni des matadors s'il en a, pas même de la consolation, ni du jeu : il ne tire rien ; mais il ne fait pas la bête, à moins qu'il ne perde le jeu, auquel cas il doit payer à chacun, outre la vole manquée, ce qui lui revient pour le sans-prendre, les matadors et le jeu, et fait la bête à l'ordinaire.

74. Celui qui ayant commencé la partie, ne voudrait pas l'achever, payerait non seulement ce qu'il a de perte au jeu, mais encore les cartes.

75. Si c'était pour vaquer à des affaires importantes, on pourrait remettre la partie du consentement des deux tiers, en prenant un mémoire de l'état du jeu.

76. Lorsque l'on joue l'hombre à deux, il faut ôter une couleur rouge.

77. L'on joue avec huit cartes, qu'on ne saurait donner autrement que par deux fois trois et une fois deux ; et lorsqu'on donne mal, l'on refait.

78. Le talon est composé de quatorze cartes, il est libre à celui qui est dernier à prendre de voir les cartes qu'il laisse ; et après qu'il les a vues, le premier peut les voir, et non pas auparavant sans faire la bête.

79. On ne peut point jouer en la couleur qui est ôtée.

80. Lorsque l'on admet les hasards au jeu de l'hombre, on ne les paye pas à celui qui fait jouer qu'autant qu'il gagne, de même qu'il les paye aux deux tiers lorsqu'il perd.

HOMME D'AUVERGNE (jeu de l'). Ce jeu que nous ont légué les Auvergnats, a un grand rapport à la triomple. On peut le jouer depuis deux jusqu'à six personnes.

Le jeu de cartes dont on se sert est celui du piquet, c'est à dire trente-deux cartes ; mais si l'on ne joue que deux ou trois, il ne sera que de vingt-huit, parce qu'on en supprimera les sept.

Les cartes ont leur valeur ordinaire, c'est à dire, roi,

HOMME D'AUVERGNE.

dame, valet, as, dix, neuf, huit et sept, lorsque les sept y sont.

On tire à celui qui fera; la personne sur laquelle le sort est tombé, mêle. Après avoir fait couper le joueur de sa gauche, il donne à chaque joueur cinq cartes par deux et trois, et en prend autant pour lui ; cela fait, il tourne, et la carte tournée fait la triomphe. Alors chacun voit dans son jeu pour jouer de même qu'à la mouche, et lorsque personne n'a assez beau jeu, on dit *passe* : les joueurs peuvent se réjouir en ce cas, c'est à dire tourner la carte de dessous, qui sera la triomphe, à la place de la première carte tournée. On peut en tourner jusqu'à trois, si les deux premières n'ont accommodé aucun des joueurs.

Celui qui joue doit faire pour gagner trois levées, ou bien les deux premières, si elles sont partagées.

Les règles suivantes apprendront clairement la manière dont on doit jouer ce jeu, dont la partie ordinairement est à sept jeux, mais qu'on peut cependant faire ou plus courte ou plus longue.

Règles du jeu de l'homme d'Auvergne.

1. Lorsque le jeu de cartes est faux, on refait, et les coups précédents sont bons, et même celui où on l'aurait reconnu faux, si le coup était entièrement fini de jouer.

2. Celui qui donne mal, perd un jeu et remêle.

3. Lorsque celui qui mêle trouve une ou plusieurs cartes tournées, on refait le jeu.

4. Celui qui tourne le roi de triomphe en faisant la triomphe, c'est à dire en tournant la carte de dessus, ou de dessous le talon, gagne un jeu pour chaque roi qu'il tourne.

5. Celui qui a en main le roi de la couleur qui retourne, gagne un jeu pour ce roi, et il gagnerait encore autant qu'il aurait d'autres rois avec celui d'atout.

6. Celui qui joue avant son tour perd un jeu au profit du jeu.

7. Celui qui renonce perd la partie, c'est à dire qu'il ne peut plus y prétendre.

8. Celui qui fait jouer et perd le jeu, est démarqué d'une marque au profit de celui qui gagne.

9. Celui qui a en main le roi de la couleur tournée en dessous le talon, et qui fait triomphe, a le même droit que celui qui l'a de la première carte tournée, c'est-à-dire qu'il marque un jeu pour son roi, et un pour chaque roi qu'il aurait encore, pourvu néanmoins qu'il n'eût pas eu déjà dans son jeu le roi de triomphe, pour lequel il aurait marqué.

10. S'il arrive que quelque joueur, après s'être réjoui, vienne à perdre, en jouant son jeu, le roi de la triomphe précédente, parce qu'on le lui couperait ou autrement, celui qui ferait la levée où le roi serait, gagnerait une marque sur celui à qui serait le roi coupé, et ainsi des autres rois pour lesquels on gagne des marques.

IMPÉRIALE (jeu de l'). Quelques demi-savants prétendent que ce jeu a été nommé d'un empereur qui mit ce jeu en vogue ; cela peu être comme ne pas être ; dans une pareille incertitude, il nous paraît inutile de s'occuper d'une chose indifférente à savoir. L'essentiel pour un joueur est de connaître la manière de défendre son argent, ou de gagner celui de son adversaire.

Pour jouer à ce jeu, on se sert d'un piquet, c'est-à-dire de trente-deux cartes, savoir : roi, dame, valet, as, dix, neuf, huit et sept ; ou bien de trente-six, en y ajoutant le six de chaque couleur, comme on fait dans plusieurs départements.

En jouant à trois à l'impériale, il faut nécessairement y admettre les six ; mais le jeu le plus ordinaire est d'y jouer deux.

Avant de commencer à jouer, on convient de ce que l'on veut jouer, et à combien d'impériales on jouera la partie, qui est ordinairement à cinq ; mais cela dépend de la volonté des joueurs.

On tire ensuite à celui qui fera le premier ; c'est la plus haute carte qui fait. A ce jeu, c'est un avantage de donner.

Celui qui mêle donne alternativement à son adversaire

et à lui trois à trois, ou quatre à quatre, douze cartes; il tourne ensuite la carte de dessus le talon, qu'il laisse dessous, et c'est de cette couleur dont est la triomphe.

Il y a au jeu de l'impériale, des cartes que l'on appelle *honneurs*, qui sont le roi, la dame, le valet, l'as et le sept, lorsque le jeu est de trente-deux cartes; au lieu que c'est le six, lorsqu'il est de trente-six; chaque honneur vaut quatre points à celui qui les a; mais il faut, pour qu'ils vaillent, qu'ils soient de triomphe, c'est à dire de la même couleur que la carte tournée sur le talon.

Les cartes ont toujours leur valeur ordinaire, savoir : le roi, la dame, le valet, l'as, le dix, le neuf, le huit, le sept et le six, le plus fort de la même couleur enlevant le plus faible.

Lorsque l'on joue à trois, chacun ayant douze cartes, il ne reste par conséquent point de talon : alors celui qui mêle pour faire la triomphe, tourne la dernière carte de celles qu'il prend, et c'est de celle-là dont est la triomphe.

Les cartes données et la tourne faite, celui qui est le premier à jouer commence, comme au jeu de piquet, d'assembler la couleur dont il a le plus de cartes, pour en faire son point qu'il accuse, et pour lequel il compte quatre points, si son adversaire ne le pare pas, c'est à dire s'il n'en a pas davantage; car, s'il était égal, le premier, à cause de la primauté, le compterait comme s'il était bon (1).

Il examine, avant d'accuser son point, s'il n'a point d'impériale, auquel cas il faut la montrer auparavant, sans quoi elle ne vaut plus rien. Il y a plusieurs sortes d'impériales, et chaque impériale vaut vingt-quatre points.

La première sorte d'impériale est de quatre rois ou quatre dames, quatre valets, quatre as ou bien quatre sept, lorsque le jeu est de trente-deux cartes, et les quatre six, lorsqu'il est de trente-six.

---

(1) Cette règle offre des exceptions, et est souvent modifiée par les joueurs, qui, lorsque le point est égal, ne reconnaissent point de primauté, et alors ne le comptent ni l'un ni l'autre.

La seconde, le roi, la dame, le valet et l'as d'une même couleur.

Il y a encore l'impériale tournée, qui est, lorsque tournant un roi, une dame, un valet, un as, un sept ou un six; on a dans son jeu les trois autres dont est la tourne; de même lorsque tournant un roi, une dame, un valet ou un as, on a dans son jeu les trois autres cartes de la même couleur, qui parfont le roi, la dame, le valet et l'as.

Enfin, il y a l'impériale que l'on fait tomber, et qui a lieu lorsqu'ayant le roi, la dame ou autres triomphes, on lève les autres triomphes qui forment l'impériale ; cette impériale n'a lieu que pour la couleur en laquelle est la triomphe. Cette chance arrive rarement.

Observez que celui qui a dans son jeu le roi, la dame, le valet et l'as de la couleur dont il tourne, compte pour cela deux impériales, qui, pour être bonnes, doivent être étalées sur la table et accusées : on accuse le point comme il a été dit, et celui qui est le premier à jouer jette telle carte de son jeu qu'il juge à propos, et sur laquelle l'adversaire est obligé de fournir de la même couleur, s'il en a, et de prendre s'il peut, autrement de couper, ne pouvant point, non seulement renoncer à ce jeu, mais même gagner, si on commet une faute : l'on joue de la sorte toutes les cartes, et, après qu'elles sont jouées, chacun compte ce qu'il a : celui qui en a plus que l'autre, compte quatre points pour chaque levée qu'il a de plus que les six qu'il doit avoir, et il les marque pour lui.

Lorsque l'on joue à trois, celui qui est le premier à jouer est obligé de commencer par atout : le jeu se joue du reste comme à deux ; car celui qui fait plus de quatre levées qu'il doit avoir pour ses cartes, marque quatre points pour chaque levée qu'il a de plus.

Après être convenu de ce que l'on joue et à combien d'impériales, on place au bout de la table un corbillon avec des fiches et des jetons qui servent à marquer le jeu : l'on marque l'impériale avec une fiche, et les quatre points que l'on gagne avec un jeton pour chaque quatre ; et, lorsque l'on a six jetons de marqués, l'on marque à la place une fiche qui est une impériale, chaque impériale valant vingt-quatre points.

Celui qui, ayant mêlé, tourne un honneur, c'est à dire un roi, une dame, un valet, un as, un sept, lorsque le jeu est de trente-deux cartes, ou un six lorsqu'il est de trente-six, marque pour lui un jeton qui vaut quatre points;

Celui qui coupe avec le six de triomphe ou le sept lorsqu'il n'y a point de six, ou bien avec l'as, le valet, la dame ou le roi, ou le jouant autrement, fait la levée, marque autant de jetons, qui valent chacun quatre, qu'il a levé de ses honneurs;

Celui qui joue un de ses honneurs, le perd, si son adversaire joue un honneur plus fort; celui-ci fera la levée de droit, et marquera un jeton pour chaque honneur;

Celui qui, ayant joué le sept de triomphe, lorsqu'il n'y a point de six, ou le six, perd la levée, que l'autre lève par un triomphe qui n'est pas un honneur, perd aussi cet honneur, qui est marqué par celui qui fait la levée;

Celui qui, après avoir fini de jouer ses cartes, s'en trouve de plus que les douze qu'il doit avoir de son jeu, gagne quatre points, qu'il marque pour lui à chaque levée qu'il a de plus que l'autre.

De même, celui qui a plus de points que l'autre, marque à son avantage quatre pour le point, n'importe qu'il ait trois, quatre, cinq, six, sept, huit ou neuf cartes de point, en observant que, lorsque le point est égal, celui qui est le premier compte quatre pour sa primauté.

Voilà les différents points que l'on compte, et qui, assemblés, forment une impériale; ces points peuvent être effacés lorsqu'ils sont au dessous de vingt-quatre ou de six jetons. Par exemple, si l'un des joueurs avait du coup précédent vingt points au moins, et que son adversaire eût une impériale en main, ou retournée lorsqu'elles ont lieu, celui qui aurait l'impériale rendrait nuls les vingt points de son adversaire, qui serait obligé de démarquer, sans pour cela démarquer lui-même ceux qu'il pourrait avoir, à moins que son adversaire n'eût aussi une impériale qui effaçât également les points de l'autre joueur. L'on marque chaque impériale par une fiche en faveur de celui qui l'a. L'impériale que l'on marque, lorsque l'on a six jetons assemblés, efface également les points que l'adversaire peut avoir, et est marquée, comme l'autre, avec une fiche en faveur de celui qui l'a fait : la partie dure jusqu'à ce qu'un des deux joueurs ait fait le nombre d'impériales auquel on a fixé la partie.

L'on doit compter d'abord la tourne, ensuite les impériales que l'on a en main ou de la tourne, lorsqu'elles ont lieu, ensuite le point ; après le point, les honneurs que l'on gagne sur les levées que l'on fait, et ensuite ce que l'on gagne de cartes.

Règles du jeu de l'impériale.

1. Lorsque le jeu se trouve faux, le coup où il est reconnu faux ne vaut pas ; les précédents sont bons.

2. S'il se trouve une ou plusieurs cartes tournées, on doit refaire.

3. L'on doit donner les cartes par trois ou quatre.

4. Celui qui donne mal, perd sa donne et une impériale.

5. Une carte tournée au talon n'empêche pas que le jeu ne soit bon.

6. Qui mêle son jeu au talon, perd la partie.

7. Qui oublie de compter son point ne le compte pas ; il en est de même des impériales.

8. Qui ne montre pas ses impériales avant son point, ne les compte pas.

9. Tout honneur jeté sur le tapis vaut quatre points à celui qui le lève.

10. Celui qui, pouvant prendre une carte jouée ne la prend pas, perd une impériale, soit qu'il ait de la couleur jouée ou qu'il n'en ait pas, s'il a de la triomphe pour pouvoir couper.

11. Celui qui renonce, c'est à dire ne joue pas de la couleur dont on a joué, quoiqu'il en ait dans son jeu, perd deux impériales.

12. Les impériales que perd celui qui fait des fautes, sont au profit de son adversaire, si celui qui fait les fautes n'en a pas pour pouvoir démarquer, auquel cas il lui est loisible de se démarquer.

13. Celui qui a une impériale en main, ou de tourne, lorsqu'elle vaut, efface les points que son adversaire a; il en est de même lorsqu'il finit son impériale en comptant des points.

14. Celui qui fait une impériale avec les points de cartes qu'il gagne, ne laisse pas de points marqués à son adversaire; au lieu que celui qui finit une impériale par les honneurs qu'il lève pendant le coup, ne peut empêcher son adversaire de marquer ce qu'il gagne de cartes, si toutefois il en gagne.

15. La tourne est reçue à finir une partie plutôt qu'une impériale en main, l'impériale en main plutôt que l'impériale tournée lorsqu'elle a lieu, l'impériale tournée plutôt que le point, le point plutôt que l'impériale qu'on fait tomber, et ladite impériale plutôt que les honneurs, et les honneurs plutôt que les cartes, qui font les derniers points du jeu à compter.

16. L'impériale retournée n'a lieu que lorsque l'on joue sans restriction, de même que l'impériale que l'on fait tomber.

17. L'impériale qu'on fait tomber n'a lieu que dans la couleur qui est triomphe.

18. L'impériale de triomphe en main en vaut deux, sans compter la marque des honneurs.

19. Lorsque le point est égal, celui qui a la primauté le marque.

20. Celui qui quitte la partie avant qu'elle soit achevée, la perd; à moins que ce ne soit d'un mutuel consentement.

JACQUET (jeu du). Ce jeu se joue dans le tablier d'un trictrac. Chaque joueur met son talon dans un des coins en face de lui; ce qui fait que les deux talons sont aux deux extrémités de la transversale du trictrac. Les deux joueurs sont obligés de jouer la première dame seulement, jusqu'à ce qu'elle soit arrivée dans la partie ou région opposée à leurs talons. Après cela, tous les autres coups se jouent à volonté, soit en abattant du talon, soit en jouant les dames abattues.

Les doublets se jouent double comme au gammon.

Celui des deux joueurs qui a levé ou sorti le premier, gagne un trou ou deux, si on est convenu de la double.

On ne bat point au jacquet.

Quant aux finesses et combinaisons de ce jeu, nous n'en parlerons point; il n'y a que l'habitude et la pratique qui puissent les indiquer. D'ailleurs, elles consistent uniquement à s'étendre et occuper le plus de flèches qu'on peut, afin de fermer tous les passages à son adversaire, de le retarder dans les efforts qu'il fait pour rentrer le plus promptement possible, et sortir par conséquent le premier. Ce jeu est une espèce de Gammon. Voyez *Gammon*.

KRABS. Sorte de jeu anglais qu'on joue avec deux dés qui produisent trente-cinq variations. Ce jeu n'est point égal; il est toujours désavantageux pour celui qui tient le cornet. Le krabs ne se jouant point en France, il nous paraît superflu de donner les règles, les calculs et les chances de ce jeu. D'ailleurs, comme jeu de hasard, il rentre dans la classe de ceux qu'on joue non pour s'amuser ou se distraire, mais pour gagner de l'argent.

LANSQUENET (jeu du). Sorte de jeu de hasard, auquel on joue avec un jeu de cartes entier.

Le nombre des joueurs est limité : ceux qui tiennent la main alternativement, se nomment *coupeurs*, et les autres sont appelés *pontes* ou *carabins*.

Lorsque les cartes sont mêlées, et que le coupeur qui tient la main a fait couper, il distribue une carte à chacun des autres coupeurs, en commençant par sa droite. Ces cartes sont appelées *cartes droites*, pour les distingur de celles qui doivent ensuite être tirées.

Chaque coupeur met sur sa carte droite une somme convenue.

D'un autre côté, tous les joueurs peuvent, avant que la

carte du coupeur qui tient la main soit tirée, mettre ce qu'ils jugent à propos à une chance qu'on appelle la joie ou la réjouissance.

Quand le jeu est fait tant sur les cartes droites, qu'à la réjouissance, le coupeur qui tient la main se donne une carte qu'il découvre.

Après s'être donné cette carte, il tire celle qui doit décider du sort de la réjouissance.

Il tire ensuite d'autres cartes, et c'est de l'arrivée plus prompte ou plus tardive d'une carte semblable à celle qu'il s'est donnée, que dépendent la perte et le gain de tous les joueurs intéressés dans la partie.

Quand le coupeur, qui a la main, donne une carte droite double à l'un des coupeurs, c'est à dire une carte de même espèce que celle qu'il a déjà donnée à un autre coupeur, il gagne la somme convenue que celui-ci a du mettre sur sa carte ; mais il est obligé de tenir deux fois cette somme sur la carte double.

Pareillement, lorsque le coupeur qui a la main, donne une carte droite triple à l'un des coupeurs, c'est à dire une carte de même espèce que celles qu'il a données auparavant à deux autres coupeurs, lesquelles formaient la carte double dont on a parlé précédemment, il gagne ce qu'on a du jouer sur cette carte double ; mais il est tenu de mettre quatre fois la somme convenue, qu'on appelle autrement le fonds du jeu, sur la carte triple.

S'il arrive que le coupeur, qui a la main, donne une carte droite quadruple à l'un des coupeurs, il reprend ce qu'il a mis sur ses cartes droites simples ou doubles, s'il s'en trouve au jeu, mais il perd ce qui est sur la carte triple, et il quitte à l'instant la main, sans donner aucune autre carte.

Enfin, si la carte quadruple que tire le coupeur qui a la main, est pour lui, il gagne tout ce qu'il y a sur les cartes des autres coupeurs, et sans donner d'autres cartes, il recommence la main.

Nous ferons observer que s'il arrive que la carte de la

réjouissance soit quadruple, cette chance ne va pas, et chacun retire l'argent qu'il y a mis.

Il faut encore remarquer que, quand la carte d'un coupeur vient à être prise, il doit payer le fonds du jeu à chacun des autres coupeurs qui ont une carte devant eux; c'est ce qu'on appelle *arroser :* mais dans ce cas le perdant ne paye pas plus aux cartes doubles ou triples, qu'aux cartes simples.

Toutes les fois que le coupeur qui a la main, amène une carte semblable à quelqu'une de celles qu'il a déjà tirées, il gagne ce qu'on a joué sur la carte tirée la première. Mais si, avant d'amener des cartes semblables à celles qu'il a déjà tirées, il amène la sienne, il perd tout ce que les pontes ou carabins ont mis sur les différentes cartes qu'on a pu tirer jusqu'alors.

Supposons, par exemple, que la carte du coupeur soit un as, et qu'il y ait d'ailleurs sur le tapis un six, un sept, un valet, etc., chargés de l'argent des carabins ; si quelqu'une de ces dernières cartes arrive avant l'as, le coupeur gagne ce qu'on y a mis : mais si l'as est amené auparavant, le coupeur est obligé de doubler au profit des carabins, l'argent qui se trouve sur ces mêmes cartes.

On conçoit par ce qui vient d'être dit, que la partie ne finit que quand le coupeur a retourné une carte semblable à la sienne. Par conséquent s'il arrivait que dans le cours de la partie, il retournât les douze cartes qui diffèrent de la sienne, et qu'ensuite il retournât les douze autres semblables à celles-là, il ferait ce qu'on appelle *main pleine* ou *opéra*, car il gagnerait tout ce que les carabins auraient joué dans cette partie ; mais si, après avoir retourné les douze cartes qui diffèrent de la sienne, il en retournait une semblable à cette dernière, il serait tenu de doubler au profit des carabins, tout ce qu'il aurait joué sur ces douze cartes, et il éprouverait ce qu'on appelle un *coupegorge*.

Si la carte du coupeur se trouve double, c'est à dire si ce sont deux valets, deux sept, deux cinq, etc., il ne va en ce cas que la réjouissance; et le fonds du jeu qui se trouve sur les cartes droites : il faut, pour que les carabins puissent en pareille circonstance jouer sans désavantage, qu'il y ait sur le tapis d'autres cartes doubles que celle du coupeur ; autrement il y aurait de l'inégalité dans les risques ; puisqu'il serait probable que n'y ayant plus dans le jeu que deux cartes semblables à celle du coupeur, elles viendraient plus tard que celles qui seraient au nombre de trois.

Il peut encore arriver que la carte du coupeur soit triple, c'est-à-dire qu'elle soit composée de trois cartes semblables, comme trois dames, trois six, etc.; il ne va pareillement alors que la réjouissance et le fonds du jeu qui est sur les cartes droites ; il faut en ce cas, avant que les carabins puis jouer, qu'il soit venu d'autres cartes triples pour établir l'égalité des risques.

On joue au lansquenet les partis : ces partis consistent à mettre trois contre deux, quand on joue avec carte double contre carte simple, ou deux contre un, si l'on joue avec carte triple contre carte double ; ou enfin trois contre un, lorsqu'on joue avec carte triple contre carte simple.

Comme il y a de l'avantage à tenir la main, le coupeur qui taille a le droit de la conserver chaque fois qu'il lui arrive de gagner les cartes droites des différents coupeurs, quand même il n'en gagnerait aucune.

Nous ne nous étendrons pas davantage sur ce jeu, attendu qu'il ne se joue plus. Il fut défendu autrefois, parce qu'il pouvait donner lieu à beaucoup de friponneries.

LINDOR ou NAIN JAUNE (jeu de). Voy. *Nain jaune.*

LONGUE PAUME (jeu de la). Sorte de jeu d'exercice qui consiste particulièrement à pousser et repousser une balle avec certains battoirs. On a coutume de jouer à ce jeu au grand air, dans quelque rue longue et large, ou dans une longue allée d'arbres. Il importe fort que le terrain sur lequel on s'exerce à la longue paume soit uni ou bien pavé, parce qu'autrement il serait dangereux de se blesser par quelque faux pas, en courant à la balle.

Les joueurs sont ordinairement trois contre trois, ou quatre contre quatre, ou cinq contre cinq. Ils peuvent aussi être deux contre deux.

Il faut, pour jouer à la *longue paume*, un grand toit de planches adossé à un mur, ou soutenu par quatre piliers, si le jeu est établi dans une allée d'arbres ou dans un pâtis.

Ce toit est garni par le bas et du côté du joueur, qui tient la passe, d'une planche d'environ douze à quatorze pouces, placée droite sur le côté, percée dans le milieu, et à quatre doigts du toit : elle est soutenue par derrière avec un bâton de deux ou trois pouces de tour, qui s'élève d'ailleurs au dessus de la planche d'environ deux pieds. Ce bâton est ce qu'on appelle, en termes de jeu, la *passe*.

Les raquettes ne sont pas en usage à la *longue paume* : on y emploie des battoirs pour chasser et renvoyer la balle.

Le battoir est un instrument rond ou carré par un bout, garni d'un long manche, et toujours recouvert d'un parchemin fort dur.

Il ne faut pas moins d'adresse à la *longue paume* pour jouer une balle qu'à la courte : la première exige plus d'agilité que la seconde.

A la courte paume, on sert avec la raquette, mais à la *longue paume*, on se sert avec la main et non avec le battoir.

Les parties sont de trois, quatre ou cinq jeux, et quelquefois de six, suivant la convention des joueurs.

Chaque jeu est, comme à la courte paume, divisé en soixante points : ou quatre quinze.

On fait indiquer par le sort le joueur qui tiendra le toit.

Il est avantageux d'avoir au jeu un serveur qui ait le bras fort, afin qu'en jetant la balle avec raideur, ceux du parti contraire ne puissent l'atteindre, auquel cas ils perdent quinze.

Lorsque la balle qu'on sert passe sur la planche et au dessus de la *passe*, le parti du serveur perd quinze; au lieu que quand ce serveur fait passer la balle dans le trou pratiqué dans la planche, il gagne quinze.

Quand on ne pousse pas la balle jusqu'au jeu, on perd quinze au profit des adversaires. Les chasses à la *longue paume* se marquent à l'endroit où s'arrête la balle, et non où d'abord elle a frappé.

On marque quinze en faveur du joueur qui gagne une *chasse* (1), et en faveur de ses adversaires, quand il la perd. C'est ce qu'on exprime en disant, *la balle la gagne*, ou *la balle la perd*, ce qui signifie que le joueur a gagné ou perdu la chasse.

Lorsqu'une balle qu'on a poussée du toit est envoyée au delà du jeu, le côté de celui qui a renvoyé cette balle gagne quinze.

Lorsqu'un joueur touche, de quelque manière que ce soit, une balle poussée par un autre joueur de son parti, les adversaires gagnent quinze.

Si l'un des joueurs qui sont au renvoi, repousse une balle des adversaires, il est permis à ceux-ci de la renvoyer ou de l'arrêter avec le battoir, pour empêcher qu'elle ne passe le jeu du côté du toit, et faire que la chasse soit plus longue.

Toute balle poussée hors des limites du jeu, fait perdre quinze au joueur qui l'a poussée.

Quand une balle tombe à terre, on peut valablement la prendre au premier bond, mais jamais au second pour la renvoyer. Voy. PAUME.

LOTERIE (jeu de la). Ce jeu, qu'il ne faut point assimiler à la loterie royale de France, est très amusant, par cela seul qu'il n'exige pas une grande tension d'esprit. Le nombre des joueurs n'est point borné; on le joue à dix ou douze, et même davantage si l'on veut, et au moins à quatre ou cinq personnes.

On emploie, pour ce jeu, deux jeux de cartes entiers; l'un sert pour faire les lots de la loterie, et l'autre les billets.

Chacun des joueurs prend un certain nombre de jetons, plus ou moins, et qu'il fait valoir ce qu'il veut.

Les conventions faites, chacun donne les jetons qu'il a pour sa prise; et le tout mis ensemble dans une boîte ou bourse au milieu de la table, compose le fonds de la loterie,

(1) On appelle *chasse* le lieu du jeu où la balle s'arrête, et au delà duquel il faut pousser une autre balle, en jouant la chasse, pour gagner quinze.

Chacun étant rangé autour de la table, deux des joueurs prennent un jeu de cartes; il importe peu à qui donnera, car il n'y a nul avantage d'être premier ou dernier.

Après avoir bien battu les cartes et fait couper par les joueurs de la gauche qui ont les jeux de cartes, un des joueurs distribue de l'un des jeux une carte à chaque joueur; toutes ces cartes doivent rester couvertes, et on les appelle les *lots*; ces lots ainsi étalés sur la table, chacun est libre d'y mettre le nombre de jetons que bon lui semble, en observant surtout qu'il y en ait de plus gros les uns que les autres, et d'en mettre d'égaux le moins qu'on le pourra.

Les lots ainsi taxés, celui qui a l'autre jeu de cartes en distribue à chacun une; on appelle celles-là les *billets*.

Chacun ayant pris sa carte, on tourne les lots; et pour lors chaque joueur regarde si sa carte est conforme à quelque carte de celles qui composent les lots; c'est à dire que s'il retournait un valet de trèfle, une dame de cœur, un as de pique, un huit de trèfle, un six de carreau, un quatre de cœur, un trois de pique, et un deux de carreau, qui seraient les lots, celui ou ceux qui auraient leur carte pareille à une de celles-là, emporteraient le lot marqué sur ladite carte.

Après quoi chaque joueur qui tient les cartes ramasse celles qui sont de son jeu, et recommence, après avoir mêlé de nouveau, à les distribuer comme auparavant; on étale les lots de même, et on les tire avec les billets, ainsi qu'on vient de l'enseigner.

Les lots qui n'ont pas été tirés restent, et sont ajoutés au fonds de la loterie.

Cette manœuvre dure jusqu'à ce que le fonds de la loterie soit entièrement tiré; après quoi chacun regarde ce qu'il gagne, et le retire avec l'argent de la prise, dont le joueur qui tire la loterie doit répondre.

Lorsque la partie dure trop, au lieu de ne donner qu'une carte par billet à chaque joueur, on en donne deux ou trois ou quatre à chacun, l'une après l'autre, suivant qu'on veut faire durer la partie : la grosseur des lots contribue beaucoup aussi à faire finir bientôt une partie.

LOTO (jeu de). Qui ne connaît le jeu de loto, qui s'apprend et se joue dans le même instant? Il n'est autre chose que la loterie ordinaire, où le quine est le gros lot; avec cette seule différence qu'au loto le quine seul est gagnant, et qu'à la loterie on peut jouer indistinctement sur plusieurs numéros, et faire différentes mises de fonds, qui doivent rapporter plus ou moins, suivant la sortie des numéros. Ce jeu fait les récréations ordinaires des bonnes, des enfants, des vieilles personnes, et surtout des individus que le ciel n'a pas favorisés d'une intelligence très étendue.

MAIL (jeu du). Ce jeu, qui est beaucoup en vogue dans les départements méridionaux, comporte deux sortes de règles :
1° Les unes sur la manière de bien jouer.
2° Les autres pour décider les divers évènements qu peuvent arriver à ce jeu.

La manière de bien jouer dépend d'une espèce de gymnastique, dans laquelle il n'est pas donné à tout le monde de pouvoir réussir, et qui ne peut guère s'obtenir qu'avec le temps, l'expérience et des dispositions naturelles; ce qui n'est point du ressort de notre ouvrage.

Quant à la seconde partie, concernant les évènements du jeu et les règles qu'on y doit suivre, elle rentre naturellement dans notre cadre; et c'est de cette dernière que nous allons nous occuper.

Règles générales.

1. Il y a quatre manières de jouer au mail: au *rouet*, en *partie*, aux *grands coups*, et à la *chicane*.

2. Jouer au *rouet*, c'est quand chacun joue pour soi et par tête, un seul en ce cas passant au pair, ou au plus quand il se trouve en ordre, gagne le prix dont on était convenu pour la passe.

3. On joue en *partie*, quand plusieurs se mettent d'un côté pour jouer avec d'autres d'égales forces en pareil nombre; et si le nombre est inégal, on peut faire jouer deux boules à un seul d'un côté, jusqu'à ce qu'un autre joueur survienne pour remplir la place vacante.

4. Aux *grands coups*, c'est quand deux ou plusieurs jouent à qui poussera plus loin, et quand l'un est plus fort que l'autre, le plus faible demande avantage, soit par distance d'arbres, soit par distance de pas.

5. Pour ce qui est de la *chicane*, on y joue en pleine campagne, dans des allées, des chemins, et partout où l'on se rencontre ; on débute ordinairement par une volée, après quoi l'on doit jouer la boule en quelque lieu pierreux ou embarrassé qu'elle se trouve, et on finit la partie en touchant un arbre ou une pierre marquée qui sert de but, ou en passant par certains détroits dont on sera convenu, et celui dont la boule qui aura franchi ce but sera la plus loin, supposé que les joueurs de part et d'autre soient du pair au plus, aura gagné.

6. A quelques unes de ces quatre manières, on doit convenir avant le début de ce que l'on joue.

7. Personne ne doit se promener dans le mail quand on joue, à cause des accidents qui pourraient arriver.

8. Il faut être au moins à cent pas de distance pour ne pas blesser ceux qui sont devant, et crier toujours *gare* avant que de jouer.

9. Ceux qui dans un jeu régulier ne sont ni de rouet, ni d'aucune partie, ni des grands coups, ne doivent pousser qu'une boule, afin de ne point incommoder les autres.

10. Quiconque jouant manque tout à fait sa boule, ce que l'on appelle faire une *pirouette*, perd un coup. Lorsque le mail se casse en rabattant ou qu'il se démanche, si la masse passe la boule, le coup perdu est compté ; mais si la masse demeure derrière, le coup est nul, et le joueur recommence sans rien perdre.

11. Si l'on fait un faux coup, ou que l'on soit arrêté en quelque sorte que ce puisse être, par la faute de ceux avec qui l'on joue ou du porte-lève, l'on pourra recommencer en quelque endroit du jeu que ce soit ; mais toutes autres personnes, animaux ou rencontres, seront comme une pierre au jeu.

12. L'on ne pourra en aucun lieu défendre les boules de

ceux avec qui on joue, ni celles qui viendront à se heurter quand elles sont roulantes, si ce n'est qu'on les ait défendues pour le grand coup.

13. On peut mettre sa boule en beau pour jouer où on l'a trouvée, sans néanmoins l'avancer ni la reculer, que ce ne soit de l'agrément des joueurs.

14. Qui jouera une boule étrangère ne perdra rien et pourra jouer la sienne quand il la trouvera ; mais celui qui jouera la boule de quelqu'un de sa compagnie, perdra un coup pour sa méprise, et continuera à jouer du lieu où sera sa boule, en comptant le coup perdu ; et celui de qui il aura joué la boule sera tenu d'en jouer une autre de la place où la sienne était ; et si un étranger joue la boule d'un des joueurs de la partie, on la remet à peu près où on juge qu'elle était.

15. S'il survenait des différents pour des coups, ou des hasards imprévus, on peut s'en rapporter au maître du jeu ou à des personnes présentes qui en aient quelque expérience, pour en passer sur le champ par leur avis.

Du début. 1. Le début est le premier coup que chacun joue à toutes les passes que l'on fait.

2. On peut mettre du sable, de petites pierres, une carte roulée ou un morceau de bois pour élever sa boule tant qu'on veut quand on débute.

3. Qui a une fois débuté pour être de la passe ou d'une partie, ne pourra plus se retirer sans payer ce qu'on jouait, si ce n'est du consentement des joueurs.

4. Quand la boule de quelqu'un sort au début, il peut rentrer la première fois pour deux, en jouant une seconde boule; et si elle venait à sortir encore, il ne peut plus rentrer de lui-même, mais par la permission des joueurs; et sa deuxième rentrée, qui est la troisième boule, lui coûte quatre passes : s'il rentrait pour une quatrième boule, il lui en coûterait huit, et ainsi du reste, en doublant toujours.

5. Quand le jeu du rouet est commencé, et qu'un de ceux qui en est a gâté son jeu pour avoir manqué, ou être sorti et rentré en doublant les mises, il peut refuser un surve-

nant de se mettre de la partie, en attendant que la passe ait été finie.

6. Ceux qui portent au plus loin coup, ou à un certain arbre, doivent aller au moins jusqu'aux cent pas du début des deux côtés, autrement ils ne peuvent plus prendre leur avantage.

7. Quiconque, en débutant, aura mal joué sans sortir, de sorte qu'il ne puisse y aller en trois, ou en quatre, suivant que tous les autres y iront, il ne pourra rentrer pour deux, si les joueurs ne le veulent.

8. Quand le rouet a commencé, ou est à un début, ceux qui se présentent pour en être doivent s'informer de ce que l'on joue, afin que personne ne puisse faire de mauvaise contestation là-dessus.

Des grands coups. 1. Celui qui jouera au grand coup en quelque lieu que ce soit, ayant du consentement de son adversaire défendu toutes sortes de hasards, s'il en survient quelqu'un, le coup sera nul.

2. Si le premier jouant au grand coup n'a rien défendu, celui qui joue après ne peut défendre.

3. Lorsque celui qui joue le second, au grand coup, rencontre la boule du premier, quand elle n'aurait fait que la toucher, cela suffit pour faire dire qu'elle a gagné, quand elle serait restée en arrière.

4. Une boule sortie peut gagner encore le grand coup si elle est allée plus loin, quoique hors du jeu, en la remettant vis-à-vis d'où elle sera trouvée.

5. Aux grands coups, comme au rouet et en partie, ceux qui touchent aux ais ou aux murailles, ne peuvent plus rien défendre, et courent le risque de tous les hasards.

Des boules sorties, arrêtées, poussées, perdues, changées, cassées et défendues. 1. Toute boule roulante qui en rencontre une arrêtée dans les cinquante pas du début, ou à vingt-cinq pas des autres coups, court le hasard de la rencontre, si elle n'a été défendue avant que d'être jouée. Mais cette défense n'aura pas lieu, si la boule roulante touche les ais ou les murailles avant que de rencontrer la boule.

2. Les cinquante et vingt-cinq pas se mesurent de l'endroit où l'on aura joué, à celui où la boule aura rencontré l'autre ; passé ces distances, il n'y a plus rien à défendre ; si ce n'est aux grands coups, encore faut-il que les joueurs en soient convenus auparavant.

3. Qui sortira, perdra un coup, pour jouer sa boule dans le mail vis à vis de l'endroit où elle sera trouvée.

4. Une boule qui sera passée par un trou des égouts faits exprès pour faire écouler les eaux du jeu, ne sera pas réputée sortie, et on la remettra dans le jeu vis à vis, sans rien perdre.

5. Boule fendue ou collée, une fois défendue, sert à toute une séance d'entre mêmes joueurs, et si elle vient à s'éclater, le coup est nul, et celui à qui elle était en joue une autre.

6. Si une boule non fendue se casse, qu'un morceau vienne à sortir, et l'autre demeure dans le jeu, il sera libre à celui qui l'aura jouée, de prendre ce dernier pour continuer la partie, et jouer une autre boule à sa place ; mais si tous les morceaux étaient dehors, le joueur perd un coup pour rentrer.

7. Si une boule arrêtée est avancée ou reculée par quelque hasard que ce soit, et que des gens de bonne foi le disent, on pourra les croire, et la remettre à peu près où elle était.

8. Celui dont la boule sortira au second coup, pourra rentrer pour une autre passe, de l'aveu des joueurs, en rejoint d'où il était : il abandonne en ce cas sa première passe, qui ne peut plus être pour lui, quand il gagnerait la courante ; mais cette passe abandonnée sera pour toute autre qui s'en avisera le premier, en gagnant une passe suivante.

9. Une boule sortie au troisième ou quatrième coup, le joueur ne pourra plus rentrer, et doit finir la partie comme il se trouvera.

10. Celui à qui on a changé la boule, peut jouer celle qu'il a trouvée à la place de la sienne.

11. Boule dérobée, met celui à qui elle était hors de la par-

tie, excepté celle dont il était rentré pour deux, ou en place une autre pour lui où il plait à la compagnie ; ce qui n'est qu'une tolérance.

Du tournant, du rapport et de l'ajustement. 1. Quand un joueur a sa boule dans le tournant, il ne lui est pas libre de s'élargir ; mais il doit jouer du lieu où sera alors sa boule, sur la ligne droite et de niveau des ais au tambour.

2. On dit *être tourné*, quand on a passé la ligne des ais vis à vis le tambour ; *et être en vue*, quand de l'endroit où est sa boule, on voit en plein l'archet de la passe.

3. Pour s'ajuster au troisième ou quatrième coup, il doit toujours être joué du mail, et jamais en aucun cas, il ne le peut être de la lève, laquelle ne sert que pour tirer la passe.

4. Quand on joue en trois coups de mail, si quelqu'un plus fort que les autres, allait en passe ou approchant en deux ; ou bien s'il y allait en trois coups, quand on est convenu d'y aller en quatre, il doit alors rapporter sa boule aux cinquante pas, à compter de la pierre, pour jouer son coup d'ajustement avec le mail.

5. Celui dont la boule est allée le plus avant vers la passe est obligé de la rapporter le premier, et de jouer son coup d'ajustement des cinquante pas, et ainsi des autres de même suite.

De la passe. 1. Ceux qui arriveront les premiers à la passe, l'achèveront avant que d'autres joueurs qui les suivent puissent les interrompre, étant des règles de la bienséance d'attendre, afin que chacun puisse jouer à son tour, sans être empêché ni incommodé.

2. Toute boule qui tient de la pierre est en passe, et celle qui tient du fer est derrière.

3. Qui passe à son troisième coup est derrière, et doit revenir à son rang ; il en est de même pour celui qui passe au quatrième, quand on joue en quatre coups de mail.

4. Si, jouant en trois coups, l'on est poussé par une ou plusieurs boules du jeu, qui depuis le premier ou le second coup vous mènent jusqu'en passe, non seulement celui qui aura été poussé ne rapportera pas au cinquante ; mais s'il se

trouvait si avant que d'autres de la partie vinssent à tirer et passer dans leur ordre, ou à deux de plus de celui qui aurait été si heureusement avancé, il pourra alors tirer la passe, non avec son mail, mais avec sa levée du milieu où il se trouvera comme obligé ; autrement l'avantage d'avoir été poussé si avant lui demeurerait inutile.

5. Et si personne n'ayant passé, quelqu'un des autres joueurs se trouve avant lui plus près du fer, il peut faire deux choses : l'une ou s'ajuster du mail sur les plus avancés, pour tirer avant ou après eux, suivant son ordre, ou tirer la passe avec la levée du lieu où il sera, auquel cas il ne le fera que comme s'il était à son ordre.

6. Quand on est arrivé vers la passe, le premier qui y tire peut faire dresser le fer, s'il n'était pas bien droit et à plomb ; mais si quelqu'un était à côté du fer qui eût de la peine à pouvoir passer, on doit en ce cas laisser l'archet comme il est à cause du hasard ; et si celui qui se trouve incommodé, y touche de son autorité privée, sans l'avoir demandé à ses compagnons, on doit l'obliger de rigueur à le faire remettre comme il était, ou bien comme la compagnie le jugera à propos.

7. Il n'est pas permis de biller la boule de sa partie, ni de se mettre devant elle et joignant, quand on revient de derrière, à moins qu'on ne joue sa boule de l'endroit où elle s'est trouvée.

8. Pour juger si une boule tient du fer, il faut passer un fil entre la boule et les deux montants de l'archet qui sera à plomb ; si le fil touche tant soit peu la boule, elle est réputée derrière, ce qui sera mesuré par le porte-lève, ou par toute autre personne désintéressée.

9. Qui tire au surplus sur un qui est au pair, ne peut plus revenir, à moins qu'ils ne soient les deux derniers joueurs qui restent, et alors son retour est de peu de conséquence ; mais celui qui tire au pair, et revient au plus, a encore quelque ressource.

10. L'on ne peut revenir de derrière, que tous les autres

joueurs ne soient venus à la pierre de passe, et le plus éloigné du point du milieu du fer, doit revenir le premier.

11. Quand quelqu'un est en passe, s'il voulait s'ajuster pour se mettre en beau au milieu du jeu, il faut qu'il prenne garde à ne pas s'éloigner du fer plus qu'il était, parce qu'il perdrait son coup, et par conséquent la passe.

12. Un joueur voulant passer, s'il se trouve une boule étrangère devant ou derrière la sienne qui le gêne et l'incommode, il peut l'ôter sans hésiter; mais si c'est une boule de joueurs, elle doit demeurer où elle se trouve, et telle qu'elle est, quand ce serait un tabacan, pourvu qu'elle n'eût pas été remuée par celui à qui elle est ; car s'il l'avait touchée pour y mettre sa boule de passe, il la doit laisser.

13. Qui a été pour deux ou pour plusieurs du coup du début, profite de tout s'il gagne la passe; mais s'il est rentré au second, il pourra bien gagner la passe des autres, et se sauver même pour la dernière. Mais pour la première qu'il abandonne, elle est absolument perdue pour lui, et elle appartient à celui qui gagne la passe suivante, s'il se souvient de la demander.

14. Quand celui qui a gagné la passe débute sans avoir demandé auparavant si quelqu'un était pour deux, il perd cette passe oubliée, et *on l'envoie*, comme on dit communément, *à Avignon*; cette même passe se trouve donc alors encore suspendue ou réservée pour celui qui gagnera la passe suivante, pourvu qu'il n'oublie pas de la demander.

15. Si quelqu'un est pour deux ou pour plusieurs du début, et que l'on fasse sauve avec lui, sans s'expliquer pour combien, il ne sera régulièrement sauvé que pour une passe; car pour être sauvé du total, il faut s'en être auparavant expliqué.

16. Celui qui aura sauvé un de la troupe, et qui viendra à partager les passes avec un autre, sans tirer, prendra dans son lot celui qu'il aura sauvé.

17. Qui passe au pair, ou au plus, gagne, et qui passe à **deux** de plus, oblige, c'est à dire qu'il gagne, si celui qui

joué resté à un de plus après lui, manque à passer; et si ce dernier passe, il gagne tout.

18. Il faut avoir affranchi le fer par dedans pour avoir passé, et si, comme il arrive quelquefois, la boule frappant le fer passait, et revenait en pirouettant en deçà du fer, elle ne laisserait pas d'avoir gagné, comme étant une fois passée, par la même raison qu'une boule ayant été derrière, reviendrait en avant du fer par la force du coup, ou autrement; on la doit remettre derrière aussi loin qu'elle serait trouvée revenue devant.

19. Qui tire au pair ou au plus à la passe, et rencontre une boule, la mettant derrière, elle y est mise.

20. Qui passe de la lève, voulant s'ajuster au pair ou au plus, sera réputé derrière, et ne gagnera pas, à moins qu'il n'ait joué précisément du lieu où était sa boule. C'est pourquoi, quand on veut faire ce coup, il est toujours bon d'avertir qu'on joue pour passer, ou pour se mettre sous les fers.

21. Si quelqu'un, en tirant à la passe, fait passer une autre boule avant la sienne, la première passée gagne, pourvu qu'elle soit en son ordre du pair ou du plus; car si, par exemple, elle était à deux de plus, et que celle qui l'aurait fait passer passât aussi la dernière, celle-ci gagnerait comme obligée de passer à reste un de plus l'autre.

22. Pour biller une boule que l'on veut mettre derrière, et passer, il ne faut point porter la lève jusque sur l'autre boule pour la pousser en traînant, ce qui s'appelle *billarder*; mais on doit jouer franchement sa boule pour aller chasser l'autre, sans l'aide de la lève, et qui fait autrement perd la passe; mais si les boules se joignent de manière qu'on ne puisse jouer qu'en les poussant toutes deux ensemble avec la lève, le coup alors sera bon.

23. Qui se trouve à trois de plus, n'a que faire de tirer, parce qu'il n'en est plus.

24. Quand on est proche de la passe et à côté du fer, ce qu'on dit être *la place au niais*, il faut passer de la lève en droite ligne, sans baisser ni tourner la main, et sans porter la

lève dans l'archet en *crochetant*, comme on dit : car alors on triche, et l'on doit perdre la passe.

25. Celui à qui par trop d'ardeur ou autrement, la boule de passe échappe de la lève sans la jouer, perd un coup.

26. Si la boule de passe sortait par le bout du mail sans avoir passé, elle ne serait pas censée sortie, et le joueur pourrait revenir, s'il était encore en état pour cela.

27. Qui lève sa boule croyant être seul sur le jeu, et avoir gagné, ne perd pas son coup, mais il doit remettre sa boule où elle était, et jouer à son ordre pour finir la partie avec celui qui reste, parce qu'on excuse facilement la bonne foi de ceux qui ne s'aperçoivent pas quelquefois d'une boule qui est écartée, ce à quoi pourtant tout bon joueur doit bien prendre garde.

28. De même manière, si un joueur passant à deux de plus, et ne faisant qu'obliger un qui jouerait, reste à un après lui, celui-ci, croyant que l'autre était en ordre, viendrait à lever imprudemment sa boule, il ne doit pas perdre pour cela son coup, parce qu'il est censé dans la bonne foi, et on doit lui permettre de tirer son coup.

De la partie. 1. Ceux qui jouent en partie liée ne peuvent point entrer au début ni à aucun autre coup.

2. Ils peuvent nuire en tout et partout à ceux du parti contraire, et aider aussi à ceux qui sont de leur côté, les pousser même jusqu'à la passe, s'il était possible, pour les faire gagner, pourvu que ce soit dans les bonnes formes et surtout sans tricherie.

3. La boule qui incommodera quelqu'un du même côté, pourra être levée, afin qu'il puisse tirer à la passe sans gêne, mais dès lors elle ne sera plus de jeu.

4. En partie liée, comme au rouet, il n'y a que les deux derniers qui puissent revenir l'un contre l'autre pour clore la passe, si toutefois ils sont en ordre.

5. Une partie commencée ne doit se rompre que du consentement des joueurs, autrement celui qui la quitte la perd, et sera tenu de payer ce que l'on jouait.

MANILLE.

MANILLE (jeu de la). Ce jeu fut celui qui fit le premier divertissement de Louis XV. Il a passé de mode comme bien d'autres jeux: cependant nous croyons devoir en donner ici un léger aperçu.

L'enjeu ordinaire est de neuf fiches qui valent 10 jetons chacune, et de 10 jetons: ce qui fait en tout 100 jetons. L'on peut à ce jeu perdre fort bien 2 ou 3000 jetons.

Le jeu doit être entier; et l'on y peut jouer depuis deux personnes jusqu'à cinq; le jeu à deux n'est pas si agréable qu'à trois et au dessus.

Comme il y a de l'avantage à être premier à ce jeu, on voit à qui fera, et celui sur qui le sort tombe prend les cartes, les mêle et les donne à couper à celui de sa gauche, après quoi il les distribue trois à trois, ou quatre à quatre, et partage ainsi toutes les cartes entre les joueurs, de manière que si c'est à deux personnes que l'on joue, elles en auront chacune vingt-six; si c'est à trois, dix-sept, et il en restera une; à quatre, treize, et à cinq, dix, et il en restera deux. Il faut remarquer que celles qui restent demeurent sur le tapis sans être vues.

La principale carte de ce jeu est le neuf de carreau, et on l'appelle par excellence la *manille*; on la fait valoir pour telle carte que l'on veut, quand on joue les cartes; ainsi elle passe pour roi, dame ou valet, dix, et ainsi des autres cartes inférieures, comme il plaît à celui qui la porte en main; il y a de la prudence à faire valoir cette carte à propos, comme on le verra dans la suite.

Les cartes données, chaque joueur les range de suite dans l'ordre qui leur est naturel; savoir, l'as qui n'est compté que pour un; les deux, trois, quatre, et le reste en montant jusqu'au roi, et lorsque chacun a son jeu, le premier commence à jouer par telle carte de son jeu qu'il veut; mais il faut observer qu'il est de l'avantage de ce jeu de commencer par celles dont on a plus de cartes de suite, comme par exemple, supposé que depuis six il ait des cartes qui se suivent jusqu'au roi, il les jette l'une après, en disant six, sept, huit, neuf, dix, valet, dame et roi; mais s'il y manquait une de ces cartes, par exemple si c'était un neuf, le joueur dirait, six, sept, huit sans neuf ; si c'était le dix qui manquât, il dirait neuf sans dix, et ainsi des autres ; le joueur d'après qui aurait la carte dont l'autre manquerait, continuerait, en la jetant, et dirait ainsi que l'autre jusqu'à ce qu'il manquât de quelque nombre de suite, ou qu'il eût poussé jusqu'au roi, auquel cas il recommencerait par telle carte de son jeu que bon lui semblerait.

Observez qu'il n'importe pas de quelle couleur que soient les cartes, pourvu qu'elles soient de suite : lorsque le joueur qui vient après celui qui a dit huit sans neuf, ou d'une autre carte, n'aurait pas le nombre manquant ; cela irait à celui de sa droite, qui pourrait encore ne pas l'avoir ; enfin celui qui l'a le premier continue à jouer son jeu ; et si aucun des joueurs ne l'avait pas, comme il arrive quelquefois, celui qui a dit le premier huit sans neuf, ou d'une autre carte, reçoit un jeton de chaque joueur, et recommence à jouer par telle carte que bon lui semble.

Il est important à ce jeu de songer à se défaire autant qu'on peut de ses plus hautes en points, comme de toutes les peintures qui valent dix chacune, des dix, des neuf, et autres cartes des grands nombres, parce qu'on doit donner à celui qui gagne, autant de jetons qu'on se trouve de points dans les cartes que l'on a dans son jeu à la fin du coup.

Ceux qui veulent jouer petit jeu, ne donnent de jetons qu'autant qu'il reste de cartes.

Il est aussi avantageux de se défaire des as, parce que si l'on attend trop tard il est difficile de se remettre dedans, à moins que l'on n'ait quelque roi pour reuter : observez que celui qui pousse jusqu'au roi, commence à jouer par telle carte qu'il veut.

On se souviendra donc que l'on fait valoir ce qu'on veut la *manille*, qui est le neuf de carreau ; elle est roi, dame, valet, quatre, cinq, et tout ce que celui qui l'a veut la faire valoir ; quand celui qui a la manille la joue, chacun doit lui donner une fiche, ou moins, si l'on est convenu ; s'il attend à la demande qu'elle soit couverte de quelque carte, il n'y est plus reçu, et c'est autant de perdu pour lui.

Celui qui ayant la *manille* ne s'en défait pas avant qu'un des joueurs ait gagné la partie, est obligé de donner une fiche ou moins, si l'on est convenu, à chaque joueur, et de payer outre cela à celui qui gagne, neuf jetons pour le nombre de points que contient la *manille*, ou bien un point, si l'on paye seulement un point par carte.

Celui qui a des rois, et qui les jette sur table en jouant son jeu, gagne un jeton de chaque joueur pour chaque roi joué. De même si ces rois lui restent, il paye pour chaque roi restant un jeton à chaque joueur, et dix jetons en gagnant pour chacun, si l'on paye par point.

Celui qui a le plus tôt joué ses cartes, gagne la partie, qui est une ou deux fiches que chaque joueur a mis dans un corbillon, outre les marques qu'il retire de chacun pour les cartes qui lui restant en main.

Il n'est pas permis, pour voir ce qu'on jouera, de regarder dans le tas de cartes qu'on a jetées sur le tapis, à peine de donner un jeton à chaque joueur, à qui il sera dû sitôt que la main du curieux aura touché les cartes; cette peine pourra n'avoir pas lieu, ou sera plus grande, si les joueurs en conviennent entre eux.

MARYLAND (jeu du). Ce jeu n'est autre que celui connu aujourd'hui sous le nom de boston. Voy. *Boston*.

MÉDIATEUR (jeu du). Sorte de jeu de cartes qui se joue entre quatre personnes avec un jeu entier, dont on a supprimé les dix, les neuf et les huit; ainsi il ne reste que quarante cartes.

Ce jeu qui demande une certaine étude pour l'apprendre, et ensuite pour le jouer, n'est plus d'usage aujourd'hui; c'est le wisth qui lui a succédé; ce qui nous dispense d'en établir ici les principes et les règles, que les curieux sont à même de connaître en consultant l'*Encyclop. méthod.*

MOUCHE (jeu de la). Ce jeu, dont on ne connaît ni l'origine ni l'étymologie, est un passetemps très agréable, les dimanches et les fêtes, pendant l'hiver, pour la petite bourgeoisie, qui s'y amuse à peu de frais, et charme de cette manière l'ennui d'une longue soirée.

On joue à ce jeu depuis trois jusqu'à six personnes, dans le premier cas, on se sert d'un piquet; plusieurs joueurs ôtent même les sept; dans le second, le jeu doit être composé de toutes les petites cartes, afin de fournir aux écarts qu'on est obligé d'y faire. En dernier résultat on augmente ou l'on diminue le nombre des cartes, en proportion du nombre des joueurs.

Comme c'est un avantage de jouer le premier, attendu qu'on joue par telle couleur qu'on veut, on voit à qui fera; après quoi chacun des joueurs prend un certain nombre de fiches et de jetons que l'on fait valoir plus ou moins, suivant les bénéfices que l'on ambitionne, ou les pertes que l'on redoute.

Celui donc qui mêle donne à chaque joueur et prend également pour lui cinq cartes, qu'il donne par deux et trois, ou par trois et deux; il retourne ensuite la carte de dessus le talon, qui est celle qui fait la triomphe, et qu'il laisse retournée sur le tapis.

Le premier à jouer, après avoir vu son jeu, est le maître de s'y tenir, ou de prendre une fois, seulement tel nombre de cartes qu'il veut jusqu'à cinq, et ainsi du second après le premier, et des autres.

Celui qui demande des cartes du talon est censé jouer. On peut aussi prendre, lorsqu'on a assez beau jeu sans aller à fond; de même l'on ne peut point demander des cartes lorsqu'on a mauvais jeu et qu'on ne veut pas jouer; ce qui arrive quelquefois à un joueur qui voit que devant lui il y en a qui se sont tenus à leurs cartes sans en demander, appréhendant qu'ayant mauvais jeu, il ne leur en vienne encore un de même, et qu'étant par conséquent forcés de jouer, ils ne fassent la *mouche*.

Celui qui jouant ne fait qu'une seule levée, fait la *mouche*, qui consiste en autant de marques qu'on est de joueurs, et que celui qui mêle met seul, et chacun à son tour.

Lorsqu'il y a plusieurs *mouches* faites sur un même coup, comme il arrive souvent, surtout lorsqu'on est cinq ou six joueurs, elles vout toutes à la fois, à moins que l'on ne convienne de les faire aller séparément ; mais comme il s'ensuit que celui qui mêle met toujours la mouche qui fait le jeu, par conséquent celui qui fait la mouche la fait d'autant de marques qu'il en va sur le jeu.

Celui qui n'a point de jeu à jouer, et n'a ni demandé des cartes du talon, ni joué sans prendre, met son jeu avec les écarts.

Celui qui veut jouer sans aller à fond dit seulement : *Je m'y tiens*, et il est censé jouer dès lors.

Chaque main qu'on lève vaut un jeton à celui qui la fait, et qui tire le jeu : quand la mouche est double, il en tire deux, et trois quand elle est triple, et ainsi du reste.

Si les cinq cartes qu'on donne d'abord à un joueur sont toutes d'une même couleur, c'est à dire cinq piques ou cinq trèfles, et ainsi des autres, quoique ces cartes ne soient point de la triomphe, celui qui les a gagne la mouche sans jouer ; et c'est ce jeu que l'on appelle la *mouche*.

Si plusieurs joueurs avaient ensemble la mouche, c'est à dire cinq cartes d'une même couleur, celui qui l'aurait de la couleur qui est triomphe, gagnerait par préférence aux autres, et ce serait celui qui aurait plus de points. A la mouche, on compte l'as, qui va immédiatement après le valet, pour dix points, les figures pour dix, et les autres cartes les points qu'elles marquent ; et si elles étaient égales en tout, la primauté gagnerait.

Celui qui a la *mouche* n'est pas obligé de dire, même quand on le lui demanderait, s'il la sauve ; mais si on le lui demande et qu'il dise oui ou non, il doit accuser juste.

Si après que celui qui a la mouche a dit : *Je m'y tiens*, c'est à dire qu'il n'écarte point de cartes pour en prendre d'autres, les autres *joueurs* vont leur train ordinaire.

Le premier qui a la mouche, lorsqu'il est question de jouer, montre ses cartes, lève tout ce qu'il y a au jeu, et gagne même toutes les mouches qui sont dues ; et ceux qui n'ont pas mis le jeu bas, c'est à dire qui jouent, font une mouche chacun de ce qui va sur le jeu, sans pour cela qu'il soit besoin de jouer : c'est pourquoi il est souvent de la prudence à ce

8.

jeu de demander à ceux qui se tiennent à leurs cartes, s'ils sauvent la mouche, et les observer alors, car la joie qu'ils en ont le fait souvent connaître.

Celui qui a la mouche n'est pas obligé de le dire; mais il est même de l'avantage de celui qui s'est tenu à ses cartes de laisser croire aux autres joueurs qu'il peut l'avoir : c'est pourquoi il faut, dans l'un et l'autre cas, ne rien répondre, parce que, quand on répond, il faut accuser juste, et il est avantageux à ceux qui jouent d'être seuls, afin d'être moins exposés à faire la mouche. Si cependant un joueur était bien assuré de son jeu, c'est à dire qu'il eût très beau jeu, il pourrait sauver la mouche, pour engager les autres à jouer; et faire faire par là des mouches à ceux qui joueraient et ne feraient point de levées.

Celui qui renonce fait la mouche d'autant de jetons qu'elle est grosse sur le jeu; de même celui qui, pouvant prendre sur une carte jouée, soit en mettant plus haut de la même couleur, soit en coupant ou surcoupant, ne le fait pas, fait aussi la mouche.

Qui serait surpris à tricher au jeu ou à reprendre des cartes de son écart, pour accommoder son jeu, ferait la mouche et ne jouerait plus.

Celui qui donne mal remêle; lorsque le jeu est faux, il ne vaut rien pour le coup, mais les précédents sont bons.

On ne doit jamais remêler pour une carte tournée, à cause des écarts.

NAIN JAUNE (jeu du). Sorte de jeu auquel on joue avec un tableau, et 52 cartes qui composent un jeu entier.

Le tableau représente dans le milieu un nain tenant à la main un sept de carreau; et il y a une carte figurée sur chacun des quatre coins du même tableau. Ces cartes sont le roi de cœur, la dame de pique, le valet de trèfle, et le dix de carreau.

Les joueurs doivent être au nombre de trois au moins et de huit au plus; on donne à chacun une certaine quantité de jetons qui ont une valeur convenue.

On fait indiquer par le sort du joueur qui doit faire : celui-ci bat les cartes, fait couper à sa gauche, et distribue ensuite à chaque joueur quinze cartes, trois à la fois : si ces joueurs ne sont qu'au nombre de trois, il reste alors sept cartes au talon.

Si les joueurs sont au nombre de quatre, on ne distribue que douze cartes à chacun, et il en reste quatre au talon.

S'ils sont au nombre de cinq, ils reçoivent chacun neuf cartes, et il en reste sept au talon.

S'il y a six joueurs, le nombre des cartes est de huit pour chacun, et il en reste quatre au talon.

S'ils sont au nombre de sept, ils doivent avoir chacun sept cartes, et il en reste trois au talon.

Enfin si les joueurs sont au nombre de huit, on ne donne à chacun que six cartes, et il en reste quatre au talon.

La distribution des cartes doit être précédée chaque fois de la mise au jeu, qui consiste à garnir le tableau de la manière suivante :

Chaque joueur met un jeton sur le dix de carreau ; deux sur le valet de trèfle ; trois jetons sur la dame de pique ; quatre jetons sur le roi de cœur, et cinq jetons sur le nain jaune, ou le sept de carreau.

La plus haute carte du jeu est le roi, et la plus basse est l'as : ainsi le roi emporte la dame ; la dame, le valet ; le valet, le dix ; le dix, le neuf, et ainsi de suite.

Chaque carte est comptée pour autant de points qu'elle en représente, et les figures chacune pour dix points.

Quand les cartes sont distribuées, le premier en cartes commence le jeu par telle de ses cartes qu'il juge à propos, en se proposant pour objet de se défaire de toutes les siennes avant que les autres joueurs, ses adversaires, se soient défaits des leurs. En général, il est avantageux de jouer d'abord les plus basses cartes : ainsi, en supposant que le premier en cartes ait dans son jeu un as, un deux, un trois, un quatre, et point de cinq, il jouera les quatre cartes qu'on vient de nommer, et dira sans cinq. Si le joueur qui est à la droite du premier, a un cinq, il le place ainsi que les autres cartes qu'il peut avoir de suite, jusqu'au roi. La levée appartient à celui qui a joué, en dernier lieu, la carte supérieure à celles que les autres ont jouées.

Le joueur qui a fait ainsi la levée, rejoue de nouveau la carte qu'il juge à propos, et s'arrête pareillement à la carte dont il n'a pas la suivante. La même marche continue jusqu'à ce qu'un des joueurs se soit défait de toutes ses cartes, et ait, par ce moyen, gagné le coup. Alors les autres joueurs étalent leurs cartes, et doivent chacun payer à celui qui s'est défait des siennes, un jeton pour chaque point que présentent les cartes qu'ils n'ont pu jouer.

Il faut observer qu'au jeu dont il s'agit il n'y a ni renonce, ni triomphe; ainsi on peut jouer sur une carte quelconque d'une couleur, la carte immédiatement supérieure d'une autre couleur. Par exemple, si vous jouez le cinq de carreau, je puis indifféremment le couvrir avec le six de pique, le six de cœur, etc.

Quand un joueur a dans la main une ou plusieurs des cartes que nous avons dit être figurées sur le tableau, il lui importe de s'en défaire le plus promptement que cela lui est possible. La raison en est que les jetons qui sont sur une de ces cartes lui appartiennent lorsqu'il parvient à la jouer, et qu'au contraire, si une belle carte lui reste dans la main, il fait une bête qui consiste en autant de jetons qu'il en aurait gagnés, s'il se fût défait de cette même carte.

Lorsqu'un joueur a son jeu disposé de manière qu'il peut se défaire de toutes ses cartes de suite, la première fois qu'il est en tour de jouer, il fait ce qu'on appelle *opéra*. Non seulement il tire, en ce cas, des autres joueurs, autant de jetons qu'ils ont de points entre les mains; mais il lève encore tout ce qui est sur le tableau.

Quand le coup est fini, c'est à dire quand un joueur s'est défait de toutes ses cartes, on garnit de nouveau le tableau pour le coup suivant, et les cartes se distribuent par le joueur placé à la droite de celui qui a donné le coup précédent.

PAMPHILE (jeu du). Ce jeu ne diffère de celui de la

mouche, qu'en ce que le *pamphile*, qui est ordinairement le *valet de trèfle*, est l'atout supérieur en toutes couleurs, et emporte le roi. Celui qui l'a dans son jeu reçoit de chaque joueur un jeton, plus ou moins, selon le jeu que l'on joue, et, pour lui éviter la peine de le demander, celui qui mêle les cartes est obligé de le mettre pour tous les autres, et ainsi chacun à son tour.

Si celui qui fait, en retournant la carte de dessus le talon, tourne le pamphile, il lui est libre alors de le mettre en la couleur dont il a le plus dans son jeu.

Si dans les cinq cartes qu'on donne aux joueurs, un d'eux se trouvait avoir avec *pamphile* dans son jeu quatre cœurs ou quatre piques, et ainsi des autres couleurs, et que la triomphe fût en l'une de ces couleurs, il ne serait pas censé avoir le lenturlu ou la *mouche*, étant absolument nécessaire d'avoir cinq piques ou cinq cœurs, et ainsi des autres, à moins que ce ne fût une convention faite entre les joueurs, avant d'entrer au jeu.

Les règles de ce jeu étant, vu ces exceptions, les mêmes que celles de la *Mouche*, nous croyons y devoir renvoyer. Voy. *Mouche* (jeu de la).

PAPILLON (le jeu du). Ce jeu presque inconnu à Paris, mais qui a quelque vogue dans les départements, se joue à trois et au plus à quatre personnes ; le jeu de cartes avec lequel on le joue doit être entier.

Après être convenu des tours que l'on veut jouer, taxé l'enjeu, qu'on a pris et réglé le jeu, on voit à qui fera ; comme c'est un désavantage de faire, c'est la plus basse carte qui décide du sort.

Celui qui mêle, après avoir fait couper à sa gauche, donne à chacun des joueurs, et prend pour lui trois cartes qu'il ne peut donner autrement qu'une à une, après quoi il étend sept cartes de suite du dessus du talon, et qui sont retournées, lorsque l'on joue à trois personnes ; manière la plus ordinaire de jouer à ce jeu ; et lorsqu'on le joue à quatre, il n'en étend que quatre sur le jeu, afin que les cartes se trouvent également justes.

Il y a un corbillon au milieu de la table dans lequel chacun en commençant met une fiche, plus ou moins, selon que l'on veut jouer gros jeu.

Celui qui est à la droite de celui qui a mêlé examine son jeu et voit si sur le tapis il n'y a pas quelque carte qui puisse convenir avec celles qu'il a.

Nous ferons observer qu'il n'y a que les rois, les dames et les valets, de même que les dix, qui sont sur le jeu et qui doivent être pris nécessairement par des cartes d'une même peinture, un roi par un roi, une dame par une dame, et ainsi des autres.

Nous remarquerons encore que plusieurs cartes de celles qui sont sur le tapis, ramassées ensemble, sont bonnes à prendre par une seule; par exemple, il y aurait sur le tapis un as, qui vaut en point, un quatre et un cinq, vous pouvez prendre ces trois cartes avec un seul dix que vous aurez dans votre jeu, si c'était à vous à jouer, et ainsi des autres cartes qu'on peut appareiller de la même façon, et c'est là où est la science du jeu, puisqu'on tire par là deux avantages; le premier, qu'on lève du jeu des cartes qui pourraient accommoder les autres joueurs; et le second, que l'on fait par là un plus grand nombre de cartes qui peuvent servir à gagner les cartes, pour lesquelles chacun paye ce dont on est convenu à celui qui le gagne.

Nous avons dit si c'était à vous à jouer, à cause que si vous n'étiez pas à jouer, celui qui serait à jouer devant vous pourrait prendre les cartes qui seraient sur jeu à votre préjudice, si elles s'accommodaient au sien.

Enfin, en règle générale, il faut avoir dans son jeu une carte, telle qu'elle puisse être, qui prenne lorsque c'est vous à prendre, pour lever une ou plusieurs cartes pour faire son nombre de celles qui sont sur le tapis, où par exemple, avec un huit, vous ne sauriez lever deux huit qui seraient sur jeu, mais un seulement, comme aussi vous pourriez avec un huit lever ou deux quatre, ou un cinq et un trois, ou un sept et un as, ou un six et un deux, qui font entre elles un pareil nombre.

On doit encore observer que, quoique l'on ait dans son jeu plusieurs cartes pareilles à celles qui sont sur le tapis, on ne peut cependant en jouer qu'une à chaque tour de son jeu, et chacun à son tour de même.

Celui dont le tour est de jouer, et qui ne peut point lever des cartes qui sont sur le tapis, n'en ayant point de semblables dans son jeu, ou ne pouvant point en apparailler, est obligé d'étendre les cartes qu'il a en main, et il met pour cela autant de jetons dans le corbillon qu'il met bas de cartes ; et lorsque chacun a joué ses trois cartes, ou par les levées qu'il a faites, ou en mettant son jeu bas, celui qui mêle, donne de la même manière trois cartes à chacun des joueurs, mais il les donne de suite du talon et sans plus couper, ou fait la même chose en tâchant de s'accommoder des cartes qui sont sur le tapis.

Enfin, lorsque toutes les cartes sont données, celui qui se défait de ses trois cartes en prenant sur le tapis, gagne la partie ; et s'il y en avait plusieurs qui s'en défissent, celui qui serait le plus près de celui qui a mêlé par la gauche, gagnerait par préférence, et par conséquent celui qui a mêlé, par préférence aux autres.

On voit par là que si la primauté a quelque avantage, elle a bien ses désavantages ; en effet, il est de la justice de faire gagner celui qui gagne la partie avec moins de cartes à prendre, puisqu'il est plus difficile ; et lorsque personne ne finit point, c'est à dire ne se défait pas de ses trois cartes, comme il arrive souvent, celui qui joue la dernière carte en s'étendant, ou des dernières, n'importe, outre qu'il ramène toutes les cartes qui sont sur le jeu pour servir à lui faire gagner les cartes, il reçoit encore de chacun des joueurs un jeton pour la consolation.

Hasards et droits à payer au jeu de papillon. 1. Celui qui étend ses cartes paye autant de jetons au corbillon qu'il a étendu de cartes.

2. Celui qui, en étendant ses cartes, étend, ou deux, ou

trois as, se fait payer par chaque joueur autant de jetons qu'il a étendu des as.

3. Celui qui, en prenant des cartes dessus le tapis, prend un ou plusieurs as, se fait payer autant de jetons par chaque joueur qu'il a pris des as.

4. Celui qui avec un as dans la main, tire un autre as sur le jeu, gagne deux jetons de chacun ; et celui qui avec un deux lève deux as qui sont sur le tapis, gagne quatre jetons de chaque joueur ; et celui qui avec un trois en lèverait trois, en gagnerait six de même ; celui qui avec un quatre lèverait les quatre as qui seraient sur jeu, gagnerait huit jetons de chaque joueur.

5. Celui qui ayant un roi, un valet ou autre carte dans son jeu, lèverait trois cartes de la même manière, gagnerait un jeton de chaque joueur, et ce coup s'appelle *haneton*.

6. Celui également qui aurait trois cartes d'une même manière dont la quatrième serait sur le tapis, la prendrait avec ses trois, et gagnerait un jeton de chacun.

7. De même celui qui en jouant lèverait toutes les cartes, ou la carte seule qui resterait sur le tapis, gagnerait un jeton de chaque joueur, et ce coup s'appelle *sauterelle* ; en ce cas celui qui joue après est obligé d'étendre son jeu.

8. Celui qui en jouant dans le courant de la partie, fait ses trois cartes, gagne un jeton de chacun, et l'on appelle ce coup faire *petit papillon* ; on dit dans le courant de la partie, puisque celui qui les lève, quand toutes les cartes sont jouées, gagne la partie.

9. Celui qui dans ses levées a un plus grand nombre de cartes, gagne un jeton de chacun pour les cartes, et lorsqu'elles sont égales avec un des joueurs, personne ne le gagne, mais elles se payent double le coup suivant.

10. Celui qui, ne pouvant pas gagner la partie, étend le dernier ses cartes, gagne un jeton de chaque joueur, et l'on appelle ce droit *consolation*.

11. Celui qui gagne la partie, ou est le dernier à s'étendre, prend pour lui les cartes qui sont sur le tapis, et elles lui servent à gagner les cartes.

12. Lorsque le jeu de cartes est faux, le coup n'en est pas moins bon, pourvu que le nombre soit tel qu'il doit être.

13. Lorsque l'on a mal donné, le coup devient nul du moment qu'on s'en aperçoit; pour lors on remêle, et celui qui a mal donné, met pour cela une fiche au corbillon.

14. Celui qui joue avant son tour, est obligé de s'étendre.

15. Celui qui mêle, doit avertir que ce sont les dernières cartes qu'il y a à donner, lorsqu'il n'y a plus que trois cartes pour chacun au talon.

PASSEDIX (jeu du). Sorte de jeu de hasard qui se joue avec trois dés, et dans lequel un des joueurs parie amener plus de dix.

On joue de deux manières à ce jeu : quelquefois tous les coups de dés sont décisifs, et quelquefois un coup ne finit que quand deux dés présentent chacun un point semblable.

Dans l'un comme dans l'autre cas, les joueurs ont les dés chacun à son tour. Le joueur qui les a, parie toujours qu'il amènera plus de dix; et, tandis qu'il passe, c'est à dire qu'il amène plus de dix, il est le maître de conserver les dés; mais, dans ce cas, il est obligé de tenir tout ce qu'on lui propose, jusqu'à concurrence de l'argent qu'il a d'abord exposé, et de celui qu'il a ensuite gagné avec le premier.

Les trois dés avec lesquels on joue au *passedix* sont susceptibles de 216 variations.

Si pour décider un coup on exige que deux dés présentent chacun un point semblable, il y aura dans les 216 variations dont on vient de parler, 48 coups de passe, 48 coups de manque et 120 coups nuls. Si l'on joue à toutes chances, c'est à dire de manière qu'il n'y ait aucun coup nul, il y aura 108 coups de passe et 108 coups de manque. Ainsi, dans l'un comme dans l'autre cas, le *passedix* est un jeu parfaitement égal.

Mais il en est différemment quand la partie a lieu entre un banquier et des pontes : alors le banquier a toujours les dés; il les jette avec un cornet dans une espèce de double entonnoir, dont les parties évasées sont à chaque extrémité. Alors les pontes parient contre lui, les uns qu'il passera, c'est à dire que les dés présenteront plus de dix points, et les autres qu'il ne passera pas. Les pontes qui parient que le banquier passera, mettent leur argent dans la place indiquée pour ce pari, et ceux qui parient le contraire, mettent de même leur argent où ce dernier pari exige qu'il soit.

Les mises étant faites, le banquier lève l'entonnoir et découvre les trois dés qu'il y a jetés. S'il se trouve qu'il a passé, il gagne l'argent des pontes qui ont parié qu'il ne passerait pas, et double les mises de ceux qui ont parié qu'il passerait.

Jusque-là tout est égal; mais cette égalité cesse par l'avantage au banquier, lorsqu'il amène les points de 4 et de 17. S'il amène le point de 4, il gagne l'argent des pontes qui ont parié qu'il passerait, et il ne paie rien à ceux qui ont parié qu'il ne passerait pas. Si, au contraire, il amène le point de 17, il gagne l'argent des pontes qui ont parié qu'il ne passerait pas, et il ne paie rien à ceux qui ont parié qu'il passerait. Ainsi il a un avantage de trois et un huitième pour cent, ou de quinze sous par louis.

Lorsque, pour la décision d'un coup, il est nécessaire qu'il y ait deux dés qui présentent chacun un même point, et qu'on parie que le premier jet de dés terminera la partie, il faut que celui qui soutient la négative mettent cinq contre quatre; autrement le pari serait inégal.

Celui qui parie neuf contre quatre, qu'une telle partie sera finie en deux coups, a un avantage de cinq sous six deniers par louis.

PAUME (jeu de la). Si l'on veut s'en rapporter à quelques antiquaires, ce jeu est très ancien. Galien l'ordonnait à ceux qui étaient d'un tempérament fort replet, comme le remède le plus propre à dissiper la superfluité des humeurs abondantes qui les surchargent, et les rendent pesants et sujets aux attaques d'apoplexie.

Le jeu de paume se compte par quinzaine, en augmentant toujours ainsi le nombre et disant par exemple, *trente, quarante-cinq*, puis un *jeu qui vaut soixante*.

On compte encore par *demi-quinzaine*, et cette bisque est un coup qu'on donne gagné au joueur qui est plus faible, pour égaler la partie par cet avantage, et qu'il prend quand il veut une fois en chaque partie ; quelques-uns en ce sens dérivent ce mot de *bis capis*, parce que d'ordinaire on la prend après un avantage qu'on vient de gagner, et ainsi on prend deux coups en même temps.

Il y a même de bons joueurs qui donnent *quinte et bisque*, d'autre *quinze* seulement, et tout cela selon qu'on connaît sa force, et la faiblesse de celui contre qui l'on veut jouer.

Lois établies pour le jeu de paume. Le jeu de paume, proprement parlant, est un jeu où l'on pousse et l'on repousse plusieurs fois une balle, avec certaines règles.

Il y a la *longue paume* et la *courte paume*. Nous avons parlé de la première. Voy. Longue Paume. L'autre est un jeu fermé et borné de murailles, qui est tantôt couvert, tantôt découvert. On y joue avec des raquettes, des battoirs, des petits bâtons et un panier ; et pour y bien jouer, outre l'agilité du corps qu'il convient avoir pour courir à la balle, il faut aussi beaucoup d'adresse à la main et de la force de bras ; mais venons maintenant à la pratique.

Quand on veut jouer à la paume, et que la partie est liée, on commence par tourner la raquette, pour savoir qui sera dans le jeu. Celui qui n'y est pas doit servir la balle sur le toit, en la poussant avec la raquette, et le premier coup de service s'appelle le coup des dames, et est compté pour rien ; ensuite l'on joue à l'ordinaire.

Si l'on n'est pas convenu de ce que l'on joue, il faut le dire au premier jeu ; celui qui gagne la première partie garde les gages.

Les parties se jouent en quatre jeux ; et si l'on convient trois jeux à trois jeux, on dit *à deux de jeu* ; c'est à dire qu'au lieu de finir en un, on remet la partie en deux jeux ; on peut jouer aussi, si l'on veut, en six jeux ; mais pour lors, il n'y a point d'*à deux de jeu*, si ce n'est du consentement des joueurs.

Il faut aussi, avant que de commencer le jeu, tendre la corde à telle hauteur qu'on puisse voir le pied du dessus du mur, du côté où est l'adversaire, et le long de cette corde est un filet attaché dans lequel les balles donnent souvent.

S'il arrive par hasard qu'en jouant, la balle demeure entre le filet et la corde, et qu'elle donne dans le poteau qui tient cette corde, le coup ne vaut rien.

Il n'est jamais permis, en poursuivant une balle, d'élever la corde.

Ceux qui jouent à la paume, ont ordinairement deux marqueurs; ce sont proprement des valets de jeux de paumes qui marquent les *chasses*, et qui comptent le jeu des joueurs, qui les servent, et qui les frottent.

Ces marqueurs marquent au second bond, et à l'endroit où touche le bond; ils doivent encore avertir les joueurs tout haut quand il y a *chasse*, et dire *chasse*; ou bien *deux chasses*, si elles y sont : *à tant de carreaux*; et dire ausi, *à tel carreau la balle la gagne*.

Si les joueurs disent *chasse morte*, elle demeure telle, si les marqueurs ne leur répondent qu'il y en a une.

Une *chasse* au jeu de la courte paume est une chasse de balle, à un certain endroit du jeu qu'on marque, au delà duquel il faut que l'autre joueur pousse la balle pour gagner le coup.

Le principal emploi des marqueurs est de rapporter fidèlement ce qu'on leur a dit à la pluralité des voix des spectateurs, lorsqu'il y survient quelques contestations. Ces voix se doivent recueillir, tant pour l'un que pour l'autre joueur, sans prendre parti pour aucun.

Les joueurs, de leur côté, se doivent aussi rapporter à la foi des spectateurs, lorsqu'il se présente quelque difficulté dans leur jeu, puisqu'il n'y a point d'autre juge qui les puisse juger ; ils s'en rapporteront même aux marqueurs, s'il n'y a qu'eux pour en juger, lorsqu'ils diront leur sentiment sans crainte qu'on leur en veuille du mal.

On joue pour l'ordinaire partie, revanche et le tout; et on ne peut laisser cette dernière partie que pour bonne raison, comme à cause de la nuit, ou de la pluie, au cas qu'on joue dans un jeu découvert.»

Pour lors celui qui perd, doit laisser les frais et une partie de l'argent qu'on joue pour le tout, et l'autre pour la moitié.

Si c'est en deux parties liées qu'on est convenu de jouer, on ne peut aussi les quitter que les parties n'y consentent ; en ce cas chacun doit donner de l'argent pour le tout, et indique l'heure pour achever.

Autres règles.

1. Si fortuitement, lorsqu'on joue, on vient à frapper de la balle qu'on a poussée, un des marqueurs, ou quelques autres de ceux qui regardent jouer ; ou bien à quelque corbillon ou frottoir, que quelqu'un tiendrait sur la galerie, ou chose semblable qui dépendît du jeu, il faudrait marquer la chasse ; mais si personne ne tient tous ces ustensiles, on la marquera où ira la balle.

2. Qui des joueurs, de quelque partie de son corps que ce soit, touche une balle qu'on a jouée, perd *quinze*.

3. Si, par inadvertance ou oubli, l'un des marqueurs disait une *chasse* pour l'autre, cela ne pourrait préjudicier aux joueurs, parce que, malgré le peu de mémoire, ou le *quiproquo* de ce marqueur, la première *chasse* doit toujours se jouer devant l'autre : il en est de même d'une *chasse* qu'il dirait appartenir au dernier, pour le second ; il faut qu'on la joue où elle a été faite.

4. Celui qui en servant ne sert que sur le bord du toit, ou sur le rabat seulement, doit recommencer à servir, d'autant que le coup est nul : à moins qu'on ne joue *qui fault, il boit.*

5. Qui met sur l'ais de volée en servant, ou sur les clous qui le tiennent, gagne *quinze* ; il en prend autant quand il met dans la *lune*, qui est un trou au haut de la muraille qui est au côté du toit où l'on sert.

6. Si celui qui est dans le jeu, ou son compagnon, s'avisait de dire *pour rien*, après qu'il aurait été servi, et qu'il

l'ait dit trop tard, comme après avoir voulu courir à la balle, il perdrait *quinze*. On ne peut aussi dire *pour rien* aux coups de hasard.

7. C'est trop tard de dire *pour rien*, quand la balle du serveur est dans le trou, ou au pied du mur; il le faut dire au partir de la raquette ou du battoir. Celui qui sert ne doit pas dire aussi *pour rien*.

8. Qui, sans y songer, ferait trois *chasses*, la dernière faite n'est comptée pour rien, et tout le coup est faux, dès le service, quand la balle du serveur serait entrée dans le trou.

9. S'il arrivait qu'une balle étant sortie par dessus les murailles et qu'elle revint dans le jeu après qu'on aurait servi, le coup ne vaudrait rien, parce qu'on aurait joué dessus.

10. S'il arrivait qu'un joueur qui aurait *quarante-cinq* eût fait deux *chasses*, il ne perdrait point pour cela son avantage; mais pour avoir le jeu il lui faudrait gagner les deux *chasses*, ou du moins la dernière.

11. Si la partie adverse avait pour lors *trente*, et qu'il gagnât la première *chasse*, ils n'auraient aucun avantage l'un sur l'autre; et quoique l'autre gagnât la dernière, il n'aurait que l'avantage. C'est pourquoi lorsqu'on a *quarante-cinq*, on dit *chasse morte*.

12. Celui qui se mécompte de *quinze* ou de *trente*, et qui s'en ressouvient après avoir joué dessus, mais avant que le jeu soit fini, ne perd rien pour cela, quand même il aurait oublié un jeu dans une partie, supposé à l'égard de ce jeu que ce fût avant que la partie fût finie; car qui aurait la partie ou le jeu, et viendrait à se méprendre, c'est à dire à compter au dessous, et qu'on ait servi ou joué dessus, perdrait son avantage.

Servir au jeu de paume, c'est pousser le premier une balle sur un toit, l'y faire couler; ce sont d'ordinaire les seconds qui ont soin de servir.

13. Lorsqu'il y a une ou deux *chasses* marquées, et que la balle par hasard donne du second bond sur l'une de ces *chas-*

ses, si c'est une chasse qu'on doit faire, il doit marquer à cet endroit.

14. Si, au contraire, cette balle y donne de volée, ce qui est compté pour un bond, on doit alors marquer la chasse jusqu'où va la balle.

15. Tout coup qui va au dessus de la tuile est perdu pour celui qui y met, au lieu qu'il le gagne au dessous.

16. S'il arrive qu'une balle entre dans la galerie, et qu'en touchant quelqu'un elle rentre dans le jeu, il faut marquer la chasse par où elle rentre ; mais si n'ayant fait qu'un bond dans cette galerie, sans toucher personne qui pourrait jouer cette balle, le coup serait très bon.

17. Qui fait une chasse dans la galerie, et que l'autre joueur y revienne, le coup est nul, et c'est à recommencer. Si c'est dans un jeu du dedans, comme à la grille, il est gagné s'il ne revient point sans toucher à personne.

18. S'il arrivait qu'un coup vint à doubler, qu'on fût en contestation s'il est dessus ou dessous, et qu'ayant demandé aux spectateurs ce qu'il en serait, on n'en fût point éclairci, on marquerait où irait la balle, parce que c'est à celui qui forme le différent à prouver ce qu'il demande ; si cependant c'est une chasse à gagner, c'est à recommencer.

19. Si, après que le coup est fini du côté du jeu, on demande s'il y a jeu ou non, et qu'on ne dise rien, on ne marque rien. Si les voix en cela se trouvent également partagées, c'est à refaire.

20. Lorsqu'on joue sur une chasse, et que la balle retombe en même endroit, on doit recommencer.

21. Si en demandant qui l'a gagnée, on ne trouve rien, ou que les voix soient égales, on refait ; de même lorsqu'il s'agit d'un coup de service, qu'on demande s'il a porté, et qu'on ne réponde rien.

22. Quand celui qui sert, après avoir servi plusieurs fois pour rien, et qu'il demande enfin à l'autre, *y êtes-vous*, et qu'il lui réponde *oui*, il perd le coup, si après il venait à dire pour rien.

23. Si un joueur comptait *quinze* ou quelque autre avan-

tage, et qu'on le lui disputât, il faudrait faire demander le coup; et si personne ne disait rien, sa demande serait nulle.

24. Comme il arrive quelquefois qu'on donne de l'avantage au jeu de la courte paume, il est libre à celui à qui on le donne de prendre au premier jeu tel avantage qu'il veut, et même de quitter la partie, au lieu que l'autre, quand il aurait trois jeux, et *quarante-cinq*, et non un jeu, il ne peut le faire que du consentement de sa partie adverse.

25. Celui à qui on donne *bisque*, la peut prendre quand il veut. Si cependant c'est sur les chasses, il faut que ce soit sur la première faite, ou sur la seconde lorsque la première est jouée, et si l'on a passé la corde, on ne peut revenir à prendre sa *bisque*.

26. Nulle faute ne peut se prendre qu'elle n'ait été faite, et si ce n'est sur une chasse, la faute ne peut s'y perdre.

27. Si de deux joueurs qui jouent partie, l'un s'avisait de vouloir s'en aller pour quelque sujet que ce fût, et de quitter la partie avant qu'elle soit finie, l'autre peut, si bon lui semble, achever cette partie en payant.

28. Toutes gageures qui se font au jeu de paume, doivent suivre le jeu dans toutes ses circonstances; et il n'est pas permis aux parieurs d'avertir, juger ni enseigner le jeu de celui pour lequel ils parient.

29. C'est affaire à celui qui gagne l'argent, de payer tous les petits frais qui se font pendant le jeu, comme par exemple, le pain, le vin, le bois, la bière, les chaussons et les marqueurs.

30. S'il arrivait néanmoins que ces frais passassent le gain, il faudrait que le surplus se payât à frais communs; et si ce qu'ils jouent est à boire, les petits frais se doivent payer en déduction de la perte qui aura été faite, à moins qu'ils n'eussent dit *tous frais payés*.

S'il s'élève quelques difficultés imprévues à ce jeu, c'est aux

PIQUET. 193

PHARAON (jeu du). Sorte de jeu de hasard, qui se joue avec un jeu entier c'est à dire, avec un jeu composé de cinquante-deux cartes. Les joueurs sont un banquier et des pontes; le nombre de ceux-ci n'est pas limité.

Ce jeu qui était dans la plus grande vogue sous Louis XIV et même sous Louis XV, ne se joue plus aujourd'hui. D'autres jeux lui ont succédé, aussi dangereux, aussi susceptibles d'exercer l'adresse des Grecs et des chevaliers d'industrie. Ainsi il est absolument inutile d'en exposer ici les principes et les règles.

PIQUE-MEDRILLE (jeu de). Sorte de jeu de cartes auquel on a donné ce nom, à cause des rapports qu'il a avec le *piquet* et avec le *médiateur*.

Il tient du *piquet*, en ce qu'il se joue entre deux personnes, et qu'on y fait des écarts. Pour le surplus il tient du *médiateur*. Les cartes dont on se sert sont un jeu entier dont on a supprimé les dix, les neuf et les huit.

Le pique-médrille a éprouvé le sort du médiateur. Il ne se joue très rarement, et, pour ainsi dire, plus, et nous dispense par cela même d'enseigner la manière de le jouer, et de tracer ses règles.

PIQUET (jeu de). Ce jeu, regardé comme un des plus beaux entre les jeux, mérite ce juste titre, car il est très piquant. Survivant à une foule de jeux oubliés ou qu'on ne joue plus, il n'a point subi l'empire de la mode, et il est peu de personnes qui ne le sachent et ne s'en amusent. Le bien connaître et le bien jouer sont autres choses, parce qu'il demande assez souvent de la réflexion et certains calculs qui ne sont pas à la portée de toutes les intelligences.

Il est essentiel de se bien pénétrer de ses règles, que nous allons détailler et expliquer de manière à éviter toutes contestations entre les joueurs.

Outre le *piquet simple*, il y a encore le *puiqet à écrire*, le *piquet normand*, qui se joue à trois, et le piquet qui se joue à quatre, dont nous donnerons pareillement les règles ; celles

PIQUET.

Art. 1. On ne joue ordinairement que deux au piquet; le jeu est composé de trente-deux cartes, qui sont l'as, le roi, la dame, le valet, le dix, le neuf, le huit et le sept de chaque couleur. Les cartes sont rangées ci-dessus comme elles valent; les as sont toujours au dessus des rois, les rois des dames, les dames des valets.

2. Toutes les cartes valent les points qu'elles marquent, excepté l'as qui en vaut onze, et qui emporte toujours le roi; mais il faut pour cela qu'il soit de même couleur; chaque figure vaut dix points.

3. Quand on est convenu de ce qu'on veut jouer, et en combien de points on jouera, on voit à qui mêlera le premier: celui qui a tiré la plus basse carte, doit mêler et donner les cartes le premier; il les mêle autant qu'il juge à propos, puis les présente à couper à son adversaire, qui doit pour lors les couper nettement; car celui qui les éparpillerait ou n'en couperait qu'une serait obligé de recommencer, après que celui qui est à donner aurait rebattu les cartes. Cela fait, celui qui donne met les cartes de dessous dessus, puis il les distribue deux à deux ou trois à trois, mais jamais une à une.

4. Il faut continuer dans tout le cours de la partie par le nombre qu'on a commencé.

5. On donne donc ainsi les cartes jusqu'à ce que les joueurs en aient eu chacun douze; de manière qu'il n'en reste plus que lui, et qu'on doit poser sur le tapis; ces huit cartes sont appelées *talon*.

6. Si celui qui donne les cartes, au lieu de n'en donner que douze à son adversaire, lui en donne treize, ou les prend pour lui, il est libre à celui qui a la main, c'est à dire qui n'a point mêlé, de se tenir au jeu, ou de faire refaire, rendant en ce cas le coup nul; mais s'il s'y tient lorsqu'il a treize cartes, il doit laisser les trois cartes au dernier, c'est à dire que le talon n'étant pour lors que de sept, il ne peut en prendre au plus que quatre, et moins, s'il veut; si le dernier a treize cartes il en écarte trois, et n'en prend que deux, mais si l'un des deux joueurs se trouvait avoir quatorze cartes, il faut refaire le coup.

7. Lorsque dans le talon il y a une carte tournée, pourvu que le coup se joue, le coup sera bon, si la carte tournée n'est pas celle qui est au-dessus du talon, ou la première des trois que doit prendre le dernier, parce qu'en ce cas la carte étant vue des deux joueurs, on doit refaire, attendu que, si on la laissait à la volonté de celui à qui elle va de droit, il aurait l'avantage de s'y tenir s'il avait beau jeu, et de refaire s'il l'avait mauvais.

8. Le joueur qui tourne et voit une ou plusieurs cartes du talon de son adversaire, est condamné à jouer telle couleur que son adversaire voudra, s'il est premier à jouer.

9. Il y a dans ce jeu trois sortes de hasards qu'on appelle *repic*, *pic* et *capot*.

10. Le *repic* a lieu lorsque dans son jeu, sans que l'adversaire puisse rien compter, ou du moins ne pare pas, l'on compte jusqu'à trente points ; en ce cas, au lieu de dire trente, on dit quatre-vingt-dix et au-dessus, à mesure qu'il y a des points à compter au-dessus de trente.

11. Le *pic* a lieu lorsqu'ayant compté un certain nombre de points sans que l'adversaire ait rien compté, l'on va en jouant jusqu'à trente ; auquel cas, au lieu de dire trente, l'on compte soixante, et l'on continue de compter les points que l'on fait par-dessus.

13. Le *capot*, c'est lorsque l'un des deux fait toutes les levées ; il compte pour cela quarante points, au lieu que celui qui gagne seulement les cartes, compte dix points pour les cartes. On peut joindre le capot au pic et repic, ce qui arrive même assez ordinairement ; et par cette même raison, l'on peut faire les trois hasards d'un seul coup : en voici l'exemple. Je suppose qu'un des joueurs ait les quatre tierces majeures, et que son point soit bon ; s'il est premier à jouer, il entrera par quatre du point (1), et douze des tierces majeures, c'est seize ; seize et quatorze d'as, c'est quatre-vingt-

(1) Lorsque la tierce majeure est bonne pour le point, elle vaut quatre ; et quand même elle ne serait comptée que pour trois de point, les trois hasards y seraient encore.

dix ; quatre-vingt-dix et vingt-huit des deux quatorze de rois et de dames feront cent dix-huit ; et enjouant ses cartes, il ira à cent soixante-un, qui, joints aux quarante pour le capot, feront deux cent un points d'un coup. Ce coup est si rare, qu'il n'est peut-être jamais arrivé.

13. Pour faire *pic*, c'est à dire pour compter soixante au lieu de trente, il faut être premier ; car si vous n'êtes pas premier, et que le premier jette une carte qui marque, il comptera un ; et vous, quand vous auriez compté dans votre jeu vingt-neuf, si vous levez la carte jetée, vous ne compterez cependant que trente, à moins que celui qui joue le premier ne jette une carte qui ne compte point comme un neuf, un huit ou un sept ; auquel cas, après avoir levé cette main, vous pouvez continuer de jouer votre jeu jusqu'à trente, et compter soixante, le hasard étant bien fait.

14. A l'égard du *pic*, un joueur qui, au lieu de dire soixante, ne dirait que trente, pourra y revenir jusqu'à ce que l'on ait coupé pour le coup suivant.

15. Lorsque les deux parties sont fort avancées, les cartes blanches, qui valent dix points, sont premièrement comptées, ensuite le point, les tierces, quatrièmes, quintes, etc., viennent après ; après cela, les points que l'on compte en jouant, et enfin les dix points des cartes, ou les quarante du capot.

16. Lorsque chacun a les douze cartes qui composent son jeu, il les examine, et doit arranger ses couleurs, c'est à dire mettre les cœurs avec les cœurs, les piques avec les piques, et ainsi des autres.

17. Il doit d'abord remarquer s'il a cartes blanches, c'est à dire s'il n'a point de figures dans son jeu ; les figures sont les rois, les dames et les valets : enfin, si l'un des deux joueurs se trouve avoir cartes blanches après que l'autre a fait son écart, il les étale sur le tapis en les comptant l'une après l'autre, et les cartes blanches lui valent dix points, qui sont comptés avant le point même, et qui servent à faire le pic et le repic, et à les parer.

18. Après que le jeu a été ainsi examiné, qu'un des joueurs

ait cartes blanches ou non, celui qui est le premier à prendre
fait son écart, c'est à dire qu'il choisit dans son jeu les cinq
cartes qui lui semblent le moins nécessaires, pour en reprendre autant du talon.

19. Il ne peut point en prendre plus de cinq, mais moins
s'il veut, puisqu'il peut n'en prendre qu'une, deux, trois
ou quatre à son choix ; il est pour lors en droit de voir les
cartes qu'il laisse et qu'il pourrait prendre.

20. Si le dernier à prendre, lorsqu'on lui a laissé des cartes, ne veut point prendre toutes celles qui lui restent, il
peut n'en prendre qu'une ; mais il est obligé, ainsi que le
premier, d'en prendre pour le moins une ; s'il en laisse, il
peut les voir, et le premier est en droit de les voir aussi en accusant la couleur par laquelle il est obligé de jouer ; et si le
dernier ayant laissé des cartes, les avait mêlées avec celles de
son écart, le premier est en droit de voir son écart, en indiquant la couleur dont il jouera en entrant au jeu.

21. Si celui qui a dit *je commencerai par telle couleur ;*
commençait par une autre, il serait libre au dernier de le
faire commencer par telle couleur qu'il voudrait.

22. En faisant l'écart, le but est de gagner les cartes, et
d'avoir le point, ce qui les oblige à porter ordinairement la
couleur dont ils ont le plus, ou bien dont ils sont plus forts.

23. Si l'on joue pour un grand coup, il faut jouer différemment que lorsqu'on joue pour un petit coup, parce
que l'on s'abandonne pour le grand coup absolument à la
rentrée, qui est incertaine ; au lieu que pour un petit coup,
l'on porte un jeu que la rentrée, quelle qu'elle soit, doit rendre meilleur et suffisant pour le faire.

24. Il faut encore, en écartant, tirer à se faire des quatorze : on appelle *quatorze* quatre as, quatre rois, quatre
dames, quatre valets, quatre dix. Le quatorze d'as efface
tous les autres, et à la faveur de ce quatorze, on peut compter le quatorze le moins élevé, comme serait celui de dix,
lors même que l'adversaire en aurait un de rois, de dames
ou de valets, parce que le quatorze plus fort annule le moindre ; comme l'on compte au défaut des quatorze trois as,

trois rois, trois dames ; trois valets, trois dix, il est encore
bon d'y tirer : observez que les trois as valent mieux que les
trois rois, et que le moindre quatorze empêche de compter
trois as, et ainsi des autres ; et qu'à la faveur d'un quatorze
on compte non seulement d'autres quatorze moindres, mais
encore trois dix ou autres trois, pourvu que ce ne soient point
de neuf ou de huit ou de sept, encore que l'adversaire eût
trois d'une valeur au-dessus.

25. On observe la même chose à l'égard des dix-huitièmes,
dix-septièmes, seizièmes, quintes, quatrièmes, et tierces,
auxquelles un joueur qui fait son écart doit avoir égard pour
tâcher de s'en procurer par sa rentrée.

26. Le *point* est un nombre de cartes d'une couleur qu'on a
dans son jeu, et dont on assemble les points pour les accuser,
il faut savoir, pour compter le point, que l'as vaut onze, et
les figures dix chacune, le reste des cartes autant de points
qu'elles en valent, parce qu'elles sont marquées : un dix, dix
points, un neuf, neuf, etc.

27. Le point assemblé, le premier à jouer dit le point
qu'il a, et demande à son adversaire s'il est bon, si l'adversaire n'en a pas autant, il dit qu'il est bon ; et s'il en a autant
il dit qu'il est égal ; et s'il en a plus, il dit qu'il ne vaut pas ;
celui qui a le point plus fort compte pour le dit point autant
de points qu'il a de cartes ; si le point est égal, personne ne
doit le compter : il en est de même lorsque les deux joueurs
ont les mêmes tierces, quatrièmes, cinquièmes, etc., à
moins que, par une quinte, ou quatrième, ou tierce supérieure, il ne rende bonnes les tierces, quatrièmes ou cinquièmes, qui pourraient être égales avec celles de son adversaire.

28. *Des tierces.* Il y a six sortes de tierces, la première,
que l'on appelle *majeure*, et qui est composée d'un as, d'un
roi et d'une dame ; la seconde appelée de *roi*, d'un roi, d'une
dame et d'un valet ; la troisième de *dame*, que la dame, le
valet et le dix composent ; la quatrième de *valet*, qui est valet,
dix et neuf ; la cinquième de *dix*, qui est dix, neuf et huit ;
et la sixième qu'on appelle *tierce basse* ou *fine*, et qui est le

neuf, le huit et le sept. Il faut pour faire une tierce, ainsi
qu'une quatrième et une quinte, etc., que toutes les cartes
soient de même couleur.

29. *Des quatrièmes.* Il y a cinq sortes de quatrièmes : la
première, qu'on appelle *quatrième majeure*, est composée
de l'as, du roi, de la dame et du valet : la seconde, qu'on
appelle de *roi*, composée du roi, de la dame, du valet et du
dix ; la troisième de *dame*, composée de la dame, du valet,
du dix et du neuf ; la quatrième de *valet*, composée du valet,
du dix, du neuf et du huit ; et la cinquième, dite *quatrième
basse*, du dix, du neuf, du huit et du sept.

30. *Des quintes.* Il y a quatre sortes de quintes : la première, appelée *quinte majeure*, est composée de l'as, du
roi, de la dame, du valet et du dix ; la seconde du *roi*, composée du roi, de la dame, du valet, du dix et du neuf ; la
troisième de *dame*, composée de la dame, du valet, du dix,
du neuf et du huit ; et la quatrième, dite *quinte basse* ou au
valet, du valet, du dix, du neuf, du huit et du sept.

31. *Des seizièmes.* Il y a trois sortes de seizièmes : la première, dite *seizième majeure*, est composée de l'as, du
roi, de la dame, du valet, du dix et du neuf ; la seconde
du *roi*, composée du roi, de la dame, du valet, du dix,
du neuf et du huit ; et la troisième, appelée de *dame* ou
basse, que composent la dame, le valet, le dix, le neuf, le
huit et le sept.

32. *Des dix-septièmes.* Il y a deux sortes de dix-septièmes : la
première, dite *dix-septième majeure*, composée de l'as, du roi,
de la dame, du valet, du dix, du neuf et du huit ; et la seconde du *roi*, que composent le roi, la dame, le valet, le
dix, le neuf, le huit et le sept.

33. *Des dix-huitièmes.* Il n'y a qu'une sorte de dix-huitième, qui est composée de l'as, du roi, de la dame, du valet,
du dix, du neuf, du huit et du sept, qui sont toutes les cartes
d'une couleur.

34. Il est bon de faire observer qu'une tierce bonne vaut à
celui qui la compte trois points ; une quatrième quatre ; une
quinte en vaut quinze ; une seizième seize ; une dix-septième

dix-sept, et la dix-huitième dix-huit, outre les points qui sont accordés pour le point. Par exemple un joueur qui aurait une quinte majeure dont le point serait bon, compterait quinze pour la quinte, et cinq pour le point, ce qui ferait vingt; et ainsi de la quatrième, qui vaudrait quatre pour le point, et quatre pour la quatrième. La même chose se fait à l'égard des seizièmes, dix-septièmes et dix-huitièmes.

35. Celui qui a la plus haute tierce, quatrième, quinte, et ainsi des autres qui suivent, annule toutes celles qui sont au dessous. Par exemple, une tierce majeure annule une tierce de roi, et ainsi des quatrièmes, quintes, etc., en observant que la moindre quatrième annule la plus haute tierce; la moindre quinte la plus haute quatrième, la moindre seizième la plus haute quinte, et la moindre dix-septième la plus haute seizième; la dix-huitième annule toutes les autres espèces de séquences.

36. Toutes ces tierces, quatrièmes et quintes, etc., sont des séquences; observez en même temps qu'à la faveur d'une tierce, quatrième ou quinte, et ainsi des autres bonnes, l'on fait passer les moindres tierces, encore que l'adversaire en ait de plus fortes, et l'on accumule par là les points qu'elles font, le jeu de l'adversaire étant annulé par la séquence supérieure; et s'il y a de l'égalité dans la plus haute séquence entre les deux joueurs, celui qui en aurait plusieurs autres de la même force ou moindres, n'en compterait pas une pour cela, la plus noble étant égale.

37. Chacun des joueurs ayant pris au talon les cartes qu'il doit y prendre, assemble son jeu pour voir ce qu'il a à compter. Il commence par ramasser la couleur qu'il a en plus grand nombre, pour en composer son point et l'accuser, et si le dernier en a davantage dans son jeu, il dit : *Il ne vaut pas*; s'il en a autant, il dit : *Il est égal*; et s'il en a moins, il répond qu'*il est bon*. Après avoir compté le point, il doit examiner s'il n'a pas de tierces, quatrièmes, quintes, etc., afin de compter autant de points, si ce qu'il en a n'est point défendu par l'adversaire.

38. Le point, les tierces, quatrièmes, quintes, etc., doi-

vent être mis sur la table; afin qu'on puisse en compter la valeur; car, par exemple, si un des joueurs qui aurait accusé le point, ou des tierces, quatrièmes, quintes, etc., et à qui l'on aurait répondu *valoir*; si ce joueur oubliait de les montrer, et jouait sans les avoir comptées, il ne pourrait plus y revenir, et son adversaire compterait son point, encore qu'il fût moindre; ses tierces, quatrièmes, quintes, encore qu'elles fussent plus basses, pourvu néanmoins qu'il les eût montrées lui-même avant de jeter sa première carte; car s'il l'avait jetée, il ne serait plus temps d'y revenir, et pour lors ils ne compteraient ni l'un ni l'autre.

39. Après que l'on a examiné et compté les tierces, quatrièmes, quintes, etc., il faut examiner si l'on a quelque quatorze. Un quatorze bon est compté pour quatorze points; le supérieur annule l'inférieur, et fait que l'on peut, à sa faveur, compter trois as, trois rois ou trois dames, etc.

40. S'il n'y a point de quatorze dans le jeu, on cherche à compter ou trois as, ou trois rois, ou trois dames, ou trois valets, ou enfin trois dix; les plus hautes annulant toujours les inférieures.

41. Après que chacun a examiné son jeu, et vu, par les interrogations faites, ce qu'il y a de bon dans son jeu, le premier commence à le compter : la première chose qu'il compte, ce sont les cartes blanches qui valent dix points, s'il les a; il commence alors en disant : Dix cartes blanches valent dix; et s'il a le point, il étale, et compte; s'il a cinquante en points : Dix et cinq pour le point, c'est quinze; si ensuite il a une quatrième bonne, il étale également, et ajoute : Quatre points et quinze, qui font dix-neuf; s'il a, outre cela, un quatorze, ou trois as, ou trois de quelque autre chose qui soit bon, il les ajoute encore; et, après avoir compté tout son jeu, il joue une carte en comptant un point pour la carte qu'il joue, si elle est ou un as, un roi, une dame, un valet ou un dix.

42. Le premier ayant joué sa carte, le dernier, avant de jouer, montre son point, s'il l'a bon, ses tierces, quatrièmes ou quintes, etc., compte ses quatorze ou ses trois as, trois rois, etc., ses cartes blanches, s'il les avait; et, après avoir

9.

ajouté ensemble tout ce qu'il a à compter, il lève la carte que le premier a jouée, s'il le peut, ou bien fournit de la couleur s'il ne peut point lever, et lorsqu'il prend la levée, il joue par telle couleur qu'il veut.

43. Il n'y a point de surprise au jeu de piquet ; celui qui en jouant ses cartes change de couleur, doit nommer la couleur dont il joue ; faute de quoi, celui qui aurait fourni, comptant qu'il continuait à jouer de la couleur dont il jouait auparavant, serait en droit de reprendre la carte jetée, quand même elle serait de la couleur jouée.

44. C'est à la manière de jouer les cartes que l'on connaît un bon joueur d'avec celui qui ne l'est pas ; et il n'est pas possible de les bien jouer, que l'on ne connaisse la force du jeu ; c'est à dire par le jeu que l'on a, l'on doit connaître ce que l'adversaire peut avoir, et ce qu'il doit avoir écarté, en faisant encore attention à ce qu'il montre de son jeu, et à ce qu'il compte.

45. Le principal but du joueur en jouant ses cartes, doit être de les gagner en premier lieu ; en second, de faire davantage de points, et empêcher l'adversaire d'en faire ; mais le principal objet, ce sont les cartes qui valent dix à celui qui les gagne.

46. Il n'y a point de triomphe au piquet ; mais ce sont les meilleures cartes de la couleur jouée qui font la levée.

47. Si par mégarde celui qui fournit sur la carte jouée ne jouait pas de la couleur que son adversaire jette ; s'il en avait, quoique sa carte fût sur le tapis, il lui serait permis de la relever pour en fournir, sans encourir pour cela aucune punition.

48. Un premier, quelquefois, a le malheur que son point, ses quintes, ses quatrièmes, ses tierces et autres choses qu'il peut avoir ne lui valent rien, pour lors il commence à compter par un, en jetant telle carte de son jeu qu'il juge à propos, et il continue à jouer jusqu'à ce que son adversaire ait joué une carte plus haute que la sienne.

¥. Celui qui est second en carte avant de jouer, compte tout ce qu'il a à compter dans son jeu ; et lorsqu'en jouant les cartes il fait la levée, il rejoue par telle couleur qu'il veut ; on joue de la sorte jusqu'à ce que les douze cartes soient jetées : alors celui qui fait la dernière levée compte deux points.

50. Chacun compte ensuite ses levées, et celui qui en a le plus compte dix pour les cartes ; et, lorsqu'elles sont égales, elles ne sont comptées de part ni d'autre.

51. Le coup n'est pas plutôt fini, que chacun doit marquer ce qu'il a fait de points, jusqu'à ce que la partie s'achève. L'usage est de se servir d'une carte coupée sur les quatre faces : d'un côté, sont quatre coupures pour les unités, et une cinquième à l'extrémité pour le nombre cinq, de l'autre côté, il y a également quatre coupures pour les dixaines, et une cinquième aussi à l'extrémité pour le nombre cinquante. On recommence à donner les cartes après avoir mêlé et donné à couper.

52. Lorsqu'on recommence une autre partie, si celui qui a perdu veut jouer, on coupe pour savoir à qui fera le premier, à moins qu'on ne soit convenu au commencement du jeu que la main suivrait.

Lois ou règles supplémentaires du jeu de piquet.

1. S'il se trouve que l'un des joueurs ait plus de cartes qu'il ne faut, si le nombre n'en excède pas treize, il est au choix de celui qui a la main de refaire ou de jouer, selon qu'il le trouve avantageux à son jeu ; et lorsqu'il y a quatorze cartes ou plus, l'on refait nécessairement.

2. Qui prend plus de cartes qu'il n'en a écarté, ou s'en trouve en jouant en avoir plus qu'il ne faut, ne compte rien du tout, ni ne peut empêcher son adversaire de compter tout ce qu'il a dans son jeu, encore que ce qu'il a soit de beaucoup inférieur à celui qui a treize cartes ou davantage.

3. Qui prend moins de cartes ou s'en trouve moins, peut compter tout ce qu'il a dans son jeu, n'y ayant point de fautes à jouer avec moins de cartes ; mais son adversaire compte toujours la dernière, attendu qu'il ne fournit point, et par conséquent il ne saurait être capot ; au lieu que celui qui a

moins de cartes le serait, si son adversaire faisait les onze premières levées, n'ayant point de quoi fournir à la douzième.

4. Qui a commencé à jouer et oublié à compter cartes blanches, le point ou les as, rois, dames, etc., ou les tierces, quatrièmes, quintes, etc., qu'il peut avoir de bonnes dans son jeu, n'est plus reçu à les compter après, et tout cet avantage devient nul pour lui.

5. Lorsqu'avant de jeter la première carte on ne montre pas le point qu'on a de plus que son adversaire, ou quelque tierce, quatrième, etc., on ne peut plus y revenir, et on les perd. En ce cas, le premier à qui l'on aurait dit que son point ne vaut pas ou ses tierces, etc., ou trois de quelques autres choses, est en droit, pourvu qu'il ne joue pas sa seconde carte, de compter son jeu, qu'on lui aurait dit ne point valoir.

6. Il n'est pas permis d'écarter à deux fois, c'est à dire que du moment où l'on a touché le talon après avoir écarté tel ou tel nombre de cartes qu'on a jugé à propos, on ne peut plus les reprendre : cette loi ou plutôt cette règle regarde également les deux joueurs.

7. Il n'est permis à aucun des deux joueurs de regarder les cartes qu'il doit prendre en les étendant avant d'écarter; c'est pourquoi, lorsque celui qui a la main ne prend pas ses cinq cartes du talon, il doit dire à son adversaire : Je n'en prends que tant, et j'en laisse tant.

8. Celui qui a écarté moins de cartes qu'il n'en prend, et s'aperçoit de son erreur avant d'en avoir retourné aucune, ou mis sur les siennes, est reçu à remettre ce qu'il a de trop sans encourir aucune peine, pourvu néanmoins que son adversaire n'ait point les siennes ; car s'il les avait prises et vues, il lui serait loisible de jouer le coup, ou de refaire ; et si le coup se jouait, la carte de trop serait mise à l'un des deux écarts, après avoir été vue des deux joueurs.

9. Si celui qui donne deux fois de suite reconnaît sa faute avant d'avoir vu aucune de ses cartes, son adversaire sera obligé de faire, lors même qu'il aurait vu son jeu.

PIQUET.

10. Quand le premier accuse son point et ce qu'il peut avoir à compter dans son jeu, et que l'autre lui ayant répondu : Cela est bon, il s'aperçoit ensuite, en examinant mieux son jeu, qu'il s'est trompé ; pourvu qu'il n'ait point joué, il est reçu à compter ce qu'il a de bon, et efface ce que le premier aurait compté, encore que ledit premier eût commencé à jouer.

11. Celui qui pouvant avoir quatorze d'as, de rois, de dames, de valets ou de dix, en écarte une de celles-là, et n'accuse par conséquent que trois as, trois rois, trois dames, trois valets ou trois dix, et qu'on lui ait dit qu'ils sont bons ; celui-là, dis-je, est obligé de dire au juste à son adversaire laquelle de ces cartes lui manque, pourvu qu'il le lui demande d'abord après qu'il a joué la première carte de son jeu.

12. S'il arrivait que le jeu de cartes se rencontrât faux, c'est à dire qu'il y eût deux dix ou deux autres cartes d'une même façon, ou qu'il y eût une carte de plus ou de moins, le coup seulement demeurerait nul ; les précédents, s'il y en avait de joués, seraient cependant bons.

13. Si, en donnant les cartes, il s'en trouve une de retournée, il faut rebattre, et recommencer à les couper et à les donner.

14. S'il se rencontre une carte tournée au talon, le coup est bon, pourvu que ce ne soit pas la carte de dessus, ou bien la première des trois que le dernier doit prendre ; et s'il y en avait deux il faudrait refaire.

15. Celui qui accuse faux en disant : j'ai trois ou quatre as, rois, dames, valets et dix, qu'il pourrait avoir même et qu'il n'a cependant pas, ne compte pour cela rien de tout ce qu'il a dans son jeu, à moins qu'il ne se reprenne avant de jeter la première carte ; car s'il a joué seulement une carte, et que son adversaire s'aperçoive d'abord, ou au milieu, ou à la fin du coup, qu'il a compté faux, il l'empêche non seulement de rien compter de son jeu, mais il compte encore tout ce qui est bon dans le sien, ce que l'autre ne peut point parer ; il en est de même de celui qui, au lieu de compter qua-

torze d'as ou de rois, etc., ou trois de quelque chose, compterait à la place ce qu'il n'aurait pas, comme au lieu des as compterait des rois.

16. Toute carte lâchée et qui a touché le tapis, est censée jouée ; si pourtant on n'était que second à jouer, et qu'on eût couvert une carte de son adversaire qui ne fût pas de même couleur et qu'on en eût dans son jeu, en ce cas il est permis de la reprendre pour fournir de la même couleur, ne pouvant pas renoncer : il n'y a aucune peine pour cela ; mais si, n'ayant pas de la couleur jouée, on jetait par mégarde une carte au lieu d'une autre, il ne serait plus permis de la reprendre dès qu'elle est lâchée de la main.

17. Celui qui, pour voir les cartes que laisse le dernier, lorsqu'il en laisse, dit : Je jouerai de telle couleur, et qui, jouant ensuite, ne jette pas de la couleur qu'il serait obligé de jouer, il dépend de son adversaire de le faire jouer par la couleur qu'il trouvera à propos.

18. Celui qui, par mégarde ou autrement, tourne ou voit une carte du talon, doit jouer de la couleur que son adversaire voudra autant de fois qu'il aurait vu de cartes ; une fois s'il n'y a eu qu'une carte tournée, deux s'il y en a eu deux, etc.

Cette règle regarde le dernier dont le premier a vu quelque carte ; car si le dernier voyait ou tournait le talon du premier, il serait libre au premier de jouer le coup, ou de refaire après avoir vu son jeu.

19. Celui qui ayant laissé une carte du talon, la mêle à son écart avant de l'avoir montrée à son adversaire, peut être obligé par lui, après qu'il lui a nommé la couleur dont il commencera à jouer, à lui montrer tout son écart ; il lui est permis de ne pas la voir ni montrer, pourvu qu'il ne la mêle point à son écart.

20. Qui reprend des cartes dans son écart, ou est surpris à en changer, ou fait quelques autres tours de fripon, perd la partie, et doit être chassé comme un coquin avec qui on ne doit plus jouer.

21. Qui quitte la partie avant qu'elle soit finie la perd ; à

PIQUET A ÉCRIRE.

moins que ce ne soit d'un mutuel consentement qu'elle soit remise.

22. Celui qui, croyant avoir perdu, jette ses cartes qu'on brouille avec le talon, perd en effet la partie, encore qu'il s'aperçoive après qu'il s'est mépris ; mais si rien n'est mêlé, il y peut revenir, pourvu que l'autre n'ait pas brouillé son jeu.

De même s'il arrive à la fin d'un coup qu'un joueur ayant en sa main deux ou trois cartes, et croyant que son adversaire les a plus hautes, il les jette toutes ensemble, si celui qui joue contre lui montre alors ses cartes, il le lève pour lui, quoique ses cartes soient inférieures, et le premier n'en peut revenir, perdant en effet les cartes qui lui restent.

23. Celui qui, étant dernier, écarterait et perdrait les cartes du premier avant que le premier eût eu le temps de faire son écart, et les aurait mêlées à son jeu, perdrait la partie s'il jouait au cent, ou le grand coup s'il jouait en partie ; mais si le premier avait eu le temps d'écarter, et qu'il eût attendu que le dernier eût pris ses cartes se croyant être le premier, le coup serait bon, et celui qui est le droit premier commencerait à jouer.

24. Quand on n'a qu'un quatorze en main qui doit valoir, on n'est pas obligé de dire si c'est d'as, de roi, de dame, etc. On dit seulement *quatorze* ; mais si l'on en peut avoir deux dans son jeu, et que l'on n'en ait qu'un, ayant écarté une carte ou deux qui vous réduisent à un seul, alors on est obligé de nommer le *quatorze* que l'on a.

PIQUET A ÉCRIRE. Ce jeu n'a lieu que parmi les habiles joueurs de piquet, parce qu'il est un peu plus compliqué que le piquet ordinaire, et qu'il exige des combinaisons et des calculs qui demandent de la réflexion. On y peut jouer trois, quatre, cinq, six et sept personnes.

1. Lorsqu'on joue au *malheureux*, celui qui est marqué continue à jouer, et celui qui marque est relevé par celui des joueurs qui attend que l'un des joueurs sorte, le coup fini, chacun relevant à son tour ; au lieu que lorsqu'on joue à

tourner, on commence par un côté, et l'on tourne toujours du même côté; par exemple, je commencerai la partie avec le joueur qui sera à ma droite; après que nous aurons joué notre coup, il jouera encore un coup avec le joueur de sa droite, et ainsi des autres : c'est la manière la plus égale de jouer ce jeu.

2. Avant de commencer à jouer, il faut convenir combien l'on jouera de rois ou de tours; si c'est six, neuf ou douze rois, plus ou moins; un roi c'est deux tours, et un tour c'est deux coups. Il faut, pour qu'un tour soit joué, que chacun des deux joueurs ait mêlé une fois : l'on convient ensuite de la valeur de chaque point, soit deux centimes, cinq, ou davantage si l'on veut : on voit après à qui fera.

3. L'on joue du reste selon les règles du piquet, et chacun des deux joueurs fait une fois seulement, et l'on compte à demi-tour les points que l'on fait de plus que son adversaire, en les marquant avec des jetons : par exemple, on suppose que du premier coup l'un des deux joueurs ait fait vingt points, et son adversaire dix, ce sont dix points que le premier a contre l'autre, et qu'il marque avec des jetons jusqu'à ce que le second coup soit joué : si, dans ce second coup, celui qui a les dix points sur l'autre, n'en faisait encore que dix, et que son adversaire en fît quarante, ce serait vingt points que celui-ci aurait plus que lui de ce second coup, parce que de quarante points il faudrait en soustraire vingt points; savoir, dix du coup précédent, et dix du second coup : par conséquent il resterait vingt points que l'on écrirait pour le perdant, et ainsi des autres coups.

4. Au reste, voici une table qui apprendra la manière dont on doit marquer ceux qui perdent, en observant seulement que tous les points qui se trouvent au-dessous de cinq sont comptés pour rien, et que cinq points ou au-dessus valent dix.

5. Par cette raison, quinze points en vaudront contre le marqué autant que vingt-quatre, c'est à dire qu'ils seront marqués pour vingt, et ainsi des autres. Si l'on est trois

joueurs, l'on fait trois colonnes, à la tête de chacune on met le nom du joueur, laquelle on marque à mesure qu'il est marqué.

Table qui marque douze rois ou tours joués.

	JEAN.	PIERRE.	DENIS.
	30	30	60
	40	40	100
	100	30	40
	30	50	90
	70	50	70
	90	60	100
	50	30	30
	60	80	20
TOTAUX	470	370	510

6. Voilà les colonnes de chaque joueur marquées des points qu'ils ont perdus dans le cours de douze rois qu'ils ont joués. On additionne chaque colonne, pour voir à combien les points montent, et les ranger comme suit :

Addition des points des joueurs.

Jean perd 470 points.
Pierre. . 370
Denis. . . 510

Total, 1350 points qu'il faut diviser entre trois personnes, ce qui fait pour chacune 450 points. Cette division faite, chaque joueur prend sa rétribution, de manière que Pierre, qui n'a que 370 points, gagne 80 points, parce qu'il manque de nombre pour se remplir des 450 qui font son tiers dans 1350 points ; ainsi Jean, qui est marqué de 470 points, perd vingt points, à cause qu'il a ce même nombre au-dessus de 450 ; et par la même raison, Denis perd 60 points, ayant ce même nombre au-dessus de 450 ; et lorsqu'il y a quelque dixaine de surnuméraire, elle est au profit de celui qui perd le plus.

7. Il se paye ordinairement une consolation à ce jeu, qui est de 20 par marque, plus ou moins, ainsi qu'on en convient ; en sorte que si elle est de vingt, le joueur qui est marqué de trente par le jeu, est marqué de cinquante en perte, et ainsi des autres.

8. Il y a une autre manière de jouer le piquet à trois ou à cinq, moins embarrassante, en ce qu'il n'est pas besoin de plumes, ni de papier, ni d'addition ; la voici :

Chaque joueur prend la valeur de six cents marques en cinq fiches et dix jetons ; chaque fiche vaut dix jetons, et chaque jeton est compté pour dix marques ; de façon qu'un joueur marqué trente, en mettant trois jetons, paye.

9. L'on joue du reste le jeu de la même façon qu'en écrivant, à la réserve qu'il y a au bout de la table, au lieu d'une écritoire, un corbillon, dans lequel on met ce dont on est marqué, et que l'on partage également entre tous les joueurs à la fin de la partie.

10. La consolation se paye la même chose par le marqué, qui, au lieu de dix dont il est marqué par le jeu, en met trente dans le corbillon, et au lieu de trente, cinquante, et ainsi des autres ; et, outre cette consolation, il y en a une que celui qui est marqué paye également, et qui est deux jetons qu'il paye en propre à celui qui l'a marqué d'un grand ou petit coup et un jeton aux autres joueurs ; il en est de même payé lorsqu'il marque, ou que les autres jouent entre eux.

11. Lorsque les coups de deux joueurs sont égaux, ou qu'il ne reste pas à l'un plus de quatre points plus qu'à l'autre, c'est un refait, et celui qui est marqué après un refait, paye

pour cela au corbillon vingt marques de plus, et pour deux refaits quarante, et ainsi des autres.

12. A moins que l'on ne soit convenu auparavant que, pour empêcher les refaits, on marquera à un point; en ce cas, pour que le refait ait lieu, il faut que les deux coups soient absolument égaux.

13. Lorsque la partie est achevée de jouer, ce que l'on voit par une carte où l'on a marqué les tours que l'on a eu dessein de jouer, et que le corbillon est partagé, chacun voit ce qu'il gagne ou perd sans aucun embarras, et les jetons impairs et surnuméraires qui n'ont pu être partagés sont au profit de celui qui perd davantage.

PIQUET NORMAND ou PIQUET A TROIS (jeu du). Il se joue comme le piquet à deux, le nombre et la valeur des cartes y sont les mêmes, la manière de jouer est aussi la même, ainsi que celle de compter les points.

Il y a néanmoins quelques règles particulières à ce jeu qu'il est essentiel de connaître pour le bien jouer.

1. Après avoir tiré à qui fera, celui qui mêle, après avoir fait couper le joueur de sa gauche, distribue aux deux autres joueurs ainsi qu'à lui-même dix cartes par deux et trois, à sa volonté, mais jamais par quatre.

2. Deux cartes restent au talon que celui qui fait peut échanger contre deux de ses cartes s'il y trouve son avantage.

3. Les dix-huitième, dix-septième, seizième, quinte, quatrième, etc., y ont lieu comme au piquet à deux, ainsi que les quatorze, les trois as, les trois rois, les trois dames, etc.

4. Si celui qui est le premier à jouer, après avoir compté son jeu, parvient jusqu'au nombre vingt, sans avoir jeté aucune carte sur le tapis, il compte quatre-vingt-dix, et la partie est presque gagnée : s'il n'atteint ce nombre qu'après avoir jeté une ou plusieurs cartes, il ne compte que soixante.

5. Celui qui a fait le plus de levées, compte dix pour les cartes.

6. Le capot arrive à ce jeu assez souvent, il vaut quarante points comme au jeu de piquet; mais ces quarante points se

Celui qui a plus tôt couvert toutes ses dames dans la seconde table a gagné la partie; mais il n'a pas le dé pour la revanche, et on tire à qui l'aura.

POQUE (jeu du). Ce jeu qui a beaucoup de rapport avec le hoc, se joue depuis trois personnes jusqu'à six; les cartes sont au nombre de trente-six lorsque l'on est six; mais si les joueurs n'étaient qu'au nombre de trois ou quatre, on ôterait les six, et le jeu serait réduit à trente-deux.

On tire à qui fera (il y a un avantage à mêler); celui sur qui le sort est tombé, ayant fait couper à sa gauche, donne à chacun des joueurs cinq cartes par deux et trois.

Les joueurs doivent prendre chacun un enjeu, qui est ordinairement de vingt jetons et quatre fiches (chaque fiche valant cinq jetons), et dont on porte la valeur si haut et si bas que l'on veut.

On a six poques, c'est à dire six cassetins de la grandeur d'une carte, et fort bas de bord; on les met sur la table l'un contre l'autre, et chacun de ces poques ou cassetins a son nom écrit; l'un est marqué as, l'autre roi, un autre dame, l'autre valet, un autre dix et neuf, et enfin le sixième est marqué le poque; on met d'abord un jeton dans chaque poque; celui qui a mêlé ayant distribué les cartes, on tourne une sur le talon; et si c'est une de celles qui sont marquées sur les poques, comme par exemple, s'il tourne un as, un roi, une dame, un valet ou dix; il tirera les jetons qui sont dans le poque marqué de la carte tournée.

Après cela chacun voit son jeu, et examine s'il n'a point poque; c'est à dire s'il n'a point deux, trois ou quatre as; et ainsi des autres cartes au dessous, les as étant les premières cartes du jeu.

Celui qui est à parler, doit dire pour lever le poque; je poque d'un jeton, de deux, ou davantage s'il veut, et si ceux qui le suivent l'ont aussi, ils peuvent tenir au prix où est porté le poque, ou bien renvier de ce qu'ils veulent; ou l'abandonner sans vouloir hasarder de perdre le renvi qu'il faudrait payer s'ils perdaient.

POQUE. 215

Les renvis faits, chacun dit quel est son poque et le met bas, et celui qui a le plus haut, gagne, non seulement ce qui est dans le poque, mais encore tous les renvis qui ont été faits. Quand quelqu'un des joueurs dit, je poque de tant, et que personne ne répond rien là-dessus, soit qu'on n'ait pas poque, ou qu'on l'ait trop bas, le joueur qui a parlé le premier, lève le poque, sans être obligé de montrer son jeu.

Le poque de retour, c'est à dire deux sept en main, et un qui retourne, vaut mieux que les deux as en main, et ainsi des autres cartes; à plus forte raison le poque de trois cartes emporterait celui de deux, et celui de quatre celui de trois; encore que le poque de moins de cartes fût de beaucoup supérieur par la valeur des cartes.

Lorsque le poque est levé, on voit dans son jeu si l'on n'a point l'as, le roi, la dame, le valet, ou le dix de la couleur de la carte qui tourne; celui des joueurs qui a l'un ou l'autre, ou plusieurs, lève les poques marqués aux cartes qu'il en a, et ceux qui ne sont pas levés, restent pour le coup suivant.

Pour bien jouer les cartes au poque, on doit toujours s'en aller de ses plus basses, parce qu'il arrive souvent que ne pouvant rentrer au jeu, elles resteraient en main, ce qui serait préjudiciable, attendu que celui qui se trouve le plus de cartes, quand un des joueurs s'en est défait entièrement, celui-là est obligé de donner autant de jetons à chacun qu'il se trouve de cartes dans la main.

Il est prudent aussi de se défaire des as d'abord qu'on le peut; on doit les jouer avant tous les autres, puisqu'on ne risque pas pour cela de perdre la primauté à cause qu'on ne saurait mettre de cartes par dessus, et ensuite jouer ses cartes autant de suite qu'il est possible, comme sept, huit, neuf, etc., ou autres.

Supposé donc qu'on commence à jouer par un sept, on dira sept, huit si on en a le huit de la même couleur, autrement il faudra dire sept sans huit; et celui qui a le huit de cette même couleur, le joue et continue de jouer le neuf de la même couleur s'il l'a, et autrement, il dit sans neuf, et ainsi des autres: et si tous les joueurs se trouvent sans avoir la partagent entre les deux autres joueurs, c'est à dire que chacun d'eux compte vingt points. Mais si les deux joueurs étaient capots, alors le troisième joueur qui serait parvenu à faire toutes les levées marquerait en sa faveur quarante points.

7. L'un des trois joueurs ayant atteint le premier le nombre cent, ou cent cinquante ou deux cents, suivant que la partie a été fixée, se retire; les deux autres joueurs luttent l'un contre l'autre au piquet à deux à qui sera le vainqueur; celui qui succombe dans cette lutte, perd alors la partie contre les deux joueurs.

PIQUET VOLEUR ou *piquet à quatre*. Les règles et la manière de compter sont les mêmes qu'aux deux autres piquets; à ces différences près que dans la partie à quatre, la lutte est établie entre deux joueurs, contre les deux autres; que celui qui fait, distribue les cartes par deux et trois, et à chacun huit cartes, ce qui fait trente-deux, en sorte qu'il ne reste point de talon. Il est bon d'observer que les joueurs du même partie ne sont pas placés l'un contre l'autre, mais ils sont alternés par les deux autres joueurs.

Le premier joueur accuse son jeu, son point, sa quinte, ses quatrièmes, ses tierces, etc. et ses quatorze, s'il en a; s'ils sont bons, son partenaire peut compter tout ce qu'il peut avoir d'avantageux dans son jeu; les deux autres joueurs ne pouvant rien accuser qui puisse l'emporter ou contrebalancer ce qui a été annoncé par le premier à jouer ou son partenaire, alors il commence le jeu, et si la réunion des levées est plus forte, il compte dix pour les cartes, et si les deux autres joueurs sont capots, quarante.

Si deux joueurs associés sont de mauvaise foi, ils peuvent gagner souvent, au moindre signe qu'ils sont à même de faire pour se donner à connaître les cartes qu'ils ont. Ce sont alors des fripons qu'il est d'usage de mettre à la porte d'une maison honnête.

Il faut voir ce jeu pour bien se pénétrer de ses principes. Au reste, celui qui connaît le piquet à deux, à trois, est bientôt au fait de celui à quatre. Deux ou trois leçons suffisent pour le mettre au fait de ce jeu, qui est une modification du piquet simple.

PLEIN (jeu du). Ce jeu, qui est un dérivé de celui du trictrac, est appelé le *jeu du plein*, parce que les joueurs ne tendent qu'à remplir et faire leur plein; c'est à dire à parvenir à mettre douze dames couvertes et accouplées dans la table du grand-jan; que l'on appelle au trictrac indifféremment grand-jan ou grand-plein.

Ceux qui savent jouer au trictrac, apprennent facilement ce jeu; il demande, la vérité, quelque conduite, mais l'on peut dire que le hasard y a presque toujours plus de part que le bien joué, puisque celui qui y amène les plus grands nombres, gagne infailliblement la partie.

On joue ce jeu dans un trictrac, dans lequel il y a trente dames, moitié d'une couleur et moitié d'une autre, deux cornets et des dés.

Ce jeu ne peut être joué qu'entre deux personnes. On tire à qui aura le dé; à cet effet chacun en prend un et jette; celui qui a amené le plus gros nombre a le dé.

On dispose le trictrac de la même manière que si l'on voulait jouer à ce jeu; chacun empile ses dames sur la première case ou flèche de la table, la plus éloignée du jour, comme au trictrac.

Quant à la manière de nommer et jouer ou jeter les dés, et de savoir quand le coup est bon ou non, on en trouvera l'explication dans les règles du révertier. Voyez *Révertier* (jeu du).

Vos dames étant empilées, il faut abattre d'abord beaucoup de bois, ensuite coucher six dames toutes plates sur les flèches du grand-jan, parce qu'il est facile de couvrir après quand on a du bois abattu.

Il est permis en ce jeu de mettre une seule dame dans le coin, qu'on nomme au trictrac coin de repos.

Les doublets s'y jouent comme au révertier, doublement.

Il faut surtout bien prendre garde de ne point forcer son jeu, et tâcher d'avoir toujours les grands doublets à jouer.

dite carte qu'on a appelée, celui qui a parlé le premier, joue la carte de son jeu qu'il veut, et la nomme de la même manière ; cela s'observe de la sorte jusqu'à ce qu'un des joueurs se soit défait de toutes ses cartes, et celui qui s'en est défait le premier, tire un jeton de chaque carte que les joueurs ont en main, lorsqu'il a fini, sans que cela empêche que celui qui en a davantage, paye à chaque joueur autant de jetons qu'il a de cartes en main.

QUADRILLE (jeu du). C'est le même que le *médiateur*. Le nom de *quadrille* vient de ce qu'il se joue entre quatre personnes, mais il n'est pas plus en usage aujourd'hui que le *médiateur*.

QUARANTE DE ROIS (jeu du). Sorte de jeu de cartes qui se joue entre quatre personnes, dont deux sont associés contre les deux autres.

Le jeu dont on se sert est composé de trente-deux cartes, huit de chaque couleur : la plus haute est le roi et la plus basse est le sept.

L'associé de chaque joueur doit être indiqué par le sort : pour cet effet, un des joueurs, après avoir mêlé les cartes et fait couper, les retourne et les jette l'une après l'autre devant chaque joueur, jusqu'à ce qu'il ait paru un roi : alors on ne jette plus de cartes devant le joueur où est le roi, mais on continue à en jeter devant les autres joueurs, jusqu'à ce qu'ils aient chacun un roi. Cette opération finie, les deux joueurs qui ont chacun un roi rouge, sont partenaires l'un de l'autre, et ceux qui ont les rois noirs deviennent leurs adversaires.

L'associé ou le partenaire d'un joueur doit être placé vis-à-vis et non à côté de lui. Il suit de là que chaque joueur se trouve entre ses deux adversaires.

C'est aussi par le sort qu'on fait désigner le joueur qui doit donner.

Le prix de la partie étant fixé, on convient ordinairement que pour la gagner il faudra faire cent cinquante points : ce nombre peut être augmenté ou diminué, à la volonté des joueurs.

Il est assez d'usage que les associés restent ensemble jusqu'à ce qu'un des deux partis ait gagné et donné la revanche.

Comme il y a de l'avantage à donner, on doit éviter de faire faute en distribuant les cartes; car si l'on en distribuait à un joueur plus ou moins qu'il ne doit en avoir, la main passerait au joueur qui suivrait.

Celui qui doit donner ayant mêlé les cartes, il fait couper par le joueur placé à sa gauche; ensuite il distribue en trois tours huit cartes à chaque joueur, une fois deux et deux fois trois, en commençant par sa droite : il finit par découvrir la dernière carte qui lui appartient et qui forme la triomphe. Cette carte doit rester sur le tapis jusqu'à ce que celui qui a donné soit en tour de jouer.

La parole appartient successivement à tous les joueurs; en commençant par la droite de celui qui a donné : ainsi, avant de jouer, chacun doit annoncer ce qu'il peut avoir à compter dans son jeu; car, aussitôt qu'on a joué une carte, ce qui n'a point été annoncé, est perdu pour le joueur qui l'a oublié.

Les choses à annoncer sont ce qu'on appelle les *cliques*, qui consistent en trois ou quatre valets, trois ou quatre dames, et trois ou quatre rois; mais il n'y a à chaque coup qu'une de ces cliques qui puisse être valable et produire des points. Trois valets peuvent être infirmés par trois dames, trois dames par trois rois, trois rois par quatre valets ou quatre dames, quatre valets par quatre dames ou quatre rois, et quatre dames par quatre rois. Il suit de là que si le premier accuse, par exemple, trois valets, et que le second ait trois dames ou trois rois, celui-ci répond que les trois valets ne valent pas. La parole passe ainsi à tous les joueurs, et celui qui a fait l'accusation de la clique reconnue supérieure, marque les points qu'elle autorise à compter. Ces points sont au nombre de six pour trois valets reconnus bons, de huit pour trois dames, de dix pour trois rois, de treize pour quatre valets, de vingt pour quatre dames, et de quarante pour quatre rois.

Le premier en cartes, après avoir annoncé sa clique, s'il en a une, commence à jouer par telle carte de son jeu qu'il juge à propos. Le joueur qui suit doit fournir de la couleur jouée, s'il en a, mais il n'est pas obligé de forcer : il peut d'ailleurs renoncer pour couper, et pour surcouper.

L'objet que doivent se proposer les associés, est de réunir dans les levées qu'ils peuvent faire l'un et l'autre, le plus de figures qu'il leur est possible, attendu qu'il n'y a que les figures, c'est à dire les rois, les dames et les valets qui produisent les points.

Un principe dont ceux qui jouent bien ne s'écartent pas, est que les deux associés ne doivent rien négliger pour se favoriser réciproquement. Ainsi, quand un joueur a connaissance qu'une levée où il se trouve déjà une figure peut être faite par son partenaire, il doit, selon les circonstances, ajouter à cette levée une autre figure par préférence à une basse carte qui ne peut rien faire compter.

Lorsque le coup est joué, les joueurs qui sont associés réunissent ensemble les levées qu'ils ont faites, et ils comptent les points qu'elles contiennent, qu'ils ajoutent ensuite à ceux qu'ils ont déjà marqués précédemment.

Ces points viennent, comme nous l'avons déjà dit, des rois, des dames et des valets ; un roi en produit cinq, une dame quatre, et un valet trois. Il suit de là qu'à chaque coup de la partie, il y a 48 points à gagner en jouant indépendamment de ce qu'on a pu compter pour la clique qui a été reconnue valable.

Quand on a soi-même, ou qu'on sait que son partenaire a des rois dans son jeu, on doit tâcher de faire tomber les àtouts, afin qu'il n'en reste plus pour couper les rois lorsqu'on les jouera. Par la même raison, les autres joueurs doivent éviter de jouer à-tout, afin de conserver leurs triomphes pour couper les rois de leurs adversaires.

QUINEQUENOVE (jeu du). Sorte de jeu de hasard, qui se joue avec un cornet et deux dés.

Le nombre des joueurs est illimité ; chacun prend le cornet et les dés à son tour. Celui qui les a, joue seul contre tous ; c'est pourquoi il est alors banquier et les autres sont pontes.

Chaque ponte met au jeu la somme qu'il juge à propos, et le banquier couvre cette masse d'une somme égale.

Si le banquier amène un doublet ou les points de 3 ou de 11 qu'on appelle hasards, il gagne tout ce que les pontes ont mis au jeu sur le coup ; si, au contraire, il amène les points de 5 ou de 9, il perd tout ce qu'il a au jeu.

Mais si le banquier amène les points de 4, de 6, de 7, de 8, ou de 10, personne ne gagne sur le coup ; il se décidera en faveur du banquier, s'il ramène les mêmes points avant d'amener 5 ou 9 ; et les pontes gagneront si l'une de ces dernières chances arrive avant celle où ils auront risqué leur argent.

QUINTILLE (jeu du). Ce jeu suit, à quelques exceptions près, les règles du quadrille. Mais ne se jouant pas plus que ce dernier, nous nous abstiendrons d'indiquer la manière de le jouer, ainsi que ses règles.

QUINZE (jeu du). Sorte de jeu de hasard et de renvi auxquelles peuvent jouer ensemble deux, trois, quatre, cinq et six personnes.

On emploie ordinairement, pour jouer à ce jeu, deux jeux composés chacun de cinquante-deux cartes, c'est à dire deux jeux entiers. On réunit ensemble, pour former un jeu, les piques et les trèfles des deux jeux, et les couleurs rouges forment l'autre jeu.

La partie est limitée au nombre de tours dont on convient.

On commence par faire prononcer le sort sur la distribution des places que les joueurs occuperont autour de la table. Lorsqu'il y a, par exemple, cinq joueurs, on tire du jeu cinq cartes, savoir, un roi, une dame, un valet, un dix et un neuf, qu'on mêle, et qu'ensuite on présente aux joueurs, afin que chacun en prenne une. Celui qui se trouve avoir le roi, choisit la place qu'il juge à propos ; la dame se met à la droite du roi ; le valet à la droite de la dame ; le dix à la droite du valet, et le neuf à la gauche du roi.

C'est au joueur qui a le neuf à distribuer les cartes le premier.

Avant cette distribution, chacun met en évidence devant soit l'argent dont il veut composer sa cave. On a coutume de convenir que la cave pourra bien excéder une somme qu'on fixe, mais qu'elle ne pourra pas être au dessous de cette somme.

Chaque joueur met ensuite au jeu un jeton ou un franc selon la convention, et la totalité de ces mises forme ce qu'on appelle le *jeu* ou la *passe*.

Cela fait, le joueur qui donne, mêle les cartes, et après avoir fait couper le joueur qu'il a à sa gauche, il en distribue une à chacun de ses adversaires, en prenant cette carte, non au dessus du jeu comme cela se pratique d'ordinaire aux autres jeux, mais à la partie inférieure du talon.

La parole appartient en premier lieu au joueur qui est à la droite du distributeur des cartes, et successivement à chaque joueur qui suit, dans le même ordre.

Ainsi, quand chaque joueur à sa carte, celui qui a la parole dit qu'il *passe*, ou qu'il propose, soit le jeu, soit une somme quelconque prise dans sa cave, ou même la totalité de sa cave.

On passe non seulement quand on a mauvais jeu, mais encore lorsqu'on a beau jeu, parce que, dans ce cas-ci, il se réserve le droit de renvier celui qui jouera le premier.

S'il arrive que tous les joueurs passent, chacun remet au jeu, et l'on donne de nouvelles cartes.

Il faut observer que ces nouvelles cartes se donnent par le joueur qui a distribué les premières, et que le même joueur doit continuer de donner sans remêler, jusqu'à ce qu'il ne reste plus au talon assez de cartes pour en distribuer une à chaque joueur, et en conserver en outre deux dans la main.

Lorsqu'un joueur ayant la parole, ouvre le jeu, soit en disant *qu'il fait le jeu* ou *la passe*, soit en proposant une somme quelconque, qui ne peut être au dessous de la passe ; à moins qu'il n'ait plus qu'un reste de cave devant lui ; le joueur suivant est obligé d'accepter la proposition, ou de dire qu'*il passe*. Dans ce cas-ci, il ne peut plus revenir sur le coup : mais lorsqu'il a accepté de jouer ce que l'autre a proposé, il peut renvier, s'il le juge à propos, et si le premier joueur n'accepte pas. le renvi, il perd ce qu'il a d'abord proposé.

Observez que quand le joueur qui a la parole a passé sans qu'aucun joueur précédent ait ouvert le jeu, il peut rentrer en concurrence avec ceux qui viennent à ouvrir le jeu, ou à faire quelque autre proposition. La même règle s'applique à tous ceux qui ont passé, lorsque auparavant il n'a été fait aucune proposition.

Si celui qui a ouvert le jeu ou proposé de jouer une somme quelconque, vient à être renvié, et qu'il ait accepté le renvi, il demande carte au joueur qui donne et qui tient dans sa main le talon. Celui-ci détache alors une carte de la partie inférieure du talon, et la donne à celui qui l'a demandée ; elle se met découverte sur la première carte distribuée au joueur. Celle-ci doit rester couverte jusqu'à la fin du coup.

La carte demandée étant donnée, la parole appartient au joueur qui a reçu cette carte. Il peut alors dire qu'il s'en tient à ce qui est fait, ou il peut faire une proposition nouvelle en forme de renvi. Dans l'un comme dans l'autre cas ; les joueurs qui sont engagés sur le coup peuvent renvier, s'ils le jugent à propos ; et ceux qui refusent d'accepter le renvi, perdent ce qu'ils ont exposé avant leur refus.

On observe ici que le joueur qui approche le plus près du point de *quinze*, sans l'excéder, gagne ce qu'on a joué, et que, dans le cas où les points des deux joueurs seraient égaux, la primauté l'emporterait. Cette primauté appartient au joueur qui est le plus près de la droite du distributeur des cartes : il suit de là qu'un joueur qui réunit à la primauté le point de *quinze*, gagne nécessairement.

La valeur des cartes se détermine par la quantité des points que chacune d'elles présente. Ainsi l'as se compte pour un point, les deux pour deux points, etc.; quant aux figures, elles valent chacune dix points.

Lorsque les renvis proposés sur la première carte demandée sont terminés par l'acceptation des joueurs, celui qui a demandé une première carte peut en demander une nouvelle s'il le juge à propos, et successivement en demander plusieurs autres, si cela lui convient, tant qu'il n'a point excédé le point de *quinze*; mais s'il vient à excéder ce point, il a perdu irrévocablement, et il doit alors abandonner son jeu.

On doit remarquer, au surplus, qu'à chaque nouvelle carte qui est demandée, la faculté de renvier se représente pour tous les joueurs intéressés sur le coup.

Quand le premier n'ayant point excédé le point de *quinze* ne veut plus ajouter de cartes à celles qu'il a demandées pour former son jeu, il l'annonce en disant *basta*, terme qui signifie qu'il s'en tient à son jeu tel qu'il est.

C'est alors au joueur qui suit à former son jeu : pour cet effet il demande carte comme a fait le premier, et tout ce qu'on vient de dire relativement à lui se réitère successivement envers chacun des autres joueurs qui se trouvent intéressés sur le coup.

Lorsque chaque joueur a formé son jeu et qu'il n'y a plus lieu aux renvis, celui qui est le premier accuse son jeu et le met à découvert. Si le second a un point supérieur sans avoir *brûlé* ou *crevé* (1), il le montre pour faire connaître qu'il a gagné sur le premier; mais si le premier a gagné sur le second, celui-ci coule son jeu au rebut sans le montrer. Tout cela se pratique de même à l'égard du troisième et des autres joueurs qui peuvent être intéressés sur le coup.

On voit que ce jeu a quelque analogie avec la bouillotte et d'autres jeu de renvi, dont nous avons parlé dans le cours de cet ouvrage, mais qu'il en diffère par quelques points essentiels.

RAFLE. C'est un coup où les dés jetés viennent tous sur le même point. Si vous voulez savoir le parti de celui qui voudrait entreprendre d'amener en un coup avec deux ou plusieurs dés une rafle déterminée, par exemple terne, vous

(1) Ces deux mots signifient : excéder le point de *quinze*.

RAFLE. 223

considérerez que s'il l'entreprenait avec deux dés, il n'aurait qu'un hasard pour gagner, et 35 pour perdre, parce que deux peuvent se combiner en 36 façons différentes, c'est à dire que leurs faces qui sont au nombre de six, peuvent avoir 36 assiettes différentes, comme on le voit dans la table suivante :

1,1.	2,1.	3,1.	4,1.	5,1.	6,1.
1,2.	2,2.	3,2.	4,2.	5,2.	6,2.
1,3.	2,3.	3,3.	4,3.	5,3.	6,3.
1,4.	2,4.	3,4.	4,4.	5,4.	6,4.
1,5.	2,5.	3,5.	4,5	5,5.	6,5.
1,6.	2,6.	3,6.	4,6.	5,6.	6,6.

Ce nombre 36 étant le carré du nombre 6 des faces des deux dés, s'il y avait trois dés, au lieu de 36 carrés de 6, on aurait deux 216 pour le nombre des combinaisons entre trois dés ; s'il y avait quatre dés, on aurait le carré 1296 du même nombre 6, pour le nombre des combinaisons entre quatre dés, et ainsi de suite.

Il suit de là qu'on ne doit mettre que 1 contre 35, pour faire une rafle déterminée. On connaîtra par un semblable raisonnement qu'on ne doit mettre que 3 contre 213 pour faire une rafle déterminée avec trois dés en un coup, et 6 contre 1290, ou 1 contre 215 avec quatre dés, ainsi de suite parce que des 216 hasards qui se trouvent en trois dés, il y en a 3 pour celui qui tient le dé ; puisque trois choses se peuvent combiner 2 à 2, en trois façons, et par conséquent 213 contraires à celui qui tient le dé : et que des 1296 hasards qui se trouvent entre quatre dés, il y en a 6 qui sont favorables à celui qui tient le dé, puisque quatre choses se combinent 2 à 2 en six façons, et par conséquent 1290 contraires à celui qui tient le dé.

Mais si vous voulez savoir le parti de celui qui entreprendrait de faire une rafle quelconque du premier coup avec deux ou plusieurs dés, il ne sera pas difficile de connaître qu'il doit mettre 6 contre 30, ou 1 contre 5 avec deux dés, parce que, si des 36 hasards qui se trouvent entre deux dés, on ôte 6 hasards qui vont produire une rafle, il reste 30. On connaîtra aussi très aisément qu'avec trois dés, il peut mettre 18 contre 198, ou 1 contre 11, parce que si des 216 hasards qui se rencontrent entre trois dés, on ôte 18 hasards qui peuvent produire une rafle, il reste 198.

REVERSIS (jeu du). Ce jeu, qui nous vient des Espagnols, avait jadis beaucoup de vogue; cette vogue s'est ralentie; néanmoins il se joue dans beaucoup de sociétés bourgeoises.

Ce jeu est appelé reversis, parce qu'il se joue à l'inverse des autres jeux, c'est à dire que c'est celui qui fait le moins de levées qui gagne les cartes.

L'on joue à ce jeu quatre ou cinq personnes; le jeu de cartes dont on se sert est composé de quarante-huit, c'est à dire de toutes les cartes, à la réserve des dix que l'on ôte; et dont l'un est ordinairement destiné à marquer les tours, dans le Languedoc et la Provence on n'ôte pas les dix, c'est à dire que l'on joue avec un jeu entier, afin de rendre le reversis plus difficile à faire. L'as prend le roi, le roi la dame, et ainsi de suite, et l'on ne renonce jamais que dans un seul cas, qui sera expliqué plus loin à l'article *espagnolette*.

On tire pour les places; on tire aussi pour la donne, parce qu'il y a de l'avantage à donner les cartes : ensuite la donne circule toujours par la droite.

Il y a, indépendamment des autres, deux principaux objets à suivre à ce jeu, savoir : la *partie* et la *remise* au panier, ce que l'on expliquera dans le courant de cet article.

On donne onze cartes aux trois personnes avec qui l'on joue, et douze à soi-même, restent trois cartes. Chaque joueur en écarte une de son jeu et reprend une des trois du talon. Il n'est pas cependant obligé d'écarter pour reprendre; et, dans ce cas, il lui est permis de voir la carte qu'il laisse. Celui qui a donné, en écarte une sans reprendre; cela fait quatre cartes à l'écart, qui servent à composer la *partie* ; elles se placent toujours sous le panier, où l'on entasse les remises. Ce panier circule constamment avec la donne, et doit toujours se trouver à la droite de celui qui donne.

Il y a quarante points au jeu, savoir : les as comptent quatre, les rois trois, les dames deux, les valets un chacun. Ces points seuls se comptent dans les levées que l'on fait; les cartes blanches ne comptent rien.

De la partie. La partie se forme par les quatre cartes de l'écart. Les points s'y comptent comme dans les levées, à l'exception de l'as de carreau, qui y compte cinq, et du valet de cœur ou *quinola*, qui y compte trois. Aux points qui s'y trouvent on ajoute toujours quatre, et c'est proprement ce que l'on doit nommer la *partie*, attendu qu'il pourrait arriver que les quatre cartes de l'écart fussent toutes blanches, et que celui qui gagnerait la partie n'eût aussi rien pour sa peine.

Celui qui fait le plus de points dans ses levées, perd la partie; il la paye à celui qui la gagne.

Celui qui fait le moins de points, ou aucun point, ou point de levée, la gagne.

Il arrive souvent que deux des joueurs ont le même nombre de points : alors celui qui a le moins de levées a la préférence. S'ils avaient mêmes points et même nombre de levées, celui qui se trouve *le mieux placé* gagne : bien entendu que celui qui n'a point de levée, a la préférence sur celui qui a une levée blanche. En général, en cas d'égalité, le mieux placé est préféré.

Le *mieux placé* est toujours celui qui donne. Après lui, c'est son voisin à la gauche, et ainsi de suite, en passant par la gauche.

Lorsqu'un des joueurs fait toutes les levées, la partie ne se compte point : c'est le coup que l'on nomme *reversis* par excellence.

Du coup appelé reversis. On fait le reversis quand on fait seul toutes les levées : c'est le coup le plus brillant de ce jeu; mais on ne l'*entreprend* pas toujours impunément.

Quand les neuf premières levées sont faites, *le reversis est entrepris*. Alors, si on ne fait pas les deux autres levées, le reversis est dit *rompu à la bonne*, ou simplement *rompu.*

La *bonne* se rapporte aux différents petits paiements qui se font dans ce jeu. Il y a trois différentes *bonnes*.

1° *La première bonne*, c'est la première levée ;

2° *La dernière bonne*, c'est la dernière levée ;

3° *La bonne* pour le coup du reversis et pour l'espagnolette, ce sont les deux dernières levées.

Ne rompt le reversis que celui qui fait une des deux dernières levées contre le joueur qui l'aurait *entrepris*.

Il n'y a que celui qui fait le reversis qui puisse tirer la remise ; il n'y a aussi que lui qui puisse la faire, s'il le manque.

De la remise et du quinola. Quand le jeu commence, chaque joueur met au panier deux jetons ou dix fiches, et celui qui donne en met trois, ce qui forme le fond des remises. Elles se renouvellent toutes les fois que le panier est vide, ou qu'il y a moins que le premier fonds, c'est à dire neuf jetons ; ce fonds se nourrit par la contribution d'un jeton à chaque donne par celui qui donne.

La remise est attachée au valet de cœur ou *quinola*, qui est la carte la plus importante de tout le jeu. Toutes les fois que l'on donne le quinola en renonce, on tire la remise : cela s'appelle *placer* ou *donner le quinola*. Toutes les fois, au contraire, qu'il est forcé, c'est à dire quand on est obligé de le donner sur un cœur, il fait payer la remise ; cela s'appelle *forcer le quinola*.

Toutes les fois qu'on est obligé de jouer le quinola, on fait la remise : cela s'appelle *le quinola joué* ou *gorgé* ; excepté le seul cas où le joueur qui aurait joué le quinola ferait encore le reversis (et encore faut-il qu'il ait joué le quinola avant la bonne), c'est à dire à l'une des neuf premières levées, et c'est le plus grand coup que l'on puisse faire à ce jeu, parce que l'on tire les revenus du reversis et la remise.

Mais si le joueur eût joué le quinola à l'une des neuf premières levées, et qu'on lui rompît le reversis, il payerait le **reversis rompu**, et en outre ferait la remise : c'est le coup le plus cher.

Si, en faisant le reversis, on joue le quinola à la dixième

ou onzième levée, on ne tire point la remise, mais l'on se fait payer du reversis fait.

Si dans le reversis entrepris on jouait le quinola à la dixième ou onzième levée, et que le reversis fût rompu, on ne fait pas non plus la remise, mais on paye le reversis manqué.

Dans les autres cas où l'un des joueurs fait ou manque le reversis, et qu'un autre place le quinola, ou bien que son quinola lui est forcé, celui-ci ne tire la mise ni ne la fait. En un mot, du moment qu'il y a reversis, il n'y a point de remise, et le quinola redevient simple valet de cœur, excepté dans les cas expliqués plus haut, où celui qui entreprend le reversis lève le quinola avant la dixième levée.

Des payements. Celui qui donne un as en renonce, touche une fiche de celui qui fera cette levée; si c'est l'as de carreau il en recevra deux. On paye tout de suite; de même en donnant le quinola en renonce, on recevra un jeton ou cinq fiches.

Le joueur à qui on force un as, paye une fiche à celui qui le force, et deux si c'est l'as de carreau.

Si quelqu'un force le quinola, il touche un jeton de chaque joueur et *deux* jetons de celui qui tenait le quinola.

Un ou plusieurs as joués, de même que le quinola joué ou gorgé, se payent comme s'ils eussent été forcés, et se paient à celui qui gagne la partie; mais c'est à celui-ci à s'en souvenir et à les demander.

Tous ces payements sont doubles en vis à vis.

Tous les payemens ci-dessus énoncés sont encore doubles à la première et à la dernière bonne; de manière que si par hasard l'on forçait le quinola en vis à vis à la première ou dernière bonne, on toucherait huit jetons ou quarante fiches de son vis à vis, et deux jetons de chacun des autres joueurs; et si on le forçait ainsi de côté, celui-ci payerait quatre jetons, le vis à vis en payerait quatre, et le troisième joueur en payerait deux.

La partie se paie aussi double si c'est le vis à vis qui la gagne.

Tous les payements susdits cessent dès qu'il y a reversis, soit que le reversis se fasse ou soit rompu à la bonne. Alors on prend tout ce qui s'était payé pendant le coup sans se le faire demander, c'est à dire qu'on rend à celui qui a payé, afin que personne ne paye ni plus ni moins que le reversis.

Le reversis se paye seize fiches de chaque joueur, et trente-deux du vis à vis.

Celui qui rompt le reversis à la bonne, reçoit soixante-quatre fiches de celui qui l'avait entrepris : les autres joueurs n'ont rien.

De l'espagnolette. Trois as et le quinola, quatre as et le quinola, ou simplement quatre as réunis dans la même main, font ce qu'on appelle l'*espagnolette.*

Ce coup souvent très compliqué est difficile à jouer ; il renverse à peu près tout ce que nous venons de dire jusqu'ici.

On appelle *espagnolette* le joueur qui porte le jeu.

L'*espagnolette* a le droit de renoncer en toute couleur pendant les neuf premières levées. Il place de cette façon son quinola, quoique souvent seul en sa main, et tire conséquemment la remise ; il donne ses as à droite et à gauche ; il gagne toujours la partie, de quelque manière qu'il soit placé. On dirait que l'on ne joue que pour lui ; et effectivement, s'il joue bien, tous les avantages du jeu sont pour lui. Mais n'ayant le droit de renoncer que pendant les neuf premières levées, il doit fournir de la couleur que l'on joue aux deux dernières, s'il en a ; et s'il est assez maladroit pour avoir gardé une grosse carte, par laquelle il se trouve dans la nécessité de faire une des deux dernières levées, alors il fait tous les frais de la partie, c'est à dire :

1° Qu'il perd la partie, quand même sa levée ne serait que blanche, et la paye à celui qui la gagne dans l'ordre naturel ;

2° Qu'il fait la remise s'il a placé le quinola, ou que l'ayant gardé dans l'espérance de le placer à la bonne, et étant entré maladroitement à la dixième levée, il le gorge à la dernière ;

mais il ne ferait pas la remise, si, étant espagnolette par quatre as, un des autres joueurs *plaçait* le quinola, ou que le quinola fût *forcé*.

3° Qu'il rend *au double* les as ou quinola qu'il peut avoir donnés pendant le jeu, et qu'on lui a payés, ou bien aussi l'as ou le quinola que les autres joueurs ont pu se donner réciproquement.

L'espagnolette est libre de ne point se servir de son privilège, et de jouer son jeu comme un jeu ordinaire; mais il ne le peut plus dès qu'il a une fois renoncé *en vertu de son droit*.

L'espagnolette n'est pas censé avoir perdu son droit pour avoir fourni de la couleur que l'on demande, et même pour avoir pris; il faudrait pour cela que la levée lui restât.

L'espagnolette, s'il force le quinola, en tire la consolation, à quelque époque du jeu que cela arrive : il n'y a que trois époques où cela puisse lui arriver;

1° Si, se trouvant le premier à jouer, il joue cœur, et que le quinola fût seul dans quelque main;

2° Si, ayant par mégarde fait une levée dans le courant du jeu, il joue un cœur, et force;

3° Si, étant entré malgré lui à la dixième carte, il lui restait un cœur à jouer, et forçât par ce hasard à la dernière.

Faire entrée signifie, si l'on veut, *faire levée*.

Si quelqu'un fait le reversis, *l'espagnolette* paye seul pour toute la compagnie.

Si quelque joueur entreprend le reversis, et qu'un autre le rompe à la bonne, l'espagnolette paye tout le reversis à celui qui rompt (c'est à dire soixante-quatre fiches).

L'espagnolette peut rompre un reversis à la bonne, et il en est payé comme il est dit ci-dessus; il peut aussi faire le reversis, et dès lors son jeu n'est qu'un jeu ordinaire.

Si *l'espagnolette* avait placé son quinola, et qu'il y eût reversis fait ou manqué, il ne tirera pas la remise, selon la règle générale, qu'*en reversis il n'y a point de remise*, excepté pour celui qui entreprend le reversis.

Si par as, roi ou dame de cœur, l'un forçait le quinola à l'*espagnolette*, à quelque époque du jeu que cela arrive, il ferait la remise, et payerait, ainsi que les deux autres joueurs, ce qui est dû à celui qui force selon les règles établies ci-dessus, excepté toujours s'il y a reversis.

Si l'*espagnolette* n'entre pas d'ailleurs, il jouira de tous ses autres droits désignés ci-dessus.

Règles du jeu. On ne peut donner les onze cartes à chaque joueur qu'en trois fois, une fois par trois cartes, et deux fois par quatre : en se donnant toujours par quatre à soi-même, toute autre façon de donner est vicieuse.

Cette tournée fait refaire, à moins que tous les joueurs ne jugent le coup bon pour abréger.

Celui qui aura mal donné, perd sa donne ; il peut cependant refaire, en fournissant un jeton au panier.

Celui qui ayant mal donné, ne s'en serait pas aperçu, ou n'en aura pas averti avant que l'écart soit fait, paye quatre jetons d'amende au premier, et le coup est nul ; il perd en outre cette fois-là sa donne, sans pouvoir la racheter.

Des trois cartes du talon la première est pour le premier joueur à la main, la seconde pour le second, et la troisième pour le troisième.

Quiconque voit la carte de l'écart qui lui revient, et écarte ensuite, ne peut gagner la partie, ni placer son quinola, si par hasard il l'avait, ni faire le reversis ; et s'il rompait un reversis, on ne lui payerait rien. Il peut forcer le quinola, mais on ne lui en paye pas la consolation ; le joueur à qui l'on a de cette manière forcé le quinola, fait cependant la remise.

Il en est de même de celui qui prend sa carte du talon, et n'écarte pas : il n'a droit à rien.

Quiconque joue sa carte avant son tour, paye au panier.

Si quelqu'un se trouve avoir écarté deux cartes au lieu d'une, et ne porte que dix cartes, il n'a droit à aucun payement quelconque ; mais s'il rompt un reversis, il en est payé ; et s'il force le quinola, il en est payé.

Toutes les cartes qui se trouvent sous le panier, comptent pour la partie, soit qu'il y en ait une de trop ou de moins.

La levée appartient à celui qui la ramasse, cependant tout autre joueur peut avertir et régler le coup avant que l'on ait rejoué, s'il le juge à propos.

Il est permis d'examiner ses propres levées, mais aucunement celles qui sont faites.

Quiconque renonce sans avoir l'*espagnolette,* met deux jetons au panier en guise d'amende, et ne peut toucher aucun payement quelconque de ce coup-là.

REVERTIER (jeu du). L'étymologie du nom de ce jeu se tire naturellement de la manière dont on le joue, et du mot latin *revertere,* qui signifie revenir ou retourner, parce qu'en jouant on a fait faire à ses dames tout le tour du trictrac, et on les fait revenir dans la même table d'où elles sont parties.

De la disposition du jeu pour jouer. Le jeu du revertier se joue dans un trictrac, dans lequel chacun empile ses dames, de manière que celles avec lesquelles vous devez jouer soient dans le coin à la gauche de votre adversaire de son côté, et celles avec lesquelles votre adversaire doit jouer, dans le coin de votre côté et à votre gauche.

De ce qui est nécessaire pour commencer le jeu, et combien on peut jouer ensemble. Il faut que le trictrac soit garni de quinze dames de chaque couleur, de deux cornets et de dés. On ne joue qu'avec deux dés et chacun se sert, c'est à dire on met les dés dans son cornet. L'on présente ensuite un dé à celui contre qui l'on joue, pour voir qui jouera le premier ; l'on jette ensuite chacun son dé, et celui qui a amené le plus gros point, joue et commence la partie.

On ne peut jouer que deux ensemble ; cependant si l'on est plus faible que celui contre qui l'on joue, on peut prendre un conseil de son consentement.

Comment il faut nommer et appeler les dés. Il faut toujours nommer le plus gros nombre le premier ; par exemple, six et quatre, quatre et as, trois et deux, etc.

Les doublets ont leurs noms particuliers, comme, par exemple, les deux as s'appellent beset, les deux deux doubles deux, les deux trois ternes, les deux quatre carmes, les deux cinq quines, et les deux six, un sonnez.

Comment il faut jouer ou jeter les dés, et quand le coup est bon ou non. Il faut pousser les dés fort, en sorte qu'ils touchent la bande de votre adversaire.

Le dé est bon partout dans le trictrac, excepté quand les deux dés sont l'un sur l'autre, ou sur la bande au bord du trictrac, ou même s'ils sont dressés l'un contre l'autre, en sorte que tous deux ne soient pas sur leurs cubes.

Sur le tas ou pile des dames, sur une ou deux dames, le dé est bon, pourvu qu'il soit sur son cube, de manière qu'il puisse porter l'autre dé, c'est à dire qu'un autre dé demeure dessus sans tomber.

Le dé qui est en l'air, c'est à dire qui pose un peu sur une dame, et est soutenu par la bande du trictrac contre laquelle il appuie ou contre la pile de bois, ne vaut rien, et pour s'assurer s'il est en l'air ou non, il faut tirer doucement la table ou dame sur laquelle il est, et s'il tombe, c'est signe qu'il était en l'air et qu'il n'est pas bon.

L'on peut changer de dés tant que l'on veut, et même rompre le dé de son adversaire quand on appréhende quelque coup.

Souvent aussi l'on convient de ne point rompre, et l'on établit une peine contre celui qui rompra.

Si l'on convient simplement de ne point rompre sans établir de peine, et que l'on rompe par inadvertance ou à dessein, il est permis à celui à qui on a rompu, de jouer tel nombre qu'il voudra.

Comment il faut jouer ses dames, quand on commence la partie. Lorsque l'on commence la partie, l'on ne peut faire aucune case, c'est à dire mettre deux ou plusieurs dames accouplées l'une sur l'autre dans les deux tables du trictrac qui sont du côté du tas des dames de celui qui joue ; pour entendre cela plus facilement, imaginez-vous que vous jouez contre moi, et que le tas de vos dames est dans le coin qui est à ma gauche, sur la première lame ou flèche de la bande qui me touche; les miennes sont pareillement de votre côté et dans le coin qui est à votre gauche; nous avons tiré le dé, c'est à vous à jouer le premier, et vous amenez terne ; vous ne pouvez pas faire une case, mais il faut que vous jouiez ce terne, de manière que vous ne mettiez qu'une dame sur chaque flèche ou lame.

Avant d'aller plus loin, il faut vous avertir de deux choses. La première, qu'il faut que vous fassiez aller vos dames qui sont empilées de mon côté et à ma gauche jusqu'au coin qui est à ma droite, de là vous les passez sur les lames qui sont de votre côté à votre gauche, et les faites aller jusqu'à votre droite, et celui contre qui vous jouez doit faire la même chose.

La seconde chose est que les doubles se jouent doublement, c'est à dire que l'on joue deux fois le nombre que l'on a fait, soit avec une seule dame, soit avec plusieurs. Par exemple, le terne que vous avez amené, qui ne compose que six points, vous oblige d'en jouer douze, parce que c'est un doublet, et comme c'est le premier coup, et par conséquent que vous ne pouvez le jouer que de votre tas, il faut que vous jouiez d'abord trois trois, avec une seule dame que vous mettrez sur la neuvième, et que vous jouiez le quatrième trois sur la troisième case.

Il arrive souvent que l'on ne peut pas jouer tous les nombres que l'on a amenés; par exemple, quand du premier coup on fait sonnez, on ne peut jouer qu'un, parce que l'on ne peut mettre sur les lames du côté de son tas de bois, qu'une seule dame, et qu'on ne peut jouer tout d'une dame, parce que le passage se trouve fermé par le tas de bois de celui contre qui l'on joue; quelquefois aussi l'on est obligé de passer ses dames de son côté, quand après avoir joué un ou deux coups on fait un gros doublet que l'on ne peut jouer du côté où est son bois et pile des dames, c'est ce qu'il faut éviter s'il est possible, et pour cela se donner autant que l'on pourra tous les grands doublets, comme terne, carme, quine ou sonnez, afin de pouvoir les jouer s'ils viennent, sans gâter son jeu.

De la tête. Quoique vous ne puissiez mettre qu'une seule dame sur les dames ou flèches du côté de votre tas, il y a néanmoins une flèche sur laquelle vous en pouvez mettre tant que vous voulez. Cette flèche est la onzième case, c'est à dire la dernière en comptant depuis votre tas, ou pour mieux le faire entendre, c'est la lame du coin qui est à la droite de votre adversaire ; c'est cette flèche ou lame que l'on nomme la tête. Il faut avoir soin de la bien garnir, parce que l'on case ensuite plus facilement ; il n'y a aucun risque d'y mettre sept ou huit dames.

Des cases, et de la manière de battre. Quand vous avez mené de la gauche de votre adversaire, à sa droite, une partie assez considérable de vos dames, et que votre tête est bien garnie, alors il faut commencer à caser du côté de la pile de bois de votre adversaire, et contre icelle, le plus près que vous pourrez, joignant vos cases tant qu'il vous sera possible, et faisant des surcases quand vous ne pourrez pas caser, ou passant toujours des dames de votre tas à votre tête.

On appelle faire des surcases, quand on met une ou deux dames sur une lame, où il y en a déjà deux accouplées.

Ces surcases sont d'une grande utilité, et on les nomme *batadours*, parce qu'elles servent à battre les dames découvertes, sans qu'on soit obligé de se découvrir soi-même.

Quand vous avez fait quelques cases auprès de la pile de votre adversaire, si vous trouvez l'occasion de lui battre une ou deux dames, il ne faut pas la laisser échapper.

L'on appelle battre une dame, lorsqu'on met une de ces dames sur la même flèche où était placée celle de son adversaire.

L'on peut même battre en passant une ou deux dames avec une seule. Par exemple, vous faites cinq et quatre, vous jouez d'abord le cinq et vous battez une dame, et de la même dame dont vous avez joué le cinq, vous en jouez le quatre, et vous couvrez une de vos dames, ou bien vous battez une autre dame.

Toutes les dames qui sont battues hors du jeu, on les

donne à celui à qui elles appartiennent, ou bien il les prend lui-même, et il ne peut plus jouer qu'il ne les ait toutes rentrées.

De la manière de jouer. Chacun doit rentrer les dames qu'on lui a battues du côté et dans la table où est la pile ou tas de bois; mais pour rentrer il faut trouver des passages ouverts.

On ne peut point rentrer sur soi, mais on peut rentrer sur son adversaire en le battant, quand il se trouve quelqu'une de ses dames découvertes.

Quand on rentre, on compte toutes les flèches, même celle où est le tas de bois, laquelle est la première, et par conséquent la rentrée de l'as; ainsi celui qui fait des as, ayant encore des dames sur son tas, ne peut point rentrer.

Comme le plus haut point d'un dé est six, et que l'on ne rentre que par le nombre que chaque dé amène, il est visible que l'on ne peut rentrer que dans la première table, c'est à dire dans celle où est le tas de bois.

Étant donc constant que vous ne pouvez rentrer que dans cette table, et que vous ne pouvez jouer quoi que ce soit, tant que vous aurez des dames à rentrer; vous voyez bien que si vous aviez deux ou plusieurs dames à la main, et que votre adversaire eût fait plusieurs cases dans cette première table, en sorte qu'il ne restât qu'une flèche vide, il vous serait inutile de rentrer une dame, parce que votre adversaire jouant ensuite, ne manquerait pas de battre cette dame; ainsi ce ne serait que du temps perdu; c'est pour cela que quand un joueur a plus de dames à la main qu'il n'a de rentrées ou passages ouverts, l'on dit qu'il est hors de jeu, et il laisse jouer son adversaire jusqu'à ce qu'il ouvre des passages.

Il faut bien prendre garde de ne découvrir aucune dame dans la table de la rentrée de votre adversaire, après avoir mis des dames de votre tas sur toutes les cases ou les lames de la table de votre rentrée : car quoiqu'il soit dit ci-devant que celui qui a plus de dames à la main qu'il n'a de rentrées, est hors de jeu, cependant il lui est permis de rentrer toujours une des dames qu'il a à la main. Tellement que si votre adversaire était assez heureux de vous battre une dame, dans le temps que vous vous êtes bouché toutes les rentrées, vous auriez perdu la partie, et cela, quoiqu'il restât encore plusieurs dames à la main de votre adversaire : la raison pour laquelle vous perdriez, est que votre adversaire ayant joué, c'est à vous à jouer; et cependant vous ne pourriez absolument plus jouer, ayant une dame à la main que vous ne pourriez point rentrer, n'ayant aucun passage.

De la conduite qu'il faut tenir en ce jeu. Quand vous avez mis votre adversaire hors de jeu, il faut vous appliquer à faire des cases jointes et serrées, depuis le tas de bois de votre adversaire, et surtout vous donner bien de garde d'épouser d'abord des cases éloignées dans la seconde table, proche la tête de votre adversaire.

Lorsque vous aurez six cases ou tabliers, ou même sept tout de suite et bien joints, alors il faut pousser vos cases dans la table de la tête de votre adversaire, et toujours bien joindre vos cases et laisser de vos dames découvertes dans la table de la rentrée de votre adversaire, afin qu'il soit obligé de rentrer et de vous battre.

Quand votre adversaire est rentré et qu'il vous a battu, il est obligé de jouer tous les nombres qu'il amène, tellement qu'insensiblement il passe son jeu dans la table de votre tête, pendant que vous menez les dames qu'il vous a battues.

Si votre adversaire, après être rentré, n'avait pas encore assez vidé, c'est à dire passé son jeu dans la table de votre tête, il faudrait vous faire battre encore; car pendant que vous rentrez et ramenez les dames qu'il vous a battues, il est obligé de jouer et de toujours passer son jeu, parce que tant que vous avez six cases jointes, il ne peut pas jouer les dames qui sont sur son tas ou dans les cases de sa rentrée; ainsi il est obligé de jouer tout ce qui est sur sa tête et dans les autres tables, et de passer dans la table de votre tête.

De la double. Si, après que votre adversaire vous a battu et qu'il est rentré, il lui est venu des coups si contraires qu'il n'a pu faire de case, et qu'il ait été obligé de mettre plusieurs dames découvertes ; si vous pouvez, en rentrant les dames qu'il vous a battues, ou après être rentré, lui battre plusieurs dames, en sorte qu'il ait plus de dames à rentrer qu'il n'a de rentrées ou passages, il perd la partie double, quand on a dit, en commençant, qu'on jouait la double ; et si on n'est pas convenu de jouer la double, il perd simplement la partie.

Et pour mieux entendre ce que c'est que la double, il faut se ressouvenir de ce qui a été dit ci-devant, que l'on rentre les dames battues dans la table du tas, dans laquelle, comme dans les autres tables, il n'y a que six flèches, dont la première est occupée par le tas ou la pile des dames.

Supposons maintenant que vous avez des dames sur votre tas, qu'outre cela vous avez quatre dames sur quatre autres flèches de cette même table du tas, vous comprenez bien que ce serait déjà cinq flèches occupées, et que n'y ayant que six flèches et ne pouvant pas rentrer sur vous, il ne vous resterait qu'une rentrée, et si en cet état votre adversaire vous battait deux dames dans une autre table, vous seriez infailliblement double, parce que vous ne pourriez rentrer ces deux dames n'ayant qu'un seul passage.

Quand on joue la double, celui qui est doublé perd le double de ce qu'on a joué.

De la manière de lever et finir le jeu. Lorsque ni l'un ni l'autre des joueurs n'ont été doublés, il faut jouer et faire ses cases toujours jointes et s'approcher petit à petit de la tête de son adversaire.

Quand toutes les dames sont passées dans la table de la tête de son adversaire, alors à chaque coup de dé, l'on peut lever toutes celles que le nombre du dé porte sur la bande du trictrac, de même qu'il se pratique au jeu de trictrac, quand on rompt le jan de retour.

Si cependant votre adversaire avait encore quelques dames derrière vous, il vaudrait mieux découvrir une de vos dames le plus près de lui, pour vous faire battre, afin de lui faire entièrement passer son jeu : car si vous leviez d'abord tout ce que vous pourriez jouer, ou que vous guindiez votre jeu sur la flèche de la tête de votre adversaire, il pourrait arriver par la suite que vous seriez obligé de faire table ; c'est à dire de laisser une dame découverte qu'il vous battrait d'abord; ensuite vous seriez peut-être obligé d'en découvrir une autre qu'il vous battrait encore, de manière que faisant après cela de grands coups, il pourrait avoir levé avant vous.

L'on doit néanmoins se régler suivant la disposition du jeu de son adversaire, car si son jeu était entièrement passé au fond de la table de votre tête, qu'il fût empilé sur deux ou trois cases, ou même sur quatre, et qu'il n'eût qu'une ou deux dames et même trois ou quatre derrière vous, et rien sur la tête, alors il n'y aurait rien à craindre pour vous : il ne serait pas nécessaire de vous faire battre, et vous pourriez en toute sûreté lever ou trousser tout votre jeu.

Celui qui a le plus tôt levé toutes ses dames gagne la partie.

En levant, ou joue les doublets doublement, comme dans le cours du jeu.

Celui qui a gagné la partie, a le dé pour la revanche.

Des avantages qui peuvent être donnés. Ceux qui possèdent ce jeu à fond, donnent des avantages à ceux qui y sont novices.

Ces avantages sont différents, selon la force plus ou moins grande de celui qui les reçoit.

L'on donne le dé qui est le moindre de tous les avantages, et qui cependant ne laisse pas d'être de conséquence à ce jeu.

L'on peut donner encore le dé et six et as abattus, ou bien quatre et trois, ou deux dames sur la tête, et même davantage à proportion de la force ou faiblesse de celui qui est avantagé, n'étant pas possible de régler précisément l'avantage que chacun doit donner ou recevoir : car cela dépend absolument de la volonté de ceux qui jouent, qui seuls peuvent connaître leur force et conduite ; et savoir les défauts et la faiblesse de ceux contre qui ils veulent jouer ; et là dessus établir un avantage qui puisse balancer la fortune, et flatter l'espérance des spectateurs, et surtout de celui qui reçoit l'avantage.

Règle générale.

Quand on veut caser, et qu'on veut seulement voir la couleur de la flèche, il faut dire *j'adoube*, autrement on peut faire jouer le bois que vous avez touché, étant de règle générale que bois touché doit être joué.

ROMESTECQ (jeu du). Ce jeu tire l'étymologie de son nom de *rome*, qui est un terme du jeu, et de *stecq*, qui en est un autre.

Le romestecq, un peu difficile à jouer, est peu connu en France, excepté dans la ci-devant Normandie, où il exerce la sagacité de ses habitants, qui ne cherchent point à s'amuser au jeu, mais à y gagner de l'argent, seule divinité à laquelle ils sacrifient continuellement leur temps et leurs plus chères affections.

Les cartes avec lesquelles on joue ce jeu sont au nombre de trente-six, c'est à dire depuis les rois jusqu'aux six.

On peut jouer à ce jeu, deux, quatre ou six personnes; et si l'on est six, le joueur du milieu prend les cartes, et les donne à couper à celui du milieu de l'autre côté pour savoir à qui fera; celui qui tire la plus haute carte peut mêler ou ordonner à l'autre de le faire. On prétend que c'est un avantage de faire quand on joue six; si les joueurs ne sont qu'au nombre de quatre, celui qui coupe la plus belle carte donne; il y a pour lors beaucoup d'avantages pour celui qui joue le premier, ce qui arrive en ce cas, puisque celui qui est à la droite de celui qui mêle, est son partenaire lequel il se communique le jeu.

Celui qui ne fait point, marque ordinairement le jeu; et pour cela il a des jetons dont il marque le nombre de points dont il est convenu au défaut; de jetons, on se sert d'une plume ou crayon.

La partie est ordinairement de trente six points, lorsqu'on joue six, et à deux ou quatre joueurs, elle est de vingt-un; cela dépend de la volonté de ceux qui jouent, de même que de fixer la valeur de la partie.

Celui qui mêle, après avoir fait donner à sa gauche, donne à chaque joueur cinq cartes par deux fois deux et puis une, ou bien par trois et deux, n'importe, pourvu qu'il observe de donner de la même manière pendant tout le courant de la partie; il n'y a point de triomphe à ce jeu; et le talon reste sur la table sans qu'on y touche.

L'as est la première carte du jeu, levant le roi, le reste des cartes suit sa valeur ordinaire; mais pour qu'une carte supérieure enlève une inférieure, il faut qu'elle soit de la même couleur, car autrement l'inférieure jetée la première lève la supérieure en une autre couleur.

Avant de passer outre, il y a des termes en ce jeu dont il est essentiel, d'avoir l'explication; la voici :

Il y a le *virlique*, le *double ningre*, le *triché*, la *village*, la *double rome*, la *rome* et le *stecq*.

On appelle *virlique*, lorsqu'il arrive en main a un joueur quatre as, quatre rois, ou quatre de quelque autre point que ce soit, en observant que le plus haut emporte le plus bas, et celui qui l'a, gagne la partie.

Le *double ningre*, ce sont deux as avec deux rois, ou deux as avec deux dix, et ainsi des autres quatre cartes de deux façons arrivées dans une même main; il vaut trois points en main quand on ne le *gruge* pas, c'est à dire si la partie adverse ne le lève pas.

Le *triche*, sont trois as, trois rois, ou autres cartes au dessous arrivées dans la même main; si le triche est d'as ou de rois, et qu'on l'ait en main, il vaut alors trois, s'il n'est point grugé.

Les deux dames et deux valets d'une même couleur sont appelés *village*, de même, deux dix, et deux neuf de même couleur; c'est-à-dire, que s'il y a une dame de pique et une de carreau, il faudra que les valets soient de pareille couleur, et ainsi des neuf et des dix, et autres cartes inférieures ; le village vaut deux points à celui qui l'a en main.

Double rome, est lorsque l'on a deux as, ou deux rois en main, elle vaut deux points : et lorsque les as ou rois ne sont point grugés, elle en vaut quatre.

La *rome*, ce sont deux valets, deux dix, ou deux neuf, ou deux autres cartes d'une même espèce, et elle vaut un point à celui qui l'a.

Le *stecq* est une marque qu'on efface pour celui qui fait la dernière levée.

Il faut remarquer que quelque carte qu'on joue, et dont les termes de rome-stecq sont composés, doit être nommée par son nom propre au jeu ; par exemple, il faut toujours, en jouant une des pièces, dire, double ningre, pièce de ningre, et en jouant une de la double rome, pièce de double rome, et ainsi de la rome ; de même pièce de triche et de village, et ainsi des autres ; car autrement celui qui aurait effacé sans l'avoir dit, perdrait la partie, pour avoir manqué seulement de le dire.

Ainsi en jetant les deux dames et les deux valets qui font le village, il faudra dire, pièce de village, etc.

Règles du romestecq. 1. Celui qui en donnant les cartes en retourne une de celles de sa partie adverse, est marqué de trois jetons de sa partie ; mais si la carte est pour lui ou pour son partenaire, on ne lui marque rien.

2. S'il se trouve des cartes retournées dans le jeu, et que les joueurs viennent à s'en apercevoir, on marquera trois jetons pour celui qui fait.

3. Qui manque à donner de la même manière qu'il a commencé, est marqué de trois jetons par sa partie, et le coup se joue.

3. Celui qui donne six cartes au lieu de cinq, est marqué de trois jetons, et ôtera au hasard une de ces cartes qu'il mettra dans le talon, puis il continuera à donner comme auparavant.

5. Qui joue devant son tour, relève sa carte et est marqué de trois jetons.

242 ROULETTE.

6. Celui qui renonce à la couleur qu'on lui jette, et dont il pourrait fournir, perd la partie.

7. Celui qui compterait, ou double ningre, ou autres avantages du jeu, et ne les aurait pas, perdrait la partie si quelque joueur s'en apercevait.

8. Qui joue avec six cartes, ou au-dessus, perd la partie.

9. Qui se démarquerait d'un jeton de plus qu'il ne serait, perdrait la partie.

10. Celui qui, par inadvertance ou autrement, accuserait trois marques qu'il n'aurait pas, perdrait la partie.

ROULETTE (jeu de la). Voici en quoi consiste ce jeu :

A la droite et à la gauche d'une grande table, sont inscrits sur le tapis 36 numéros, depuis 1 jusqu'à 36. La moitié de ces numéros est marquée en rouge, l'autre moitié en noir; ils sont placés en trois colonnes, de cette manière :

```
1, 2, 3
4, 5, 6
7 . .
  . . .
```

Des lignes les séparent l'un de l'autre : au-dessus de ces numéros sont un zéro rouge et un double zéro noir ; dans les parties latérales sont tracées trois cases marquées ainsi d'un côté : *rouge, impair, manque,* et de l'autre, *noir, pair, passe.*

Au milieu de la table est un cylindre que fait tourner un des banquiers ou tailleurs (1); à la partie supérieure de ce cylindre est une espèce de plateau qui présente les 36 numéros, le zéro et le double zéro, mélangés et inscrits dans de petites cases où va retomber, en s'amortissant, une boule d'ivoire que le tailleur, en même temps qu'il a fait tourner le cylindre, a lancé et fait tourner dans la partie supérieure du plateau.

Le numéro de la case où la boule s'arrête, est le numéro

---

(1) On appelle ainsi ceux qui dirigent le jeu et ont les fonds.

gagnant, il détermine le sort des joueurs. Par exemple, si le numéro sur lequel la boule s'est arrêtée est le cinq, qui est rouge, ceux qui ont placé au tapis leur argent sur le numéro 5, ou sur la couleur rouge, ou sur le manque (les 18 premiers numéros étant pour manque, les 18 derniers pour passe), ont gagné; tous les autres ont perdu.

Il y a beaucoup de manières d'engager son argent à ce jeu; c'est ce qui lui donne un attrait auquel on a peine à résister, parce qu'en même temps qu'il stimule l'intérêt, il flatte l'amour propre, chacun croyant avoir trouvé une meilleure manière de jouer avec avantage.

Si vous avez placé votre argent sur un seul numéro en plein, et qu'il vienne à tomber, on vous paie 36 fois votre mise; on vous la paie 18 fois, si vous avez mis sur deux numéros voisins l'un de l'autre, et qu'un des deux tombe; 9 fois, si vous gagnez sur un carré; 6 fois, si vous gagnez sur un sixain.

On peut placer son argent sur le zéro, ou sur le double zéro, comme sur les numéros.

Il faut observer que le joueur a 18 chances pour lui, et 20 contre lui, à cause du zéro et du double zéro qui sont en bénéfice pour la banque.

On peut jouer sur les 12 numéros d'une colonne; si on gagne, on reçoit le double de sa mise : on peut jouer sur deux colonnes; si on gagne, on ne reçoit que la moitié de sa mise.

Enfin, on peut placer son argent sur ce qu'on appelle les chances; savoir : *pair, impair, passe, manque, rouge, noir.*

Suivant les règlements de l'administration des jeux, on ne peut faire une mise moindre que d'un fr. 50 c., mais on peut jouer, d'un seul coup, autant d'argent qu'il y en a sur la table, appartenant à la banque. Les uns font une seule mise sur une chance simple, et cette mise est celle qui se fait le plus souvent sans calcul; les autres font plusieurs mises sur plusieurs chances, et ces mises se font le plus souvent d'après des calculs de probabilités. Ceux-ci font paroli; ceux-là jouent à la martingale, de sorte qu'il suffit que l'on gagne un coup pour ne rien perdre et avoir gagné la valeur d'une mise.

SIXTE (jeu du). Ce jeu a beaucoup de rapport avec la triomphe. (Voyez *Triomphe*.) Le nom de sixte lui a été donné, parce que l'on y joue six, qu'on donne six cartes à chacun des joueurs, et que la partie va en six jeux.

On joue les cartes à ce jeu comme à la triomphe, et l'on observe ce qui suit :

Après être convenu de ce qu'on veut jouer, on tire à qui mêlera ; celui qui doit faire ayant battu les cartes les donne à couper à sa gauche, et distribue ensuite six cartes à chacun par deux fois trois, après quoi il tourne la carte du fond qui lui revient et dont il fait la triomphe. Lorsque le jeu n'est composé que de trente-six cartes, et lorsqu'on veut qu'il y ait un talon, on joue avec les petites cartes ; alors on tourne la carte de dessus le talon, qui détermine la triomphe. Cela dépend de la volonté des joueurs.

Règles du jeu de Sixte.

1. Celui qui donne mal, perd un jeu qu'on lui démarque, s'il en a, et il recommence à mêler.

2. Lorsque le jeu se trouve faux, le coup où il est découvert faux ne vaut pas ; les précédents sont bons, et celui-là aussi, si le coup était fini de jouer ou les cartes tout à fait brouillées.

3. Qui tourne un as marque un jeton pour lui.

4. L'as emporte le roi, le roi la dame, la dame le valet, le valet le dix, et ainsi des autres suivant l'ordre naturel.

Quand celui qui joue jette une triomphe ou quelque autre carte que ce soit, on est obligé d'en jeter si l'on en a, sinon on renonce, et on perd deux jeux dont on est démarqué, si on les a, ou l'on s'en acquittera aussitôt qu'on en aura sur cette partie.

6. Celui qui jette d'une couleur jouée, doit lever, autant qu'il le peut, la carte plus haute jouée, autrement il perd un jeu qu'on lui démarque.

7. Celui qui fait trois mains, marque un jeu.

8. Si deux joueurs ont fait trois mains chacun, celui qui les a plus tôt faites, marque le jeu.

9. Si tous les joueurs avaient une main chacun, celui qui aurait fait la première main marquerait le jeu ; de même lorsque le prix est partagé par deux mains, celui qui a le plus tôt fait ses deux mains marque le jeu.

10. Celui qui fait seul six mains, gagne la partie.

Celui qui est le premier en cartes a l'avantage, puisqu'il commence à jouer par la couleur qui est la plus avantageuse à son jeu.

SIZETTE (jeu de la). Ce jeu, quoique assez amusant, est, pour ainsi dire, presque oublié ; on le connaît a peine à Paris, et il n'est guère en activité que dans quelques départements septentrionaux, où il fait les délices des vieux garçons et des vieilles douairières. Il exige beaucoup de calme et une attention suivie.

On joue six personnes à ce jeu, ce qui lui a fait donner le nom de sizette ; on joue trois contre trois, placés alternativement, c'est à dire qu'il faut qu'il n'y ait pas deux joueurs d'un même parti l'un près de l'autre.

Le jeu de cartes est de trente-six, depuis le roi qui en est la première, et le six qui en est la dernière.

Comme il est avantageux d'être le premier à jouer, on voit à qui fera ; celui qui tire la plus haute carte, commande à celui de la droite de mêler.

Celui qui mêle, après avoir battu les cartes et fait couper celui qui est à sa gauche, donne à chaque joueur, en commençant par sa droite, six cartes par deux fois trois et non autrement, et tourne la dernière qui est celle qui fait la triomphe ; après quoi ceux qui ont la main, c'est à dire qui sont premiers à jouer, examinant bien leur jeu, et l'un des trois doit le gouverner ; il est permis à chacun de dire son sentiment ; celui donc qui gouverne le jeu demande à chacun ce qu'il a, et après qu'il est informé de leur jeu, il fait jouer celui qui doit jouer le premier par telle carte qu'il veut.

Lorsque le premier a jeté la carte qu'il joue, ceux du

parti contraire qui n'ont encore rien dit du jeu, se demandent l'un à l'autre le jeu qu'ils ont, ou ils le disent à celui qui prend le gouvernement du jeu ; et, après qu'ils sont convenus de leur jeu, celui qui est à jouer fournit de la couleur jouée, s'il en a, ainsi des autres, ou coupe, s'il est à propos, et qu'il n'en ait pas : celui qui n'a pas de la couleur jouée, n'est pas obligé à couper, encore qu'il le puisse, soit que la levée soit à ses amis, soit à ses ennemis, et ceux-là gagnent le jeu qui font plus tôt trois levées, ou le gagnent double lorsqu'on les fait toutes six.

Ce jeu demande une grande attention, particulièrement de la part de ceux qui gouvernent le jeu.

L'habileté du joueur consiste à savoir le jeu que ses amis ont, sans le trop faire expliquer, et de connaître ce que chacun des adversaires a, par la déclaration qu'il en a faite, cela regarde ceux qui gouvernent ; et, à l'égard des joueurs qui ne font que déclarer leur jeu, ils doivent ne dire de leur jeu que ce qui est nécessaire, et suivant que celui qui gouverne leur demande, afin de le cacher aux adversaires et de ne pas expliquer les renonces que l'on peut avoir, sans y être engagé par celui qui gouverne, et qui ne doit faire découvrir le jeu qu'à propos.

Règles du jeu de la sizette. 1. Lorsque le jeu de cartes est faux, le coup ne vaut pas, mais les précédents sont bons.

2. S'il y a une carte tournée, on doit remêler.

3. Celui qui donne mal, perd un jeu.

4. Celui qui, au lieu de tourner la carte de dessous et qui doit faire la triomphe, la joint à ses cartes, perd un jeu et remêle.

5. Celui qui, en donnant les cartes, tourne une ou plusieurs cartes de l'un des adversaires, perd un jeu et remêle.

6. Celui qui renonce perd deux jeux, et le jeu de renonce ne se joue pas, et l'on continue à mêler comme si le jeu avait été joué.

7. Celui qui ne force pas ou ne coupe pas une couleur dont il n'a point et qu'il pourrait couper, ne fait pas faute, encore

que la levée soit à ses adversaires, et qu'il soit le dernier à jouer.

8. Aussitôt que la carte est lâchée sur le tapis, elle est censée jouée.

9. Lorsque deux joueurs ont leur jeu étalé sur la table, il faut nécessairement que le troisième étale aussi le sien, pendant que le coup se joue.

10. L'on ne saurait changer de place pendant une partie, ni même pendant plusieurs parties liées.

11. L'on ne peut faire couper que par celui qui est à la gauche de celui qui mêle.

12. Celui qui donnerait sans que ce fût à son tour, s'il avait tourné, le coup serait bon, et l'on continuerait par sa droite; mais s'il n'avait pas tourné, il serait à temps d'en revenir, et de faire mêler celui qui le devrait de droit.

13. On ne peut donner les cartes que par trois.

14. Celui qui a joué avant son rang, ne peut point reprendre sa carte, à moins qu'il n'ait pas joué de la couleur jouée dont il peut fournir, auquel cas il perd un jeu, et le jeu se joue.

15. Ceux qui quittent la partie avant qu'elle soit finie, la perdent de droit.

16. Celui des joueurs qui tournerait une ou plusieurs levées des adversaires, perdrait un jeu.

Si l'un des trois joueurs fait une faute, tous les joueurs du même parti la supportent.

Lorsque ceux qui font des fautes, n'ont pas de points à démarquer pour les fautes faites, alors les adversaires les marquent en leur faveur.

SOLITAIRE (jeu du). Ce jeu est ainsi nommé, parce qu'il se joue par une personne seule. C'est un jeu de combinaisons. Son origine vient, dit-on, de l'Amérique, où un Français conçut l'idée de ce jeu, et en régla la marche en voyant les Américains qui, au retour de la chasse, plantaient leurs flèches en différents trous disposés à cet effet, et rangés par ordre dans leurs cases. Telle est la disposition de ce jeu.

```
        1₀  2₀  3₀
      4₀  5₀  6₀  7₀  8₀
  9₀ 10₀ 11₀ 12₀ 13₀ 14₀ 15₀
 16₀ 17₀ 18₀ 19₀ 20₀ 21₀ 22₀
 23₀ 24₀ 25₀ 26₀ 27₀ 28₀ 29₀
    30₀ 31₀ 32₀ 33₀ 34₀
        35₀ 36₀ 37₀
```

Ainsi on voit ce jeu disposé sur une tablette de bois, de forme octogone, et percée de 37 trous, sur laquelle tablette il y a 37 fiches d'ivoire ou d'os ; savoir : 3 au premier rang, 5 au second rang, 7 au troisième rang, pareillement 7 au quatrième rang, 7 au cinquième, 5 au sixième rang, 3 au septième rang.

Avant de jouer, on commence par ôter telle fiche qu'on veut afin de laisser un vide.

L'ordre du jeu est qu'une fiche en prend une autre, lorsqu'elle peut passer par dessus, en droite ligne, à un trou vide; comme un pion prend un pion au jeu de dames, on prend aussi au solitaire toutes les fiches jusqu'à la dernière. La difficulté de ce jeu consiste à choisir juste les fiches qu'il faut ôter pour finir le jeu par une fiche seule, ou pour parvenir à celles qu'on se propose d'ôter pour gagner le jeu.

Voici diverses *marches* de ce jeu, ou différentes *combinaisons*, qui conduisent toutes à ne laisser qu'une fiche.

PREMIÈRE MARCHE.

Otez le 1, et allez du 3 à 1		Otez le 1, et allez du 8 à 4	
12	2	2	16
4	6	10	12
18	5	6	19
1	11	34	32
16	18	20	23
18	5	33	31
9	11	19	32
5	7	31	33

SOLITAIRE. 249

Otez le 1, et allez du	30 à 17	Otez le 1, et allez du	37	27
	26 24		22	20
	24 10		20	33
	36 26		29	27
	35 25		33	20
	26 24		20	7
	23 25		15	13
	25 11		7	20
	12 26			

DEUXIÈME MARCHE.

Dite le LECTEUR *milieu de ses amis.*

Otez le 19, et allez du	6 à 19	Otez le 19, et allez du	27 à 25
	4 6		33 31
	18 5		25 35
	6 4		29 27
	9 11		14 28
	24 10		27 29
	11 9		19 21
	26 24		7 20
	35 25		21 19
	24 26		

TROISIÈME MARCHE,

A commencer par 1, et finir par 37.

Otez le 1, et allez du	3 à 1	Otez le 1, et allez du	13 à 3
	12 2		15 13
	4 6		34 à 32
	18 5		20 33
	1 11		37 27
	31 18		5 18
	18 5		18 20
	20 7		20 33
	3 13		33 31
	33 20		2 12
	20 7		8 6
	9 11		6 19
	16 18		19 32
	23 25		36 26
	22 20		30 32
	29 27		26 36
	18 31		35 37
	31 33		

11.

SOLITAIRE.

QUATRIÈME MARCHE.
Dite le CORSAIRE.

Ôtez le 3, et allez du	13 à 3	Ôtez le 3, et allez du	1 à 11
	15 13		11 25
	28 14		9 11
	8 21		12 15
	29 15		4 17
	12 14		16 18
	15 13		25 11
	20 7		23 25
	3 13		26 24
	10 12		30 17
	24 10		35 25
	27 24		34 32
	36 26		

Prenez neuf chevilles des onze qui restent avec le *corsaire*, qui est la deux, et qui est prise par celle du trente-septième trou.

Ces neuf chevilles sont le 6, 11, 17, 25, 19, 13, 21, 27, 32.

Allez de 37 à 35.

CINQUIÈME MARCHE.
Dite le TRICOLET.

Ôtez le 19, et allez du	6 à 19	Ôtez le 19, et allez du	21 à 19
	10 12		7 20
	19 6		19 21
	2 12		22 20
	4 6		8 21
	17 19		32 19
	31 18		28 26
	19 17		19 32
	16 18		36 32
	30 17		34 26

SIXIÈME MARCHE.

A commencer par la dernière flèche, et finir par la première.

Ôtez le 37, et allez du	35 à 37	Ôtez le 37, et allez du	15 à 13
	26 36		16 18
	25 35		9 11

TAROTS.   251

Otez le 37, et allez du	23	25	Otez le 3, et allez du	20	7
	34	32		7	5
	20	33		4	6
	37	27		18	5
	7	20		1	11
	20	33		33	20
	18	31		20	18
	35	25		18	5
	5	18		5	7
	18	31		36	26
	29	27		30	32
	22	20		32	19
	19	6		12	2
	2	12		3	
	8	6			

Si, par aventure, on était plusieurs à jouer d'autres jeux, et que l'on soit trop de monde pour pouvoir jouer tous le même, ou que ceux que l'on joue ne plaisent pas, pour lors on peut s'occuper à celui-ci, en attendant qu'un autre reprenne sa place, et si, supposé que celui qui vient de quitter le solitaire, n'a pu parvenir à ne laisser qu'une fiche sur le jeu, et qu'il en reste plusieurs, c'est à celui qui reprend de tâcher d'en laisser moins sur le jeu pour gagner son camarade; mais le vrai but du jeu est de n'en laisser qu'une.

TAROTS (jeu des). Ce sont des espèces de cartes à jouer dont on se sert assez ordinairement en Espagne, en Allemagne et en d'autres pays.

Ces cartes sont marquées différemment de celles dont on se sert en France; et au lieu que les nôtres sont distinguées par des cœurs, des carreaux, des piques et des trèfles, elles ont des coupes, des deniers, des épées et des bâtons, appelés en espagnol *copas*, *dineros*, *espadillas*, *bastos*. L'envers des cartes appelées *tarots* est communément orné de divers compartiments. On observe:

1° Que les jeux de cartes ordinaires qui se jouent en France sont composés de 52 cartes et ceux des tarots de 78: néanmoins il y en a qui vont jusqu'à 80 et davantage. Le plus ou le moins est indifférent, d'autant que chaque triomphe porte chacune le nombre, celles de France en portent treize chacune, et celles des tarots quatorze. Celles de France sont distinguées par quatre, qui sont pique, trèffe, cœur et carreau; et celles des tarots sont aussi divisées en quatre différentes, savoir : le roi, la reine ; le chevalier, le valet, le dix, le neuf; le huit, le sept et le six avec l'as d'épée, autant de bâtons, autant de coupes et autant de deniers. Le tout fait 56 cartes, et le surplus des cartes, on les nomme triomphes, qui sont au nombre de 21 cartes, depuis le *bateleur* jusqu'à la carte que l'on appelle le *monde*. Vous remarquerez en passant que le *fou* sert d'*excuse*; et pour donner à entendre ce mot d'*excuse*, c'est quand une personne vous jouant une haute carte de triomphe, soit rois, reines ou quelque autre que vous ne puissiez pas prendre, vous ne montrerez votre *fou*, vous donnerez une carte de vos levées, et vous mettrez la carte du fou en la place de vos levées. Après qu'on a joué toutes les cartes, celui qui a plus de levées gagne la partie.

2° Le premier jeu se joue à tant et si peu de cartes que l'on voudra, après être convenu de ce qu'on veut risquer, à la discrétion de la compagnie.

3° Ce jeu se joue comme à la triomphe forcée ; le *fou* vaut cinq et sert d'excuse, comme il vient d'être dit; le *monde* vaut quatre, le bateleur aussi quatre, le roi quatre, la reine trois, les *chevaliers* deux, le valet un, et l'on met au jeu chacun ce qui est convenu par la compagnie ; ensuite, après avoir donné les cartes, on joue comme à la triomphe, c'est à dire que celui qui a le plus pris de rois, de reines, chevaliers, valets, le monde, le bateleur et le fou, gagne. Il faut compter les points, comme nous l'avons dit, de la valeur des cartes; celui qui comptera le plus gagnera ce qui est mis au jeu.

4° Il se joue entre peu et beaucoup de personnes, en 50 points plus ou moins, et on donne à chacun 12 cartes ; le fou vaut cinq et sert d'excuse; les rois valent quatre, et l'on compte autant de cartes que l'on gagne plus que ces douze, contre autant de points comme ils perdent de cartes ; et s'ils n'en ont pas pris il les donne, et quand ils en ont pris on les démarque, et celui qui a le premier 50 gagne.

5°. Ce jeu se joue encore d'une autre manière, c'est à savoir que les quatorze cartes, rois, reines, chevaliers, valets et le reste d'épée, on les appelle la *rigueur*, et emporte les autres triomphes de bâtons, coupes et deniers, et se joue comme à la triomphe forcée, c'est à dire que n'ayant pas de la carte que l'on vous joue de deniers, bâtons ou coupes, vous jetterez de la rigueur et emporterez ; mais si on vous jette d'une autre triomphe, et que vous en ayez, vous êtes obligé d'en jeter, et alors la plus haute l'emporte. Le fou marque cinq et sert d'excuse.

6°. Il est loisible de jouer à tant et si peu de points que l'on veut ; et à tous ces trois jeux, qui renonce perd toujours la partie.

7°. Otant les triomphes et le fou, on peut jouer avec ces cartes à toutes sortes d'autres jeux qui se jouent en France, comme au piquet, à la triomphe, au brelan, à la mouche, etc.

Autre jeu de cartes des tarots. Ce jeu se nomme la triomphe forcée, et se joue comme nous l'avons dit ci-devant, avec tant et si peu de personnes que l'on veut ; après être convenu de ce que l'on veut jouer, on observera les règles qui suivent :

1. On donne à chacun de la compagnie cinq cartes, et l'on ne retourne point les cartes.

2. Celui à qui il arrive dans cinq cartes le fou, retire ce qu'il a mis au jeu ; de même celui à qui arrive dans ses cartes le bateleur, retirera son enjeu ; celui à qui il arrivera la force, retirera deux enjeux ; et celui à qui arrivera la carte appelée la *mort*, emportera tout ce qui est au jeu, sans que personne en puisse rien prétendre.

3. S'il arrive que vous ayez en votre main les deux ou trois cartes ci-dessus nommées, vous retirez, comme il est dit, sans que pour cela vous discontinuiez à jouer, ce qui est sur le tapis.

4. La primauté l'emporte, c'est à dire que celui qui aura les premières levées gagnera.

5. Qui renonce, perd la partie.

Autre jeu des tarots des Suisses. Avec ces mêmes cartes de tarots, les Suisses jouent à trois personnes, et donnent toutes les cartes à la réserve de trois, que celui qui donne prend ; et rencarte trois autres cartes telles qu'il lui plaît. Ils jouent ce jeu en trois parties. Celui qui gagne le plus tôt ces trois parties emporte ce qui est convenu de jouer. Ils font valoir le monde cinq, le bateleur cinq, les rois cinq, et de toutes les quatre façons, les reines quatre, autant l'une que l'autre ; les chevaliers autant les uns comme les autres, et l'on y joue comme à la triomphe. Ces triomphes sont 21 cartes, savoir :

1. Le bateleur.
2. La papesse.
3. L'empereur.
4. L'impératrice.
5. Le pape.
6. L'amoureux.
7. Le chariot.
8. La justice.
9. L'ermite.
10. La roue de fortune.
11. La force.

12. Le pendu.
13. La mort.
14. La tempérance.
15. Le diable.
16. La maison de Dieu.
17. L'étoile.
18. La lune.
19. Le soleil.
20. Le jugement.
21. Le monde.

Le fou vaut 3 points.

TOC (jeu du). Il est facile aux personnes qui savent le jeu du trictrac, de jouer celui du *toc*, parce que l'un et l'autre ont pour bases les mêmes règles, la même marche et la même disposition du jeu.

Il est appelé jeu du *toc*, parce que le seul but de ceux qui jouent, est de toucher et battre leurs adversaires, ou de gagner une partie double ou simple, par un jan ou par un plein.

Ce jeu se réglant comme le trictrac, il faut pour y jouer avoir un trictrac garni de quinze dames de chaque couleur, qui font trente en tout, de deux cornets, de dés et de deux fiches ou fichets, pour marquer les trous ou parties, quand on joue en plusieurs parties.

On ne joue qu'avec deux dés, et chacun se sert, c'est à dire met les dés dans son cornet.

Avant de commencer la partie, les deux personnes qui doivent jouer tirent le dé à qui l'aura.

On place ses dames à ce jeu de même qu'au trictrac, c'est à dire qu'on les met sur la première lame de la première table, pour les mener ensuite dans la seconde, et faire son plein et grand jan.

L'on nomme les nombres du dé en ce jeu, comme au trictrac, c'est à dire le plus gros nombre le premier.

Les doublets, ainsi qu'au trictrac, ne s'y jouent qu'une fois.

L'on doit jouer le dé rondement, et ne point affecter de le laisser seulement couler hors du cornet, pour tâcher de faire un petit nombre.

Le dé est bon partout dans le trictrac, pourvu qu'il ne soit point en l'air.

L'on ne marque pas en ce jeu des points comme au jeu du trictrac ; mais au lieu de points on marque un trou ou deux, selon le coup que l'on fait.

Ce jeu se joue en plusieurs trous, il dépend des joueurs d'en fixer le nombre, on peut même jouer au premier trou.

Cela est facile à comprendre : imaginez-vous que vous jouez contre moi au premier trou, que j'ai mon petit jan fait, à la réserve d'une demi-case, et qu'au premier coup que je joue, je fais mon petit jan par un nombre simple ; si nous jouions au trictrac, je marquerais seulement quatre points ; mais comme c'est au toc, au lieu de quatre points, je marque le trou, et j'ai gagné la partie, parce que nous avons joué au premier trou.

Si en commençant la partie, nous convenons de jouer au premier trou, et que la double ira ; alors, si je remplis par deux moyens ou par un doublet, ou que je vous batte une dame par deux moyens ou par un doublet, ou, en un mot, que je fasse quelque jan ou rencontre du jeu de trictrac par doublet : comme, par exemple, si je battais le coin, ou que, commençant la partie, je fisse jan de deux tables par doublet, ou jan de mezeas par doublet ; en ce cas, je gagnerais le double, et vous payeriez le double de la valeur jouée.

Les mêmes jans et coups du trictrac se rencontrent en ce jeu, tant à profit qu'à perte pour celui qui le fait.

Quand on joue en plusieurs trous, celui qui gagne un trou de son dé, a la liberté de s'en aller de même qu'au trictrac.

Quant à la manière de jouer, l'essentiel est de marcher le plus serré qu'on peut, et toujours couvert, autant que possible. Voy. *Trictrac*.

TONTINE (jeu de la). Ce jeu qui est presque inconnu à Paris, se joue assez communément dans quelques départements.

On peut jouer à la tontine douze ou quinze personnes; plus on est, plus le jeu est amusant.

On joue à la tontine avec un jeu entier. Il faut avant que de commencer, que chacun des joueurs prenne 12, 15 ou 20 jetons, plus ou moins, qu'on fait valoir ce que l'on veut; et chacun, en commençant la partie, met trois jetons dans le corbillon qui est au milieu de la table; ensuite celui qui doit mêler ayant fait couper le joueur de sa gauche, tourne une carte de dessus le talon pour chaque joueur, selon son rang, et en prend une également pour lui.

Le joueur qui se trouve avoir un roi par la carte tournée pour lui, tire trois jetons du corbillon à son profit; si c'est une dame, il en tire deux; si c'est un valet, il n'en tire qu'un; celui qui a un dix ne tire ni ne met rien; celui qui a un as donne à son voisin à gauche un jeton; celui qui se trouve avoir un deux, en donne deux à son second voisin à gauche; et celui qui a un trois, en donne trois à son troisième voisin à gauche : à l'égard de celui qui a un quatre, il met deux de ses jetons au corbillon; un cinq y en doit un, un six deux, un sept un, un huit deux, et un neuf un. Il est essentiel de payer exactement et de se faire payer, après quoi le joueur à la droite de celui qui a mêlé, ramasse les cartes et les mêle. Le coup se joue toujours de la même sorte et chacun mêle à son tour.

Ceux qui ont perdu tous leurs jetons, sont morts, mais ils

ne le sont pas tellement, qu'ils ne puissent revivre par le moyen de l'as que le voisin à droite peut avoir, et qui lui procure un jeton, ou par un deux que son second voisin à droite peut avoir, qui lui en vaudra deux, ou bien par un trois que son troisième voisin à droite peut avoir, et qui lui en vaudra trois.

Un joueur avec un seul jeton joue comme celui qui en a encore dix ou douze, et s'il perd deux jetons ou trois d'un coup, en donnant celui qui lui reste, il est quitte.

Les joueurs qui sont morts, n'ont point de cartes devant eux, ni ne mêlent pas, encore que leur tour vienne, que lorsqu'on les a fait revivre : dans ce cas, ils jouent de nouveau, et celui enfin qui seul reste avec quelques jetons, est celui qui gagne la partie, et qui tire ce que chacun a mis pour sa prise.

TOURNE CASE (jeu du). Ce jeu, qui ne demande pas beaucoup d'intelligence, consiste dans le seul hasard du dé : la conduite et le bien joué n'y ont aucune part. Pour y jouer il faut un trictrac garni de trois dames de chaque couleur, de deux cornets et de dés. On ne joue que deux ensemble. Quant au dé, on tire d'abord à qui l'aura; chacun se sert, c'est à dire met les dés dans son cornet et ne joue qu'avec deux dés.

On nomme les dés en ce jeu, de même qu'au trictrac et révertier.

Il faut pousser le dé fort, de manière qu'il touche la bande de votre adversaire.

Il arrive rarement en ce jeu, à cause du peu de dames qu'il y a, que les coups de dés soient douteux; néanmoins, quand cela arrive, on suit la même règle qu'au trictrac et révertier.

Ayant mis trois dames à part pour jouer, si vous avez gagné le dé, vous jouez; et si vous faites d'abord six et cinq, vous ne pouvez jouer que le cinq, parce qu'en ce jeu c'est une règle qu'on ne joue jamais que le plus bas nombre.

Si, après avoir fait six ou cinq, vous faites sonnez, vous n'en pouvez jouer qu'un, il faut que vous le jouiez avec la même dame dont vous avez déjà joué un cinq, parce que si vous le jouiez avec une autre dame, il faudrait passer par dessus celle dont vous avez joué le cinq, et en ce jeu il n'est pas permis de passer aucune dame par dessus l'autre, il faut qu'elles se suivent et marchent l'une après l'autre.

Afin d'entendre mieux ce qui vient d'être dit, il est essentiel de savoir que les trois dames que vous aviez d'abord hors du trictrac à votre gauche, doivent aller l'une après l'autre jusqu'au coin de la seconde table qui est à votre droite. Celui qui joue contre vous doit pareillement conduire ses trois dames depuis sa droite jusqu'au coin qui est à sa gauche; mais avant que ces dames puissent arriver à ce coin, que l'on peut nommer le coin de repos, elles sont plusieurs fois battues de part et d'autre.

Comme les deux joueurs jouent et marchent également dans les mêmes tables et vis à vis l'un de l'autre, chaque fois que le nombre du dé porte une dame sur une flèche, qui se rencontre vis à vis de celle où il y a une dame de celui contre qui l'on joue, cette dame est battue, et celui contre qui on joue est obligé de la prendre et de la rentrer dans le jeu.

L'on bat en ce jeu malgré soi, parce que l'on est obligé de jouer toujours le plus petit nombre, et qu'on ne peut point passer une dame par dessus l'autre : par exemple, votre adversaire fait d'abord trois et deux, il faut qu'il joue le deux qui est le plus petit nombre. Si vous faites deux et as, vous ne pouvez pas battre et jouer le deux, et vous êtes contraint de jouer l'as, parce que c'est le plus petit nombre.

Si votre adversaire fait le second coup six et deux, il faut par la raison ci-dessus qu'il joue le deux de la même dame dont il avait déjà joué un deux, parce que c'est encore une des règles de ce jeu, qu'on ne peut accoupler ses dames, sinon dans le coin de repos; votre adversaire ayant joué ce second deux, il a sa dame sur la quatrième case de la première table de son côté, vous avez votre as sur la première table de votre côté; ainsi si vous faites quatre et trois, vous ne pouvez pas vous dispenser de battre la dame de votre adversaire, c'est à dire de mettre votre dame sur la quatrième case de votre côté, vis à vis la sienne, parce que vous ne pouvez jouer le trois, qui est le plus petit nombre, qu'avec la dame dont vous avez joué l'as ; ne vous étant pas permis de passer une dame par dessus l'autre.

Votre adversaire qui a été battu reprend donc sa dame et joue : s'il fait cinq et quatre, il vous bat à son tour, étant contraint de jouer le quatre.

Cette règle qu'on ne peut passer ses dames l'une sur l'autre, fait que l'on joue souvent beaucoup de coups inutiles, surtout quand on a mené et conduit ses dames, savoir : l'une dans un coin et les deux autres tout contre, en sorte qu'on ne peut les mettre sur le coin qu'en faisant un as et puis un deux, et l'on souhaite alors avec empressement d'être battu pour sortir de cette gêne.

Le coin de repos en ce jeu est la deuxième case. Il est appelé coin de repos, parce que les dames qui y sont une fois entrées, sont en sûreté et ne peuvent plus être battues, et c'est un grand avantage en ce jeu pour celui qui en met une le premier.

Celui qui le plus tôt a mis ses trois dames dans un coin a gagné la partie. S'il les y mettait toutes trois avant que son adversaire y en eût mis aucune, il gagnerait double, si l'on en était convenu.

TOUTES-TABLES (jeu de). Voy. *Gammon*.

TREIZE (jeu du). Sorte de jeu de hasard qui se joue avec un jeu entier, composé de cinquante-deux cartes ; les joueurs sont un banquier et des pontes ; le nombre de ceux-ci est illimité.

Chaque ponte met au jeu une somme convenue ; alors le banquier mêle les cartes, et fait couper par le joueur qui est à sa gauche ; ensuite il découvre les cartes l'une après l'autre, et prononce as, en découvrant la première ; deux, en découvrant la seconde ; trois, en découvrant la troisième, quatre, en découvrant la quatrième ; cinq, en découvrant la cinquième ; six, en découvrant la sixième ; sept, en découvrant la septième ; huit, en découvrant la huitième ; neuf, en découvrant la neuvième ; dix, en découvrant la dixième ; valet, en découvrant la onzième ; dame, en découvrant la douzième ; et roi, en découvrant la treizième.

Si, dans cet appel nominal de chaque carte, il n'en découvre aucune telle qu'il l'a désignée, il double l'enjeu de chaque ponte, et il cède la main à celui qui est à sa droite. Ce dernier devient alors le banquier, et en use comme a fait le joueur qui l'a précédé.

Mais s'il arrive qu'en appelant chaque carte, le banquier en découvre une telle qu'il l'a nommée, que, par exemple, elle se trouve être un valet, quand il a appelé le valet, il recueille tout ce que les pontes ont mis au jeu ; et il conserve la main pour recommencer comme auparavant.

Si le banquier ayant gagné et recommencé plusieurs fois, n'avait plus assez de cartes pour étendre son appel nominal depuis l'as jusqu'au roi, il remêlerait les cartes, ferait couper, et tirerait ensuite du jeu le nombre de cartes qui lui serait nécessaire pour continuer le jeu, en commençant par la carte qu'il aurait nommée, s'il en eût encore eu dans sa main. Par exemple, si en découvrant la dernière carte, il a nommé un neuf, il doit, après avoir remêlé, nommer un dix en découvrant la première, et successivement un valet, une dame et un roi, jusqu'à ce qu'il ait gagné ou perdu.

TRENTE ET QUARANTE, ou TRENTE UN (jeu du). Sorte de jeu de hasard, qui se joue avec 312 cartes, c'est à dire avec six jeux entiers qu'on a mêlés ensemble.

Les joueurs sont un banquier et des pontes ; le nombre de ceux-ci est illimité.

Comme il y a dans les cartes deux couleurs, la noire et la rouge, on met sur le tapis deux cartons, un noir et un rouge.

Chaque ponte place la somme qu'il juge à propos sur le carton qu'il choisit : quand le jeu est fait, le banquier découvre, l'une après l'autre, une certaine quantité de cartes, et il ne s'arrête que quand les points qu'elles présentent étant réunis, ils ne sont pas au dessous de *trente-un*, et ne s'étendent pas au delà de quarante.

Les figures se comptent pour dix points, et les autres cartes pour autant de points qu'elles en présentent : ainsi l'as se compte pour un point, les deux pour deux points, etc.

Les cartes tirées en premier lieu sont pour la couleur noire, et celles qu'on tire ensuite sont pour la couleur rouge.

Si le point amené pour la couleur noire approche plus de *trente-un* que celui qui est amené par la couleur rouge, les pontes gagnent une somme égale à celle qu'ils ont mise sur le carton noir, et le banquier l'énonce en disant, *la rouge perd*. Il tire alors ce qu'on a mis sur le carton rouge, et ensuite il double ce qu'il y a sur le carton noir.

Pareillement, si le point qui approche le plus près de *trente-an* est amené par la couleur rouge, le banquier l'énonce en disant : *la rouge gagne*. En ce cas, il tire ce qu'on a mis sur le carton noir, et il double ce qu'il y a sur le carton rouge.

Si les points amenés pour la couleur rouge sont égaux à ceux qu'on a amenés auparavant pour la couleur noire, il en résulte un refait, c'est à dire qu'il n'y a ni peste ni gain pour personne, quand les points égaux sont de *trente-deux* à *quarante*.

Jusque là le jeu est parfaitement égal. Mais lorsque le banquier, ayant amené *trente-un* pour la couleur noire, ramène encore le même point pour la couleur rouge, il tire la moitié de l'argent qu'on a exposé sur les cartons. Cet avantage est un objet qu'on évalue à six sous deux deniers un quart par louis.

On observe que des dix points de trente-un à quarante, les uns arrivent plus facilement que les autres ; par exemple, celui de *quarante* ne peut se faire que quand la dernière carte est un dix ou une figure ;

Celui de *trente-neuf*, se fait par 10 et 9 ;

Celui de *trente-huit*, par 10, 9 et 8 ;

Celui de *trente-sept*, par 10, 9, 8 et 7 ;

Celui de *trente-six*, par 10, 9, 8, 7 et 6 ;
Celui de *trente-cinq*, par 10, 9, 8, 7, 6 et 5 ;
Celui de *trente-quatre*, par 10, 9, 8, 7, 6, 5 et 4 ;
Celui de *trente-trois*, par 10, 9, 8, 7, 6, 5, 4 et 3 ;
Celui de *trente-deux*, par 10, 9, 8, 7, 6, 5, 4, 3 et 2 ;
Et celui de *trente-un*, par 10, 9, 8, 7, 6, 5, 4, 3, 2 et 1.

Comme il est constant que les effets se reproduisent en raison du nombre de leurs causes, on peut établir

Que le point de 31, arrivera treize fois ; tandis
Que celui de 32, n'arrivera que douze fois ;
Celui de 33, n'arrivera qu'onze fois ;
Celui de 34, dix fois ;
Celui de 35, neuf fois ;
Celui de 36, huit fois ;
Celui de 37, sept fois ;
Celui de 38, six fois ;
Celui de 39, cinq fois ;
Et celui de 40, quatre fois.

Comme il faut le concours de deux de ces points pour former un coup, et que le nombre proportionnel ci-dessus se monte à 85, le carré de cette somme est la quantité où tous les différents évènemens doivent se reproduire en raison du nombre des causes qui lui appartiennent.

Le *trente et quarante* ne comporte point de fausse taille. Si le banquier vient à se tromper en comptant, comme tous les pontes comptent avec lui, ils peuvent le reprendre : une carte tirée de trop est réservée pour le coup suivant. N'y ayant pas lieu de craindre la spéculation des joueurs de figures, le banquier détache les cartes trop à découvert et trop librement pour qu'il puisse être suspecté : aussi de deux cartes qui viennent à tomber ensemble, on distingue toujours clairement quelle est celle des deux qu'on doit compter la première. On conçoit que s'il y avait fausse taille en pareil cas, on pourrait la faire naître à chaque instant, attendu que les cartes passent par toutes les mains : il serait aisé de les coller exprès.

La seule circonstance où l'on pourrait faire quelque difficulté, serait le cas où le banquier ne finirait pas la taille, parce qu'il est d'usage de tailler à fond, et même de prouver évidemment que les cartes qui restent sont insuffisantes pour former un coup. Il ne faut pas tirer de là la conséquence qu'il y aurait fausse taille si le banquier ne donnait pas cette satisfaction aux pontes ; attendu que, quand il ne peut pas y avoir de tromperie, il ne doit être prononcé aucune punition : or, dans le cas particulier, il ne peut point y avoir de tromperie, puisque l'évènement est incertain, et que le nombre des cartes qu'il faut pour le décider écarte entièrement l'idée du soupçon.

A aucun jeu le banquier ne peut se prévaloir du saut de sa banque, pour éluder de payer en entier ce qu'il vient à perdre ; attendu qu'avant de tirer le coup, c'est à lui à voir s'il a les fonds nécessaires pour acquitter ce qu'on pourra lui gagner. Il suit de là que si la banque est insuffisante pour payer le coup, il reste débiteur envers ceux qui ont gagné.

Au surplus, il dépend du banquier de régler et de limiter son jeu comme il lui plaît, et les pontes ne peuvent l'obliger de jouer au delà de ce qu'il juge à propos.

Vocabulaire explicatif des principaux termes usités au trente et quarante.

Fausse taille. C'est une taille où le banquier a fait une faute qui l'assujettit à doubler ce que les pontes ont au jeu, quand elle est aperçue.

Martingale. C'est une manière de jouer qui consiste à jouer tout ce qu'on a perdu.

Paroli. C'est le double de ce qu'on a joué la première fois.

Refait. C'est un coup nul qui a lieu quand le point qu'on amène pour la couleur rouge, est égal à celui qu'on a amené pour la couleur noire.

Refait du trente-un. C'est un coup qui fait gagner au banquier la moitié de l'argent que les pontes ont exposé, et il a lieu quand, après avoir amené *trente-un* pour la couleur noire, le même point se reproduit pour la couleur rouge.

Sept et le va. C'est sept fois la même mise.

Taille. Ce terme se dit de chaque fois que le banquier qui tient le jeu achève de retourner toutes les cartes.

TRE SETTE ou TROIS SEPT (jeu du). Sorte de jeu de cartes que les Espagnols avaient introduit en France, mais qui aujourd'hui se joue rarement.

La partie a lieu entre quatre personnes, dont deux sont associés contre les deux autres.

Les cartes qu'on emploie sont un jeu entier, dont on a ôté les huit, les neuf et les dix : ainsi il ne reste que quarante cartes.

Pour faire les comptes du jeu, on se sert de fiches et de jetons qui ont une valeur convenue.

L'associé ou le partenaire d'un joueur doit être placé vis à vis, et non à côté de lui ; il suit de là que chaque joueur se trouve entre ses deux adversaires.

Les cartes sont supérieures l'une à l'autre dans l'ordre suivant : le trois est supérieur au deux, le deux à l'as, l'as au roi, le roi à la dame, la dame au valet, le valet au sept, le sept au six, le six au cinq et le cinq au quatre.

On fixe la durée du jeu à un certain nombre de coups.

Le joueur que le sort a indiqué pour donner, mêle les cartes, fait couper par le joueur placé à sa gauche, et distribue ensuite, en trois fois, dix cartes à chaque joueur.

Les cartes distribuées, et chacun ayant examiné les siennes, le joueur qui est à la droite de celui qui a donné ouvre le jeu en jetant la carte qui lui plaît.

Nous ferons observer ici qu'on fait des points de deux manières ; les uns s'appellent points d'annonce, et les autres points de jeu. La réunion de vingt-un points fait gagner la partie aux associés qui les ont faits avant leurs adversaires, et cette partie se paye une fiche. Si les associés ont fait vingt-un points avant que leurs adversaires en aient marqué onze, la partie doit être payée double par ceux-ci.

Les points d'annonce doivent se compter après qu'on a joué la première carte. Ainsi, lorsque celui qui vient de jouer se trouve avoir un trois, un deux et un as de même couleur, il annonce une *napolitaine* (1), la montre et marque trois points. Si elle est accompagnée de cartes qui la suivent immédiatement, comme le roi, la dame, le valet, le sept, etc., il montre également ces cartes, et compte un point pour chacune. Quand on a trois trois, trois deux, trois as, ou trois sept, on marque trois points, et quatre, si l'on a la quatrième de ces cartes. Trois rois, trois dames, trois valets, trois six ou trois cinq valent un point, et la quatrième de ces cartes en fait marquer un second.

Les points d'annonce doivent être comptés dans l'ordre où l'on se trouve placé : il n'est pas permis à un joueur d'annoncer ni de fournir aucune carte avant son tour.

Les points de jeu qui dérivent des levées qu'on a faites, se comptent de la manière suivante : trois figures, de quelque couleur qu'elles soient, valent un point ; les trois et les deux sont compris dans les figures, comme les rois, les dames et les valets ; l'as se compte seul pour un point. Les autres cartes depuis le sept jusqu'au quatre, ne se comptent que dans l'annonce. La totalité des cartes donne dix points et deux figures. La dernière levée fait seule un point.

Indépendamment de la partie qui se gagne par les points d'annonce, et les points de jeu, il y a des parties d'honneur qu'on peut gagner de cinq manières différentes, connues sous le nom de *strammasette, strammason, callade, calladon, calladondrion*.

Deux joueurs associés gagnent par *strammasette*, quand ils font ensemble les neuf premières levées, sans qu'il y ait dans aucune un as, ou les trois figures nécessaires pour faire un point. On doit payer trois fiches pour ce coup, et ceux qui les gagnent n'en comptent pas moins les points qu'ils ont dans leurs levées, pour parvenir au gain de vingt-un points.

Un joueur gagne par *strammason*, quand il fait seul et sans l'aide de son partenaire ou associé, les neuf premières

(1) C'est à ce jeu la réunion du trois, du deux et de l'as d'une même couleur.

levées telles qu'elles doivent être pour gagner par stramma-sette. On doit payer six fiches pour ce coup.

Deux joueurs associés gagnent par *callade*, quand ils font ensemble toutes les levées. Ce coup leur vaut quatre fiches.

Un joueur gagne par *calladon* lorsqu'il fait seul toutes les levées. On doit payer huit fiches pour ce coup.

Un joueur gagne par *calladondrion*, quand, étant premier à jouer, il peut montrer une napolitaine dixième. On doit payer seize fiches pour ce coup.

Les joueurs qui, par des points d'annonce, gagnent la partie, soit simple, soit double, ne peuvent conserver aucun reste pour la partie suivante; mais il en est autrement de ceux qui gagnent la partie par des points de jeu : ces derniers conservent pour la partie suivante les points qui excèdent le nombre de vingt-un.

On est libre de demander compte de l'annonce jusqu'à ce que la première levée soit couverte ; mais on ne le peut plus lorsqu'on a joué pour la seconde levée.

On convient quelquefois de payer une partie simple pour *les trois sept*, et une partie double pour les quatre : mais sans cette convention on ne peut marquer que trois ou quatre points.

Quant à la manière de jouer les cartes, si vous êtes premier, et que vous ayez en main une napolitaine, il est à propos que vous commenciez par en jouer l'as, et vous annoncez votre napolitaine, pour que votre associé ne soit pas trompé.

Si vous avez un trois avec le deux, et une ou deux petites cartes de la même couleur, en sorte que vous ne puissiez pas espérer de faire tomber là-dessus l'as et toutes les grosses cartes, vous devez commencer par le deux : cela avertit votre associé, s'il a l'as troisième ou quatrième, de le prendre en main, et de vous l'indiquer, en se défaisant d'abord d'une petite carte, et ensuite d'une plus grosse de la même couleur, en mettant, par exemple, sur le deux un six ou un sept, et sur le trois un valet ou une dame. Si votre associé n'a pas l'as,

TRE SETTE.

il doit, en premier lieu, jeter sur le deux la plus forte de ses cartes.

Lorsque vous avez un trois cinquième par l'as, ou sixième par le roi, vous devez commencer par jouer le trois. Votre associé est averti par là de jouer le deux s'il l'a ; sinon il y a lieu d'espérer que les adversaires le joueront, et vous aurez pour vous toute la suite.

Quand vous n'avez point de carte de cette force, vous devez commencer par faire une *invite* (1) : la plus grande des invites est de jouer le deux, parce que cela suppose qu'il vous reste l'as avec une grande suite : dans ce cas, votre associé doit relever avec le trois, s'il l'a, et jouer dans la même couleur, pourvu toutefois qu'il n'ait pas lui-même, dans une autre couleur, une napolitaine qu'il n'a pas pu accuser. En pareille circonstance, il doit, en premier lieu, jouer ses hautes cartes, et rentrer ensuite dans l'invite qu'on lui a faite, ou dans quelque autre couleur qu'on lui a indiquée par les cartes jouées.

Quand on joue une basse carte, telle qu'un quatre, un cinq, un six ou un sept, c'est une invite sur un trois, un deux ou un as. Pour répondre à l'invite, le partenaire prend la levée avec sa plus haute carte, et rejoue une autre carte inférieure de la même couleur.

Quand on s'empare de la carte jouée, et qu'on rejoue dans une autre couleur que celle que le partenaire avait désirée, cela s'appelle faire une contr'invite. Cette manière de jouer a lieu lorsqu'on a une suite de cartes qu'on suppose plus étendue que celle que peut avoir le partenaire.

Si vous avez un ou deux trois dans votre main, accompagnés seulement d'une ou deux figures, ou d'une ou deux petites cartes, vous ne devez point y faire d'invite, attendu que votre partenaire venant à y répondre, et ayant une suite dans cette couleur, vous ne pourriez plus le remettre en jeu.

(1) C'est l'action d'inviter un partenaire à jouer de la manière qui lui est indiquée.

Si vous n'avez pas de quoi faire une bonne invite, c'est à dire si vous n'avez pas un trois bien accompagné, ou un deux avec l'as, vous devez jouer une figure, tant pour parvenir à connaître la couleur qui domine dans le jeu de votre partenaire, que pour lui fournir l'occasion de prendre le deux de l'adversaire qui aura joué après vous.

Lorsque votre partenaire a annoncé trois 3, et que vous n'avez pas une suite assez considérable pour faire une invite, vous devez jouer un deux, afin que votre associé le prenne, si cela lui convient.

Toute carte que joue celui qui a annoncé trois 3, est censée être une *invite*, et le partenaire doit jouer en conséquence.

Si la première carte que votre partenaire joue est un roi, vous devez lui supposer ou l'as gardé, ou une suite étendue dans la même couleur ; car ce serait mal jouer que de commencer par une figure dans une couleur où l'on n'aurait qu'une ou deux cartes.

Quand un joueur ne craint ni strammascette, ni callade, etc., et que n'ayant nul moyen de faire une bonne invite, il se trouve avoir un roi ou une dame cinquième, il doit jouer une petite dans cette couleur, pour tâcher de faire enlever à ses adversaires un ou deux as. Cela s'appelle *faire une fausse invite*.

Pour bien jouer, on doit être fort attentif à se rappeler toutes les cartes annoncées, toutes les invites qu'on a faites, toutes les cartes qui sont devenues rois, et en général tout ce qui a été joué.

TRICTRAC (jeu du). Avant que d'exposer les principes, la manière de jouer et les règles de ce jeu, nous croyons devoir dire un mot sur son origine et sur son ancienneté.

Origine et ancienneté du trictrac. Les recherches faites par quelques savants et plusieurs antiquaires, sur ce jeu, sont peu satisfaisantes. Ce que l'on peut en conclure, c'est qu'il remonte à une haute antiquité, et que l'époque de son invention se perd dans la nuit des temps. L'abbé Barthélemy, dans son *Voyages d'Anacharsis*, dit qu'il était connu à Athènes; il était probablement différent du nôtre ; en effet, chez les Grecs, il avait seulement dix flèches et douze dames de couleur, et il paraît qu'ils y jouaient à trois dés. Agathias le décrit dans son épigramme sur le roi Zénon, que l'on trouve dans l'Anthologie. Il y a cependant des savants qui doutent si c'est du trictrac que cet Agathias a voulu parler, et ils présument que les anciens l'ont ignoré.

Mais ce qui détruit cette présomption ou plutôt cette opinion, c'est le témoignage des Latins qui nous fournit le plus de documents sur ce chapitre. On sait que les Romains tenaient presque tous leurs usages des Grecs, leurs maîtres et leurs instituteurs. Il est donc presque indubitable que ce jeu était très connu dans la Grèce, où il avait été apporté par les Phéniciens qui peuvent en avoir été les inventeurs, à moins qu'ils ne le tinssent encore de plus loin, soit de l'Egypte ou de l'Inde.

En dernier résultat, quelles que soient son origine et son ancienneté, toujours est-il avéré que les Romains le connaissaient et qu'il faisait l'amusement du peuple roi.

La table du jeu des anciens était, comme dans le nôtre, partagée de douze flèches. Ces douze flèches étaient coupées par une diagonale que nous n'avons point, et qu'ils appelaient *linea sacra*. Les dames, au nombre de quinze de chaque couleur, s'appelaient des *calculs*.

On n'a rien trouvé jusqu'à présent de certain sur l'étymologie du mot trictrac. Les plus érudits scholiastes du dix-septième siècle prétendent que ce mot a été formé, par onomatopée, du bruit que font les dés et les dames : c'était l'opinion de Gilles Ménage, de Furetière et de Pasquier.

Quant à la marche du jeu, nous ne savons rien de ce qu'elle était chez les anciens. Elle a dû subir une infinité de changements avant d'arriver au point où elle est chez nous aujourd'hui ; d'ailleurs il y a un certain nombre de jeux différents qui se jouent dans le tablier du trictrac. Les anciens en connaissaient-ils plusieurs, ou n'en avaient-ils qu'un seul ? c'est ce qu'on ne peut décider. Nous en avons, nous autres modernes, plusieurs espèces dont les plus connues sont le *toutes-tables* ou *gammon*, le *jacquet*, le *garanguet*, les *dames rabattues*, etc. Mais revenons au véritable trictrac par excellence, et à l'époque où il fut introduit en France. Il résulterait de la lecture de nos auteurs, qu'il n'y a pas trois siècles qu'il a été apporté chez nous ; et il est constant qu'il y a un peu plus de cinquante ans qu'on le joue, comme on le fait à présent, sans que ses règles aient subi de variations importantes. Tel nous voyons le trictrac aujourd'hui, tel il se jouait du temps de Louis XIV, à quelques différences près.

Ustensiles de ce jeu, et combien on peut jouer ensemble. Pour jouer à ce jeu, il faut avoir un trictrac ou damier qui ait vingt-quatre flèches, ou lames blanches et vertes ou d'autre couleur, et le long de la bande ou bord, des trous qui soient percés vis à vis chaque flèche.

Les pièces qui doivent accompagner le trictrac, sont quinze dames de chaque côté, qui soient de différentes couleurs, deux cornets, des dés, trois jetons pour marquer les points, et deux fichets pour marquer les trous ou parties.

L'on ne peut jouer que deux ensemble, et l'on ne joue qu'avec deux dés, dont les deux joueurs se servent, et qu'ils mettent eux-mêmes dans leurs cornets.

Il faut, pour commencer à jouer, que chacun mette d'abord ses dames en masses sur deux ou trois piles, dans la première flèche ou lame du trictrac, et surtout l'on doit observer qu'il faut tourner le jeu, de manière que la pile des dames soit du côté de derrière, c'est à dire qu'il faut jouer en venant vers le joueur.

Pour jouer le soir, il est nécessaire d'avoir deux bougies dans deux bougeoirs que l'on place sur les bords du trictrac de chaque côté ; et pour lors, comme la lumière est égale, il est indifférent de quel côté l'on mette la pile des dames.

On a toujours trois jetons avec lesquels on marque les points que l'on prend. Deux points se marquent sur la pointe de la troisième flèche, à partir du talon ; quatre points sur celle de la cinquième ; six points contre la bande du milieu ;

huit points de l'autre côté de cette bande, et dix points contre la dernière bande.

Lorsqu'on prend des points le second, on marque en *bredouille*, c'est à dire avec des jetons que l'on conserve jusqu'à ce que l'adversaire prenne de nouveaux points, auquel cas on est *débredouillé*, et l'on ôte un des deux jetons.

On prend deux dés, on les agite dans son cornet, du bord duquel on touche le fond du trictrac, et on les lance de manière à ce qu'ils ne reviennent qu'après avoir été renvoyés de la bande opposée.

Le dé s'énonce en commençant par le plus gros nombre : par exemple, si l'on amène un 3 et un 4, on dit 4 et 3. S'il vient deux nombres égaux, cela fait un doublet. Tous les doublets ont des noms particuliers qui n'appartiennent qu'au trictrac; le double 2 est le seul qui n'en ait point.

Le double as s'appelle   *bezet*.
Le double 3   *terne*.
Le double 4   *carmes*.
Le double 5   *quine*.
Le double 6   *sonnez*.

Ce sont les termes techniques.

Le premier coup se joue, soit en prenant deux dames au talon pour les deux nombres qu'on a faits, et les jouant chacune sur la flèche éloignée de ce même talon d'autant de flèches, celle du talon non comprise, qu'il y a de points dans chacun de ces nombres, soit en prenant pour les deux nombres une seule dame que l'on joue sur la flèche éloignée du talon d'autant de flèches, celle-ci non comprise, qu'il y a de points dans les deux nombres ensemble.

Par exemple, si je fais 6 et 2, je compte les flèches, et je pose une dame sur la sixième après celle du talon, laquelle se trouve de l'autre côté de la bande du milieu dans le grand jan. Je compte de même les flèches pour arriver à la deuxième qui se trouve bien en deçà de cette bande dans le petit jan, et je pose une autre dame dessus. Ou bien, comptant toutes les flèches jusqu'à la huitième pour le montant de 6 et 2, je la trouve au commencement du grand jan, et je pose une dame dessus ; cela s'appelle jouer *tout d'une.*

Au second coup je suis le même procédé, mais je puis prendre, soit du talon, ce qu'on appelle *abattre du bois*, ou des dames déjà jouées, autrement dit *abattues*. Si par exemple, j'ai 5 et 3, après avoir joué le 3, je puis jouer le 5 ou d'une dame du talon, en la plaçant à la 5ᵉ flèche, celle du talon non comprise, ou prendre celle déjà jouée de la 4ᵉ, et la transporter dans le grand jan à 5 de distance, non compris celle d'où je la prends, et ainsi de l'autre dame. Je jouerais *tout d'une* si je voulais. Je puis jouer également du talon les deux nombres en deux ou en une seule dame ; en un mot, je puis jouer ou de deux dames, ou d'une seule, en prenant du talon ou des dames placées antérieurement sur les flèches. Aux autres coups, on a encore bien plus de facilité pour le choix.

Il suit de là que *l'on doit considérer toutes les flèches sur lesquelles il y a des dames, comme autant de talons d'où l'on peut prendre l'une ou l'autre, ou les deux dames, ou la seule dame qu'on veut jouer.*

On appelle *case* toute flèche sur laquelle il y a au moins deux dames placées.

Lorsqu'on commence la partie, l'un des joueurs jette les dés ; et le premier coup appartient à celui du côté de qui se trouve le plus gros dé. Si c'est un doublet, le coup est nul, et l'autre joueur prend les dés à son tour, pour savoir à qui le premier coup appartiendra.

A l'égard de la manière de jouer ou de jeter les dés, et d'être certain quand un coup est bon ou non, voici ce que prescrivent les règles du trictrac.

Il faut pousser les dés fort, en sorte qu'ils touchent la bande de celui contre qui l'on joue.

Le dé est bon partout dans le trictrac, excepté quand les deux dés sont l'un sur l'autre, ou sur la bande ou bord du trictrac, ou même s'ils sont dressés l'un contre l'autre, en sorte que tous deux ne soient pas sur leurs cubes.

Sur le tas ou pile des dames, sur une ou deux dames, sur

les jetons, ou sur l'argent, le dé est bon, pourvu qu'il soit sur son cube, de manière qu'il puisse porter l'autre dé, c'est à dire, qu'un autre dé demeure dessus sans tomber.

Le dé qui est en l'air, c'est à dire qui pose un peu sur une dame, et est soutenu par la bande du trictrac contre lequel il appuie, ne vaut rien ; et pour savoir s'il est en l'air ou non, celui qui a joué le coup doit tirer doucement la dame sur laquelle il est ; s'il reste dessus, il est bon, parce que c'est une preuve qu'il est bien sur son cube ; si au contraire il tombe, c'est une marque qu'il était en l'air, et par conséquent qu'il n'est pas bon.

Si, en jetant les dés, il en passe ou saute un dans une des tables du trictrac, et que l'autre demeure dans l'autre table, le coup est bon.

Il arrive quelquefois que les dés étant poussés fort, pirouettent et tournent longtemps, principalement quand ils sont usés, ce qui est déplaisant ; l'on peut, du fond du cornet, arrêter le dé qui pirouette, ce qui ne fait ni de tort ni d'avantage aux joueurs, parce qu'il est incertain sur quel nombre il restera.

L'on peut changer de dés autant que l'on veut, et lorsque l'on appréhende quelque coup, il est permis de rompre les dés de son adversaire.

Il y a néanmoins plusieurs personnes qui jouent sous la condition de ne point rompre.

Lorsque l'on est convenu de ne point rompre, si inopinément l'on rompt, celui à qui l'on rompt, peut jouer tel nombre qu'il voudra, quand il n'y a point eu d'autre peine imposée dans la convention.

Et, comme souvent, par la situation du jeu, le nombre que l'on choisit, quoique le meilleur, n'apporte pas un grand profit, et qu'il nous reste le déplaisir qu'on ait rompu notre dé impunément, il faut, en convenant de ne point rompre, établir et imposer une peine contre celui qui rompra, afin que la crainte de la peine empêche qu'on ne viole la convention.

La peine est arbitraire ou d'une certaine somme ou d'une

certaine quantité de points ou de trous, en un mot, on l'impose telle qu'on le veut.

DES JANS.

Le mot de jan, qui est appliqué généralement à tous les coups de ce jeu, vient, dit-on, de *Janus*, à qui les Romains donnaient plusieurs faces, et qu'on l'a mis en usage dans le trictrac, pour désigner symboliquement la diversité des faces de ce jeu ; en effet, le mot de jan ne signifie au trictrac autre chose qu'un coup qui apporte perte ou profit aux joueurs, et quelquefois l'un et l'autre tout ensemble.

Il y a dans ce jeu plusieurs jans.

Le premier est le jan de trois coups.

Le second, le jan de deux tables.

Le troisième, le contrejan de deux tables.

Le quatrième, le jan de mezeas.

Le cinquième, le contrejan de mezeas.

Le sixième, le petit jan.

Le septième, le grandjan.

Le huitième, le jan de retour.

Outre lesquels il y a une infinité de jans de récompense, et de jans qui ne peuvent, que l'on nomme autrement impuissants.

Du jan de trois coups. Le jan de trois coups se fait quand, au commencement d'une partie, l'on abat en trois coups six dames tout de suite, c'est à dire depuis la pile jusques et compris la case du sonnez.

Ce jan vaut quatre points à celui qui le fait ; il ne saurait valoir davantage, ne pouvant être fait par doublet.

Remarquez que, pour profiter de ce jan, l'on n'est pas obligé de jouer le dernier coup ; mais l'on peut marquer quatre points pour son jan, et faire une case dans son grand jan avec le bois qui est abattu dans le petit jan. L'on appelle petit jan la première table où les dames sont empilées, parce que l'on y fait son petit jan ou petit plein. La seconde table est appelée grand jan, parce qu'on y fait son grand jan ou grand plein. Il n'est donc pas nécessaire d'abattre le dernier coup pour profiter du jan de trois coups ; mais avant de faire la case dans le grand jan, ou même de toucher son bois, il faut marquer quatre points pour son jan ; car si le joueur oublie de marquer les points qu'il gagne, l'autre les marque pour lui, cela s'appelle au trictrac envoyer à l'école, et c'est une règle générale pour tous les autres coups ou jans de ce jeu.

Du jan de deux tables. Le jan de deux tables se fait, lorsqu'au commencement d'une partie vous n'avez que deux dames abattues, qui sont placées de manière que, par le résultat de votre dé, vous pouvez mettre une de ces dames dans votre coin de repos, et l'autre dans le coin de votre adversaire.

Ce jan simple vaut quatre points, et six par doublet que vous marquez, et quoiqu'en effet vous ne puissiez pas mettre ces dames dans l'un ni dans l'autre de ces coins, ne pouvant être pris que par deux dames à la fois ; cependant parce que vous avez la puissance de les y mettre, vous en avez le profit : en un mot, c'est un des hasards de ce jeu qui profitent à celui qui le fait.

Du contrejan de deux tables. Le contrejan de deux tables se fait lorsque votre adversaire ayant son coin, vous n'avez que deux dames abattues en tout votre jeu, dont vous battez les deux coins, et comme le coin de celui contre qui vous jouez se trouve pris, c'est pour vous un jan qui ne peut, qui produit à votre adversaire quatre points par simple, six par doublet, dont vous l'envoyez à l'école, s'il oublie de les marquer.

Du jan de mezeas. Le jan de mezeas se fait quand au commencement d'une partie l'on a pris son coin de repos, sans avoir aucune autre dame abattue dans tout son jeu ; alors si l'on fait un as, c'est jan de mezeas, qui vaut quatre points. Si l'on fait deux as, il vaut six points.

Du contrejan de mezeas. Le contrejan de mezeas se fait lorsqu'au commencement d'une partie, vous avez pris votre coin sans avoir aucune autre dame abattue, après que celui contre qui vous jouez a pris le sien, alors si vous faites des as, le coin de votre adversaire qui est plein est pour vous un obstacle, ou jan qui ne peut, et ce contrejan de mezeas vaut à votre adversaire quatre points par simple, et six par doublet. Ce coup arrive rarement, mais néanmoins il ne faut pas laisser d'y prendre garde.

Du petit jan. Le petit jan ou petit plein est lorsque l'on a douze dames toutes couvertes dans la première table où est la pile de bois ou dames ; ce jan, quand on le fait, si c'est par simple, il vaut quatre points; par doublet six; par deux moyens simples il vaut huit; par trois moyens douze; c'est à dire quatre pour chaque moyen, par doublet, par deux moyens il vaut douze.

Il faut surtout se souvenir de marquer ce que l'on gagne par le coup qui achève le petit jan, avant de couvrir ou faire la case qui reste à faire.

Comme les dés ne sont pas parfaitement cubes, ceux qui sont plus plats sur quatre et trois, ou cinq et deux, font plus souvent petit jan, que ceux qui sont sur six et as.

Tant que vous pouvez conserver ce petit jan, vous gagnez quatre points par simple, et six par doublet, chaque coup de dé que vous jetez.

Du grand jan. Le grand jan ou grand plein, est quand on a douze dames couvertes dans la seconde table du trictrac.

Quand on remplit son grand jan, on gagne comme au petit jan, quatre points pour chaque moyen simple, et six points par doublet.

Le grand jan étant fait, on gagne tant qu'on le conserve, quatre points par simple, et six par doublet chaque coup de dé que l'on joue.

Du jan de retour. Quand le grand jan est rompu, l'on passe ses dames dans la première table de celui contre qui l'on joue, et on les conduit dans la seconde table, c'est à dire dans celle où était d'abord la pile de bois de l'adversaire ; et dès qu'on est parvenu à remplir toutes les cases de cette dernière table, on a fait son jan de retour.

Mais pour passer, il faut trouver des passages ouverts entièrement, c'est à dire que la case ou flèche sur laquelle vous prenez passage, soit absolument nue ou vide; car s'il y a une dame, c'est un passage pour battre cette dame, et même une qui serait plus loin, mais non pas pour passer.

Quand on a fait son jan de retour, et tant qu'on le conserve, on gagne autant qu'au grand et petit jan.

Si celui qui a jan de retour ne peut pas jouer tous les nombres qu'il a faits, il perd deux points pour chaque dame qu'il ne peut jouer, soit que le nombre qu'il a amené soit double ou simple.

Le jan de retour étant rompu, on lève à chaque coup selon le dé, les dames du trictrac; et celui qui a plus tôt levé gagne quatre points par simple et six par doublet, en suite de quoi on remet les dames en pile ou tas, on recommence à abattre du bois, et faire de nouveaux pleins ou jans, jusqu'à ce qu'on ait gagné les douze trous qui composent la partie entière du trictrac, appelée autrement le tour.

Du jan de récompense. Dans le cours de ce jeu, le jan de récompense et le jan qui ne peut, arrivent une infinité de fois.

Le jan de récompense arrive, lorsque les nombres des dés tombent sur une dame découverte, de celui contre qui l'on joue.

On appelle une dame découverte, celle qui est seule sur une flèche; quand il y en a deux accouplées, c'est une case, les dames sont couvertes, et ferment le passage.

Dans la table du petit jan, on gagne sur chaque dame découverte quatre points par simple, et six par doublet; si l'on bat par deux moyens simples on gagne huit points, et par trois moyens douze, par l'un et l'autre doublet, on gagne pareillement douze; dans l'autre table on ne gagne que deux points par simple pour chaque moyen, et quatre points par doublet aussi pour chaque moyen.

Le jan de récompense arrive encore, quand, ayant son coin de repos, l'on frappe le coin de celui contre qui l'on joue, lequel est vide, et l'on gagne quatre points par simple et six par doublet.

Du jan qui ne peut. Le jan qui ne peut arrive toutes les fois que les coups de dés, c'est à dire les nombres amenés, frappent et tombent sur une dame découverte de celui contre qui l'on joue, et que les passages se trouvent fermés par des cases.

Il arrive encore au jan de retour, quand on ne peut jouer les nombres que l'on a amenés.

De la manière de marquer ce qu'on gagne. D'abord qu'on a jeté le dé, il faut regarder si l'on gagne ou l'on perd quelque chose avant que de toucher à son bois, et le marquer; car après qu'on a touché ses dames, on n'y est plus reçu, et de plus, on vous oblige de jouer ce que vous avez touché, parce que c'est une règle inviolable, que bois touché doit être joué, excepté toutefois quand les dames touchées ne peuvent absolument point être jouées, comme, par exemple, si une donnait dans votre coin qui n'est pas encore pris, et où une dame ne saurait entrer ni sortir seule, ou bien qu'elle donnât dans le grand jan de votre adversaire avant qu'il fût rompu.

Pour éviter ces inconvénients, lorsqu'on ne veut pas jouer ses dames, mais seulement voir la couleur de la lame ou flèche, pour compter plus facilement les points que l'on gagne; il faut, avant de toucher son bois, dire *j'adoube*; ce terme fait connaître que ce n'est pas pour jouer que vous touchez les dames.

Il faut donc, avant que de toucher son bois, marquer ce qu'on gagne; si l'on y manque l'adversaire vous envoie à l'école, c'est à dire marque ce que vous deviez marquer, avec ce que vous lui donniez sur les dames que vous lui battez par jan qui ne peut, c'est à dire par des passages bouchés.

L'on marque ce qu'on gagne, savoir, deux points, au bout et devant la flèche ou lame de l'as; quatre points devant la lame du trois, ou plutôt entre la lame du trois et celle du quatre; six points devant la lame du cinq ou contre la bande de séparation; huit points au delà de la bande de séparation, devant la lame ou six; dix points devant les lames du huit, du neuf ou du dix. Douze points font le trou ou partie double ou simple, que l'on marque avec un fichet sur la bande du trictrac, en commençant du côté de la pile des dames.

Si votre adversaire ayant jeté le dé, joue ce qu'il a amené avant que de marquer ce qu'il gagne par jan de récompense, c'est à dire en vous battant des dames par des passages ouverts, vous l'envoyez pareillement à l'école, et marquez pour vous ce qu'il gagne avec ce qu'il perd par obstacle sur les dames que vous avez découvertes, et qui bat contre lui par jan qui ne peut.

Si, au contraire, lorsque vous avez jeté le dé, voyant que vous ne gagnez rien, vous jouez ce que vous avez amené, et que votre adversaire ne marque pas ce que vous lui donnez par obstacles, et jette le dé sans l'avoir marqué, vous marquez pour vous ce qui était pour lui, et l'envoyez à l'école.

Qui comptant ce qu'il gagne, dit je gagne huit points, et n'en marque que six, d'abord qu'il a touché son bois pour jouer, il peut être envoyé à l'école de deux points.

Qui au contraire dit, je gagne six points, et en marque huit, peut être envoyé à l'école de deux, sitôt qu'il a lâché son jeton, avant même d'avoir touché son bois, parce que dès que le jeton est abandonné, l'école est faite, et l'on ne peut reculer sans être envoyé à l'école.

Mais celui qui d'un coup gagne plusieurs points, peut fort bien marquer quatre, puis huit ou dix points, et enfin le trou, pourvu qu'il les marque avant de toucher son bois, ou jouer, parce que l'on peut toujours avancer; il faut remarquer que l'on n'appelle point avoir touché son bois, quand on a dit *j'adoube*.

Celui qui joue ou jette les dés, marque toujours ce qu'il gagne, avant qu'on puisse marquer ce qu'il perd.

Celui qui marque le trou, efface tous les points que l'autre avait faits.

De la bredouille. On appelle être en bredouille quand on a gagné des points sans que l'adversaire en ait gagné depuis; et si l'on en gagne douze sans être interrompu, ils valent deux trous, que l'on appelle partie bredouille ou partie double.

Cependant souvent l'on prend douze points sans être interrompu, et même davantage, et néanmoins l'on ne gagne pas la partie bredouille.

Par exemple, d'un coup de dé vous gagnerez quatre points. Je jette le dé ensuite et fais un sonnez ou un quine, qui me vaut six points sur une dame que je vous bats par passage ouvert, du même coup que vous gagnez douze points sur deux dames que je vous bats par impuissance ou jan qui ne peut, vous gagnez ces douze points tout de suite et sans interruption, puisque vous les gagnez après moi ; mais par ce que vous aviez quatre points, vous ne marquerez qu'un trou sans bouger, ces quatre points que vous aviez et que j'ai interrompus par les six que j'ai gagnés, étant comptés les premiers sur les douze que vous gagnerez sans interruption, de sorte que les quatre qui vous restent, la partie simple marquée, sont censés être restés des douze derniers que vous avez gagnés.

Mais si vous aviez huit points simples, et moi autant en bredouille, et que d'un coup de dé vous gagnassiez dix-huit points, alors, comme dix-huit et huit font vingt-six, vous marqueriez partie, une, deux et trois, et deux points sur l'autre ; c'est à dire que la première partie serait simple, parce qu'elle serait composée des huit points que vous aviez et que j'avais interrompus, et l'autre serait double, l'interruption que j'avais faite étant cessée, au moyen de ce que vous avez effacé, en marquant votre premier trou, les huit points que j'avais en bredouille.

Pour distinguer le double d'avec le simple, celui qui le premier gagne des points, les marque avec un seul jeton. Celui qui interrompt et en gagne après, les marque avec deux jetons. Si celui qui a marqué le premier avec un seul jeton gagne encore des points, il les marque et ôte un jeton à son adversaire, on lui dit de l'ôter pour faire voir qu'il est débredouillé, et que le premier qui achèvera la partie la marquera simple.

Il est d'un honnête homme de se débredouiller, sans attendre que son adversaire le lui dise ; et il serait à propos d'établir une peine contre celui qui ne le fait pas, car souvent on est si échauffé, que l'on oublie de dire à son adversaire de se débredouiller. L'on observe néanmoins que l'on est reçu à dire que l'on a débredouillé jusqu'à ce que l'adversaire ait marqué la partie, dans lequel temps, s'il la marquait double, on lui dit qu'il est débredouillé ; mais si l'on attendait que la partie fût marquée, et que l'on eût joué quelques coups depuis, l'on n'y serait plus reçu, à moins que l'adversaire ne voulût convenir de bonne foi qu'il a été débredouillé.

Il n'en est pas de même de celui qui, pouvant marquer en débrouille les points qu'il gagne, les marque seulement simples, c'est à dire avec un seul jeton. Car du moment qu'il a joué son bois ou le dé, il ne peut plus dire qu'il doit être en bredouille.

La même chose s'observe à l'égard de celui qui gagnant partie bredouille, la marque seulement simple. Il ne peut être envoyé à l'école, parce qu'on n'envoie point à l'école d'un trou ; mais dès qu'il a joué, il n'est plus reçu à dire qu'il a oublié de marquer la partie double, et il se doit imputer son peu d'attention.

Du coin du repos. Le coin du repos est la onzième case non comprise celle du tas ou pile des dames. Il se nomme coin du repos, parce que celui qui l'a, est véritablement en repos ; au lieu que celui qui ne l'a pas, est toujours exposé à être battu ; ainsi l'on doit toujours chercher à prendre son coin le premier.

Pour prendre son coin, il faut avoir toujours, s'il est possible, des dames sur les cases de quine et de sonnez, qui sont appelés les coins bourgeois.

Le coin ne se peut prendre qu'avec deux dames à la fois.

Il peut se prendre par puissance, ou par effet.

Il se prend par puissance quand votre adversaire n'a pas le sien, et que de votre dé vous pourriez mettre deux dames dans son coin, lesquelles pourtant vous n'y mettez pas, parce que cela l'empêcherait de faire son grand jan; mais parce que vous en avez la puissance, vous prenez le vôtre, ce qui est un grand avantage.

Il se prend par effet, lorsque de votre dé vous avez deux dames qui battent dans votre coin.

De même que vous ne pouvez prendre votre coin qu'avec deux dames, vous ne pouvez aussi le quitter, que vous n'ôtiez les deux dames à la fois.

Remarquez que quand vous pouvez prendre votre coin par effet, vous ne devez pas le prendre par puissance, et que cette puissance vous est absolument interdite, quand votre adversaire a son coin.

Manière de compter ce qu'on gagne ou perd. Lorsque vous avez votre coin, et que votre adversaire n'a pas le sien, chaque coup de dé que vous jouez vous vaut quatre ou six points, si vous battez son coin de deux dames, c'est à dire quatre par simple, et six par doublet.

La manière de compter ne peut guère s'apprendre qu'en voyant jouer, et à l'aide des leçons qu'on peut recevoir.

Ce qui paraît le plus difficile aux commençants est de connaître quand ils battent ou non, et de compter ce qu'ils gagnent ou perdent.

Une règle certaine est que les nombres pairs tombent toujours sur la même couleur d'où ils partent, comme du noir au noir, ou du vert au vert et du blanc au blanc. Les nombres impairs, au contraire, tombent toujours sur une autre couleur.

Des cases, du privilège de s'en aller et des écoles. Pour bien caser à propos, et ne vous pas créer des obstacles, il faut, quand votre adversaire est fermé par en haut, ne pas vous presser de faire les cases basses ou avancées, parce que si vous faites gros jeu, vous battriez infailliblement contre vous les dames qu'il aura découvertes dans la case première et seconde.

Les cases basses sont celles qui sont le plus près de votre adversaire. Il ne faut pas se hâter de les faire quand votre jeu est pressé, et que vous avez beaucoup de bois sur les cases de quine et de sonnez, autrement vous vous enfilerez vous-même.

Les cases qui sont estimées les plus difficiles à faire sont la septième et la dixième, et que l'on appelle par cette raison les cases du diable.

Pour pouvoir faire ces cases plus facilement, il faut tâcher d'avoir toujours des six à jouer.

Lorsque l'on veut caser, et que l'on veut voir les flèches seulement, il faut dire *j'adoube*, autrement votre adversaire peut vous faire jouer le bois que vous toucherez, ce qui assez souvent gâte votre jeu.

Quand on fait un grand coup, comme sonnez ou quine qui fait passer votre jeu, si vous gagnez de ce coup assez de points pour achever votre trou, vous pouvez vous en aller, c'est à dire lever vos dames, et recommencer la partie, qui est un grand avantage; car souvent il arrive que ces grands coups, non seulement passent votre jeu, mais encore font gagner plusieurs parties à votre adversaire, par le moyen des dames que vous lui battez contre vous; et vous en allant il ne gagne rien.

Lorsqu'on veut s'en aller, il faut dire, je m'en vais, avant de rompre son jeu, ou du moins en le rompant.

Il faut bien prendre garde de ne pas tenir mal à propos quand le jeu de votre adversaire est plus avancé et plus beau que le vôtre, ou que le vôtre se passe, de peur de courir à l'enfilade.

Celui qui s'en va a le dé, et peut jouer sans crainte d'être envoyé à l'école faute d'avoir ôté son jeton; mais celui qui achevant son trou, le marque et joue son bois sans ôter son jeton, est envoyé à l'école de ce qu'il est marqué par le jeton; si cependant il avait des points de reste, il n'est envoyé à l'école que de ce qui se trouve marqué au dessus des points qui lui étaient restés.

Remarquez que vous ne pouvez plus envoyer votre adversaire à l'école du jeton ou des points qu'il a oubliés, ou même des points qu'il a marqués mal à propos, d'abord que vous avez joué depuis.

Quand on achève le trou, et qu'on veut s'en aller, on le peut, tant qu'on tient son jeton, ou que l'on ne l'a point ôté de sa place ; mais si l'on a des points de reste, et qu'on les ait marqués, l'on ne peut plus s'en aller.

Il faut se déterminer promptement, n'étant pas permis de tenir après qu'on a dit je m'en vais, ni de s'en aller après avoir dit je tiens. Celui qui veut s'en aller ne doit pas jouer son bois, autrement il ne peut plus s'en aller.

Il faut donc observer qu'on ne peut s'en aller que lorsqu'on a achevé le trou de son dé, et non quand on l'achève du dé ou de la perte de son adversaire.

Qui s'en va perd tous les points qu'il a de reste.

Il est très dangereux de vouloir entretenir en jan trop longtemps, et de concevoir l'espérance de faire petit jeu, ou de recevoir des points ; car souvent il arrive que l'on est obligé de répondre.

Votre jeu, par exemple, et les dames noires, votre grand jan est fait, vous avez six points marqués, vous avez tenu dans l'espérance que votre adversaire vous donnerait quatre points sur la dame que vous avez découverte en votre cinquième case ; cependant il ne vous a rien donné, parce qu'il a fait six et trois, et qu'il n'a rien dans sa neuvième case ; le coup suivant vous faites un sonnez, et, croyant n'être pas obligé de rompre et de pouvoir conserver votre plein, vous marquez avec les six points que vous avez, et six points pour votre plein ; une partie bredouille, et vous vous en allez, tant parce que vous donnez six points à votre adversaire, que parce que votre jeu étant avancé, il pourrait remplir et vous enfiler.

Mais d'abord que vous avez touché votre bois, votre adversaire vous fait démarquer votre partie bredouille et vous envoie à l'école de six points que vous avez marqués mal à propos pour votre plein, parce qu'il fallait le rompre et lever une dame de votre huitième case, pour la passer par la neuvième de votre adversaire dans la troisième : ainsi votre adversaire qui gagne six points sur la dame que vous lui avez battue contre vous et six points dont il vous envoie à l'école, marque une partie bredouille.

Nous avons dit qu'il vous envoyait à l'école, d'abord que vous aviez touché votre bois, parce que l'on n'envoie pas à l'école du fichet, c'est à dire qu'encore que vous eussiez marqué un, deux ou trois trous, et même davantage, vous pouvez les démarquer sans crainte d'être envoyé à l'école, pourvu que vous n'ayez pas touché votre bois, joué le dé ou ôté votre jeton que vous abandonnez.

Observez cependant que si votre adversaire, croyant aussi bien que vous que vous avez gagné, ou feignant de le croire, avait levé ses dames, ou du moins une partie en même temps que vous, il ne serait plus recevable à vous envoyer à l'école, étant censé avoir quitté la partie, comme celui qui, jouant aux cartes, brouille et mêle son jeu.

Quand on fait son jan, grand ou petit, ou de retour, il faut avoir soin de marquer ce qu'on gagne sur les dames découvertes ou par le plein qu'on achève, avant que de remplir ou faire la case qui reste à faire.

Si votre adversaire, achevant son petit jan, marque les points qu'il gagne, et que par inadvertance il joue la dame avec laquelle il pouvait remplir pour un autre nombre, en sorte qu'après il ne puisse plus remplir, comme, par exemple, si ayant fait cinq et deux, et ne pouvant remplir que du deux, il joue le cinq avec la dame dont il devait jouer le deux pour faire son jan, vous pouvez l'envoyer à l'école faute d'avoir fait son plein, c'est à dire que vous prenez pour vous les points qu'il avait marqués pour son plein, lequel il n'a point fait; et après, si son jeu est avancé, et que vous voyiez qu'il ne pût gagner de son petit jan le trou, et que vous espériez pouvoir le faire passer dans votre petit jan, vous pouvez lui faire rejouer son bois, et lui faire faire son petit jan. Mais s'il avait son jeu reculé, et des dames dans son petit jan avec lesquelles il pût encore remplir, il faudrait laisser les choses en l'état qu'il les aurait mises.

Si au contraire votre adversaire achevant son petit jan ne marque pas les points qu'il gagne et qu'il ne fasse pas son plein, soit par mégarde, soit à dessein, parce que son jeu étant avancé, il craint d'être obligé de passer dans votre petit jan, vous pouvez d'abord l'envoyer à l'école des points qu'il a dû marquer pour son petit jan, et ensuite lui faire faire son plein, s'il est avantageux pour vous qu'il le fasse.

Si ayant fait son petit jan, il a des dames avancées dans son grand jan, qu'il fasse un nombre par lequel il puisse passer dans votre petit jan, et qu'au lieu de passer il rompe son petit jan, soit à dessein, soit par méprise, vous pouvez l'envoyer à l'école des points qu'il n'a pas marqués pour son jan qu'il conservait, et, outre cela, le faire rejouer et passer dans votre petit jan.

A l'égard du grand jan, si votre adversaire marque les points qu'il gagne en l'achevant, et que néanmoins il ne le fasse point, parce qu'il a joué la dame avec laquelle il pouvait remplir pour une autre marque, vous l'envoyez à l'école et prenez pour vous les points qu'il a marqués, mais vous ne lui faites point rejouer et faire son plein, parce que vous avez intérêt qu'il n'en fasse point afin de l'enfiler.

La même chose s'observe pour le jan de retour, que vous avez pareillement intérêt que votre adversaire ne fasse point.

Si votre adversaire, ayant levé le premier au jan de retour, marque les points qu'il gagne, et qu'ensuite ayant empilé ses dames pour recommencer, il ôte par mégarde son jeton, vous pouvez, dès qu'il aura jeté le dé, l'envoyer à l'école des points qu'il s'est ôtés.

Celui qui ayant quatre ou six points marqués, marque ce qu'il gagne avec un autre jeton, comme par exemple, huit points, peut, dès qu'il a joué son bois ou jeté le dé, être envoyé à l'école des quatre ou six points qu'il avait et auxquels il n'a pas pris garde.

On ne peut pas envoyer à l'école d'un trou entier, c'est à dire d'un trou que l'on aurait oublié de marquer, ou qu'on aurait marqué de trop par mégarde, comme si l'on avait marqué partie double au lieu de partie simple.

Cependant on envoie quelquefois à l'école de plus d'un trou, quand, par exemple, l'on fait un sonnez qui vaut dix-huit ou vingt points, et qu'on joue son bois avant d'avoir marqué ce qu'on gagnait par ce sonnez.

Lorsque ce n'est pas vous qui avez jeté le dé, vous pouvez toucher votre bois sans crainte d'être envoyé à l'école, ni obligé de jouer le bois que vous avez touché : par exemple, votre adversaire fait un quine, sur lequel il ne gagne que quatre points; vous croyez qu'il en a assez pour un trou et qu'il s'en va, vous levez trois ou quatre dames de votre jeu pour vous en aller aussi; en même temps votre adversaire qui ne s'en est point allé et ne le pouvait, n'ayant pas achevé la partie, veut vous envoyer à l'école, faute d'avoir marqué ce qu'il vous donnait avant que de toucher votre bois, mais il ne le peut, parce que, n'étant pas à vous à jouer, vous pouvez toucher votre bois, le lever et le remettre; et vous n'êtes à l'école de ce qui vous est donné par votre adversaire, que lorsque vous avez jeté le dé sans le marquer.

L'on n'envoie point à l'école de l'école; c'est à dire que si votre adversaire fait une école, oubliant de marquer ce qu'il gagne, et que vous ne l'ayez pas envoyé à l'école, il ne peut pas vous envoyer à l'école, faute par vous de l'y avoir envoyé.

Mais si votre adversaire, croyant que vous avez fait une école, vous y envoie, alors ce n'est plus à l'école de l'école, et vous pouvez fort bien l'envoyer à l'école de ce dont il vous a envoyé à l'école mal à propos.

Observez qu'il se trouve des personnes qui font des écoles exprès, pour ôter les moyens à leurs adversaires de s'en aller.

Quand cela arrive, il faut prendre garde s'il vous est avantageux de laisser faire l'école et de la marquer, ou si vous avez intérêt de l'empêcher, cela dépend absolument de vous, et vous devez consulter là dessus la disposition de votre jeu, et celle du jeu de votre adversaire. Il vous est libre de laisser faire l'école sans la marquer, ou de la marquer, ou bien de dire à votre adversaire de marquer ce qu'il gagne, et s'il marque des points, quoiqu'il ne gagne rien, vous pouvez lui faire ôter son jeton, afin par ce moyen de l'empêcher de faire l'école ; mais il faut que tout cela soit fait dans le même instant, c'est à dire sans attendre qu'un autre coup soit joué.

Quand on envoie à l'école, il faut y envoyer de tous les points qui ont été oubliés à marquer, n'étant pas permis pour mieux faire son jeu, de n'y envoyer que de deux, quatre ou six points ; ainsi celui qui est envoyé à l'école, peut, si c'est son avantage, vous obliger de marquer l'école tout entière, ce qui n'est point contraire à ce qui est dit ci-devant, qu'on n'envoie point à l'école de l'école. On ne peut être contraint d'envoyer à l'école ; on ne peut pareillement être mis à l'école de ce qu'on n'a pas entièrement marqué l'école ; mais du moment que l'on marque une partie de l'école, l'adversaire peut obliger de marquer le tout.

De la manière de battre une dame et de remplir son jan par plusieurs moyens. On peut battre une dame par plusieurs moyens ; comme, par exemple, votre adversaire, après avoir marqué une partie bredouille de son petit jan, a voulu tenir, et a été obligé de passer une de ses dames dans votre cinquième case.

Quant à vous, vous avez des dames noires, et vous faites un cinq et trois, qui vous vaut sur la dame qu'il a découverte en sa neuvième case, six points, sur celle qui est en la septième quatre, et sur celle qu'il a passée en votre cinquième case huit points ; vous en gagnerez six sur celle qui est en la neuvième case, parce que vous la battez par trois, moyens qui vous valent chacun deux points ; vous la battrez du trois, comptant de votre coin, du cinq, comptant de votre neuvième case ; et du cinq et trois, comptant de votre sixième case, celle qui est en la septième case vous vaut quatre points parce que vous la battez par deux moyens, savoir : du cinq en comptant de votre coin, et du cinq et trois, comptant de votre huitième case.

A l'égard de celle qui est passée en votre cinquième case, vous la battez du cinq, en comptant de votre tas, et du trois en comptant de votre seconde case, qui sont deux moyens qui vous valent chacun quatre points.

Un plus beau coup pour vous, sur ce jou-là, serait un quino, qui vous vaudrait huit points sur la première, parce que vous la battriez du doublet et double doublet, le second vous vaudrait autant, et la troisième qui est dans votre cinquième case, vous vaudrait huit points, qui feraient vingt-deux points, c'est à dire partie double et dix points de reste.

Il y aurait encore sur ce même jeu carme ou terne qui vous vaudraient chacun vingt points, savoir : six du coin, six sur la dame qui est passée en la cinquième case, et huit sur les deux autres.

A l'égard de la manière de faire son jan, quand on dit que pour chaque moyen que l'on remplit son jan, l'on marque quatre par simple, et six par doublet, cela s'entend quand on n'a plus qu'une demi-case à faire ; car si l'on avait encore une case entière, quoique d'un coup de dés l'on y pût mettre les deux dames à la fois par simple ou par doublet, ce ne serait toujours qu'un moyen ; mais si vous n'aviez qu'une demi-case à faire, et que votre jeu fût les dames noires, pour lors, si vous faisiez six et trois, ou quatre et deux, comme vous rempliriez du trois et du six, et que c'est par simple, chaque moyen vous vaudrait quatre points ; et si vous faisiez terne, comme vous rempliriez du trois et du terne, chaque moyen vous vaudrait six points, étant par doublet, etc.

Mais de la manière que le jeu de votre adversaire est disposé, s'il faisait un sonnez, encore qu'il n'ait qu'une demi-case à faire, et que sur sa pile il lui restât deux dames, néanmoins cela ne serait compté que pour un moyen, et ne lui vaudrait que six points.

Quoiqu'on ne puisse sortir les dames de son coin, ni les y mettre l'une sans l'autre, néanmoins plusieurs personnes prétendent que si au jan de retour, l'on peut remplir par plusieurs moyens, et que comptant du coin, l'on batte juste sur la demi-case qui reste à remplir, l'on doit marquer pour la puissance quatre par simple, et six par doublet, quoiqu'en effet l'on ne puisse sortir une dame du coin pour remplir la demi-case. Ayant les dames noires, si vous faites six et trois, vous pouvez, suivant cette opinion, remplir par trois moyens, du six, comptant de la neuvième case, du trois, comptant de la sixième, et du six et trois par puissance, comptant de votre coin.

Si, au contraire, votre adversaire faisait six et as, comme il n'a point d'as pour remplir, quoique par six et as, en comptant de son coin, il batte juste la demi-case qui lui reste à remplir, néanmoins cela ne lui vaudrait rien; mais s'il faisait quatre et trois, cela lui vaudrait huit points, parce qu'il remplirait du quatre, en comptant de la neuvième case et du quatre et trois par puissance, comptant de son coin.

Si la dame de votre adversaire, qui est en la septième case, était sur la sixième, et que celle qu'il a en la neuvième case fût passée dans le petit jan, alors s'il faisait six et as, il ne pourrait pas dire qu'il remplit de l'as, et qu'il n'a point de six, mais il serait obligé de jouer un six de la dame qu'il aurait en sa sixième case, et partant ne remplirait point. Mais si outre la dame qu'il aurait en sa sixième case, il en avait encore une en la septième ou en la huitième, il gagnerait par six et as huit points, parce qu'il remplirait de l'as, et du six et as par puissance, comptant de son coin, parce que, suivant cette opinion, pour profiter de cette puissance, il faut non seulement pouvoir l'emplir d'une autre dame, mais encore il faut pouvoir jouer tous les nombres que l'on a amenés; et cela indépendamment du coin ; car, par exemple, si faisant quatre et trois, votre adversaire avait un quatre et point de trois, il serait obligé, s'il remplissait du quatre, de rompre en même temps pour jouer le trois, ou de sortir son coin ; s'il avait le passage ouvert pour en jouer son quatre ou trois, et par conséquent il ne pourrait point faire de plein ce coup là, et ainsi il ne gagnerait rien.

Démonstration de la manière de lever et rompre le jan de retour. Quand d'un jan de retour on a gagné une partie simple ou double; il vaut mieux s'en aller que de lever jusqu'à la fin, à moins qu'il n'y eût espérance de gagner encore beaucoup de points.

Il est dangereux au jan de retour de n'avoir pas sorti son coin; il y a néanmoins des coups favorables, comme, par exemple, où ayant les dames noires, vous avez encore votre coin, votre plein fait, et vous avez une surcase sur la quatrième flèche; en cet état vous faites un six et as. Vous ne pouvez pas sortir votre coin, parce que l'as donnerait dans le coin de votre adversaire, où une dame ne peut entrer seule; vous ne pouvez point jouer de six avec les dames qui sont dans votre coin, parce que les dames du coin n'en peuvent sortir l'une sans l'autre; vous ne pouvez pas non plus jouer le six avec les dames qui sont passées dans le petit jan de votre adversaire, qui composent votre jan de retour, parce qu'on ne peut lever aucunes dames du jan de retour, que toutes ne soient passées dans le petit jan; ainsi vous conserverez votre plein, et jouerez un as avec la surcase que vous avez sur la quatrième flèche, et votre adversaire marquera deux points, pour le six que vous ne pouvez pas jouer.

Si sur ce même jeu vous faisiez cinq et as, ce serait un très mauvais coup; car vous seriez obligé de rompre et de jouer le cinq avec une des dames qui sont en la cinquième case, et l'as avec la surcase qui est sur la quatrième: cependant vous auriez encore l'espérance de refaire votre plein, si le coup suivant vous pouviez sortir votre coin.

Quand toutes les dames sont passées dans le petit jan, on lève à chaque coup de dés, tout ce qui bat juste sur le bord, selon le nombre qu'on a mené, autrement on ne peut point lever, mais il faut jouer ce qui ne bat point sur le bord, où votre adversaire faisant quine, ne peut rien lever, à cause que sa quatrième case qui bat juste sur le bord est vide; ainsi, pour jouer son quine, il faut qu'il mette sur la flèche de la pile, les dames qui sont en sa cinquième case; si cependant il n'avait rien en sa cinquième case, il lèverait les dames qui seraient en sa troisième ou seconde case, parce que du moment qu'il n'y a point de dames derrière la case d'où doit partir le nombre qui bat sur le bord, on lève les plus éloignées, cette case est encore vide, on lève celles qui sont sur la première, etc.

Celui qui a levé le premier toutes ses dames, gagne quatre points par simple, et six par doublet, c'est à dire que le dernier coup qu'il joue, s'il fait un doublet, il marque six points ; s'il fait un nombre simple, il n'en marque que quatre, avec les autres points qui peuvent lui être restés d'ailleurs, et outre cela il a le dé pour recommencer une autre partie.

De la grande bredouille. La grande bredouille est quand l'un des joueurs gagne le tout ou la partie de trictrac, qui est composée de douze trous sans interruption ; le profit de la grande bredouille est de gagner le double de ce qui est en jeu, quand on est convenu de jouer grande bredouille.

Celui qui gagne le premier des trous, n'a pas besoin de se servir d'aucune marque pour la bredouille, cela n'étant nécessaire qu'à celui qui marque après, pour faire connaître qu'il est en grande bredouille, c'est à dire que son adversaire n'a pris aucun trou depuis lui.

Quand on interrompt la grande bredouille, il faut avoir soin de la faire démarquer pour éviter les disputes, surtout quand on joue sans témoins.

Règles pour connaître combien il y a de coups en deux dés, et voir promptement combien il y en a pour et contre. Il faut d'abord considérer que le trictrac se joue avec deux dés, qui portant six nombres, six carrés ou six faces, produisent par nécessité trente-six coups, parce que l'arithmétique nous ayant enseigné que, pour savoir combien un nombre est dans un autre, il fallait multiplier l'un par l'autre ; six fois six faisant trente-six, il est impossible que dans deux dés il y ait ni plus ni moins de trente-six coups.

Et quoiqu'il paraisse d'abord, en comptant tous les coups que produisent deux dés, qu'il n'y en ait que vingt-un, comme effectivement il est vrai qu'il n'y en pas davantage en un sens; savoir, six et as, six et deux, six et trois, six et quatre, six et cinq, sonnez ; cinq et as, cinq et deux, cinq et trois, cinq et quatre, quine ; quatre et as, quatre et deux, quatre et trois, carme ; trois et as, trois et deux, terne ; deux et as, double deux, et enfin beset. Il n'est pas moins vrai de dire qu'il y a trente-six coups, et cela est d'une certitude incontestable, comme cela va être démontré.

Quoiqu'il semble que six et as, et as et six, ne soient qu'une même chose, il est pourtant vrai que cette même chose se produit en deux façons, et se doit compter deux fois : comme il est aisé de le voir par la table suivante ; car puisque dans chaque dé il y a un as et un six, il faut que dans les deux dés il y ait deux as et deux six, et par conséquent six et as sont deux coups, parce que le dé qui a produit un as une fois, peut une autre fois faire un six, et ainsi de l'autre.

De sorte que tous les coups se divisant ou en doublets ou en coups qui ne le sont pas, que nous appelons simples, et n'y ayant que six doublets qui sont beset, double deux, ternes, carmes, quines et sonnez ; ces six coups doublets, étant retranchés de vingt-un coups qui s'appellent, il n'en reste que quinze, lesquels se reproduisent chacun deux fois, font trente coups, et les six doublets ne se pouvant produire ni être dans le dé qu'une fois, font trente-six coups.

Cela bien établi, bien entendu, bien vrai et bien démontré, il faut s'en faire une règle et dire au trictrac que tout doublet est simple, parce qu'il ne peut se produire qu'une fois, et que tout simple, c'est à dire qui n'est pas doublet, est double, parce qu'il peut être produit deux fois.

Après l'établissement de cette vérité, qu'il y a trente-six coups au trictrac, il faut passer à voir l'utilité de cette connaissance, car, à tout moment, on doit examiner combien il y a de coups pour et contre soi, ce qui se fait en un instant, quand on voit qu'il n'y a qu'un coup pour soi, on conclut nécessairement qu'il y en a trente-cinq contre.

S'il y en a vingt pour soi, on sait en même temps qu'il y en a seize contre.

Et c'est cette connaissance qui détermine à jouer d'une façon ou d'une autre.

Moyen de compter combien il y a de coups pour ou contre

soi. Pour compter avec plus de facilité combien il y a de coups pour ou contre soi, il y a deux règles qui l'apprendront sans peine.

Pour les comprendre, on a vu dans les chapitres précédents, que l'on bat, ou que l'on est battu en trois manières différentes, ou d'un dé seul, ou d'un autre dé seul, ou du nombre que les deux dés assemblés composent.

Par exemple, si vous faites six et cinq, vous voyez premièrement si vous battez celui contre qui vous jouez par un cinq, et puis vous voyez si vous le battez par un six, et en troisième lieu, vous joignez ces deux nombres ensemble qui font onze, et vous voyez si vous le battez par onze points.

Voici deux règles qu'il faut savoir, toutes les fois qu'il faut assembler le nombre des deux dés.

Première règle. Si le nombre des deux dés assemblés passe six points, il ne peut y avoir qu'un ou deux, ou trois, ou quatre, ou cinq, ou six coups.

S'il faut douze pour battre, il n'y a qu'un coup, parce que douze ne vient et n'est qu'une fois dans les deux dés.

S'il faut onze points pour battre, il n'y a que deux coups, qui sont six et cinq, et cinq et six, desquels il n'y en a qu'un qui s'appelle ; savoir, six et cinq.

S'il faut dix points, il y a trois coups, six et quatre, et quatre et six, et quine, dont il n'y en a que deux qui s'appellent ; savoir, six et quatre et quine.

S'il en faut neuf, il y a quatre coups, six et trois, et trois et six, cinq et quatre, et quatre et cinq, desquels il n'y en a encore que deux qui s'appellent ; savoir, six et trois, et cinq et quatre.

S'il en faut huit, il y a cinq coups, qui sont six et deux, et deux et six, cinq et trois, et trois et cinq, et quaterne, desquels il n'y en a que trois qui s'appellent, qui sont, six et deux, cinq et trois, et carme.

S'il en faut sept, il y a six coups, qui sont six et as, et as et six, cinq et deux, et deux et cinq, quatre et trois, et trois et quatre, desquels il n'y en a que trois qui s'appellent; savoir, six et as, cinq et deux, et quatre et trois.

Voilà la manière de compter, quand on est au-delà de six points, et qu'il faut assembler le produit des deux dés pour battre celui contre lequel on joue.

Seconde règle. Il y a une autre règle à pratiquer, lorsque l'on peut battre ou être battu par un dé seul, jusqu'à six points.

On doit se souvenir qu'il faut toujours ajouter un dix au point sur lequel on peut être battu.

Si par exemple on est découvert sur un six, ajoutant dix et six, cela fait seize, et partant il y a seize coups; savoir, terne, cinq et as, as et cinq, quatre et deux, deux et quatre, six et as, as et six, six et deux, deux et six, six et trois, trois et six, six et quatre, quatre et six, six et cinq, cinq et six, et enfin sonnez, desquels seize coups, il n'y en a pas moins que neuf qui s'appellent, qui sont six et as, six et deux, six et trois, six et quatre, six et cinq, quatre et deux, cinq et as, terne et sonnez. Mais parce que de ces neuf les sept premiers se produisent deux fois, cela fait que l'on compte seize coups, suivant ce qui est observé ci-devant.

Si vous êtes découvert sur un cinq, ajoutant dix, cela fait quinze, et partant il y a quinze coups; savoir, trois et deux, deux et trois, quatre et as, as et quatre, cinq et as, as et cinq, cinq et deux, deux et cinq, cinq et trois, trois et cinq, cinq et quatre, quatre et cinq, quine, cinq et six, six et cinq, desquels il n'y a que huit coups qui s'appellent, qui sont trois et deux, quatre et as, cinq et as, cinq et deux, cinq et trois, cinq et quatre, cinq et six, et quine.

Si vous êtes découvert sur un quatre, ajoutant dix, cela fait quatorze; partant il y a quatorze coups, savoir, double deux, trois et as, as et trois, quatre et as, as et quatre, quatre et deux, deux et quatre, quatre et trois, trois et quatre, quatre et cinq, cinq et quatre, quatre et six, six et quatre, et carme, desquels il n'y a que huit coups qui s'appellent, qui sont double deux, trois et as, quatre et as, quatre et deux, quatre et trois, quatre et cinq, quatre et six, et carme.

Si vous êtes découvert sur un trois, ajoutant dix, cela fait treize, partant il y a treize coups, savoir, deux et as, as et deux, trois et as, as et trois, trois et deux, deux et trois, trois et quatre, quatre et trois, trois et cinq, cinq et trois, trois et six, six et trois, et terne, desquels il n'y a que sept coups qui s'appellent; savoir, deux et as, trois et as, trois et deux, trois et quatre, trois et cinq, trois et six, et terne.

Si vous êtes découvert sur un deux, ajoutant dix, cela fait douze, partant il y a douze coups; savoir, beset, deux et as, as et deux, deux et trois, trois et deux, deux et quatre, quatre et deux, deux et cinq, cinq et deux, deux et six, six et deux, et double deux, desquels il n'y a que sept coups qui s'appellent, qui sont beset, deux et as, deux et trois, deux et quatre, deux et cinq, deux et six et double deux.

Si vous êtes découvert sur un, ajoutant dix, cela fait onze, partant, il y a onze coups; savoir, as et deux, deux et as, as et trois, trois et as, as et quatre, quatre et as, as et cinq, cinq et as, as et six, six et as, et beset, desquels il n'y a que six coups qui s'appellent, qui sont as et deux, as et trois, as et quatre, as et cinq, as et six, et beset.

Il est nécessaire d'observer que ces deux règles n'ont lieu que lorsqu'il n'y a point de passages fermés entre la dame que l'on bat, et celle d'où l'on bat: car s'il y en avait, cela augmenterait les coups contraires, et ces règles ne se trouveraient plus véritables.

A l'égard de la différence qu'il y a entre ces deux règles c'est que dans la première, quand il faut assembler les deux dés pour battre, plus vous êtes éloignés, plus vous êtes en sûreté.

Dans la seconde, lorsque vous êtes battu par un dé seul, plus vous êtes près, plus vous êtes à couvert.

On voit donc par ces deux règles, tous les coups par lesquels on peut toucher et battre une dame découverte, en quelque case qu'elle soit placée.

Réduire tous ces coups à ceux qui s'appellent, et de dire, pour battre une dame sur douze, il n'y a qu'un coup qui est sonnez, lequel, quoique doublet, est ici appelé simple parce qu'il ne se produit qu'une seule fois, n'y ayant dans deux dés que deux six, et par conséquent que pour faire une seconde fois sonnez, il faudrait que ce fût avec les deux mêmes six.

Sur onze il y a un coup double, parce qu'il se peut produire différemment, le dé qui a fait un six pouvant faire un cinq, et celui qui fait un cinq, pouvant faire un six.

Sur dix, deux coups, dont l'un double et l'autre simple.

Sur neuf, deux coups doubles.

Sur huit, trois coups, deux doubles et un simple.

Sur sept, trois coups doubles.

Sur six, neuf coups, dont sept doubles.

Sur cinq, huit coups, dont sept doubles.

Sur quatre, huit coups, dont six doubles.

Sur trois, sept coups, dont six doubles.

Sur deux, sept coups, dont cinq doubles.

Et sur un, six coups, dont cinq doubles.

Par ce qui vient d'être dit, on apprend deux choses: la première, qu'il y a trente-six coups en deux dés, parce qu'au trictrac, tout coup double est simple, et tout coup simple, au contraire, est double, par les raisons ci-devant expliquées.

La seconde montre la manière de compter, ou pour mieux dire, la manière de voir et de lire, dans le trictrac même, combien il y a de coups pour et contre soi.

Tarif de la valeur des coups. Le jan de trois coups vaut quatre points, 4

Le jan de deux tables vaut par simple, 4

Par doublet, 6

Le contrejan de deux tables vaut par simple 4

Par doublet, 6

Le jan de mezeas vaut par simple, 4

Par doublet,	6
Le contrejan de mezeas vaut, par simple,	4
Par doublet,	6
Le petit jan fait par un moyen simple vaut,	4
Par deux moyens,	8
Par trois moyens,	12
Par doublet, par un moyen,	6
Par double doublet, autrement deux moyens,	12
Le grand jan fait par un moyen simple, vaut	4
Par deux moyens,	8
Par trois moyens,	12
Par doublet, par un moyen,	6
Par double doublet, autrement par deux moyens,	12
Chaque dame battue dans la table du petit jan, vaut, par un moyen simple,	4
Par deux,	8
Par trois,	12
Par doublet,	6
Par double doublet,	12
Chaque dame battue dans la table du grand jan, vaut, par moyen simple,	2
Par deux,	4
Par trois,	6
Par doublet,	4
Par double doublet,	8
Le coin battu par un moyen simple, vaut	4
Par doublet,	6
Le jan de retour fait par un moyen simple, vaut	4
Par deux,	8
Par trois,	12
Par doublet,	6
Par double doublet,	12
Celui qui a son jan ou plein petit, grand ou de retour, gagne tant qu'il le conserve, pour chaque coup qu'il joue par simple,	4
Pour un doublet,	6
Pour chaque dame qui ne peut être jouée, on perd	2

Et il n'importe que le nombre amené soit simple ou doublet, mais l'on est obligé de jouer le plus gros nombre quand on le peut.

Celui qui a levé le premier au jan de retour gagne par simple, 4

Par doublet, 6

De la conduite qu'on doit tenir en ce jeu. Il faut, pour jouer à ce jeu, une grande présence d'esprit, de la modération et point d'emportement.

Quand vous jouez avec des inconnus, prenez bien garde que les dés soient bons et carrés, et surtout qu'on ne vous en glisse des faux.

Si, en commençant, vous avez de petits dés, tâchez de faire un petit jan; si vous en amenez de gros, passez au grand jan.

Il faut, dès qu'on a jeté le dé, examiner si l'on gagne quelque chose ou si l'on perd, et marquer son gain.

Il ne faut point tenter le petit jan, quand d'abord on n'amène point d'as et de deux : on connaît, après deux ou trois coups, si le dé en promet, et c'est vétiller que de s'y amuser trop longtemps, à moins que l'adversaire ne s'y soit arrêté aussi.

Le jan de deux tables ne doit pareillement point être recherché; il y faut néanmoins prendre garde, et de même qu'aux jans de mezeas et contrejans de mezeas.

Quand d'un petit jan vous aurez gagné une partie double ou simple, levez et allez-vous-en avec la prérogative du dé qui vous reste, de peur qu'en tenant vous ne soyez obligé de passer une de vos dames dans le petit jan de votre adversaire, car cela est capable de vous faire perdre le tour, c'est à dire la partie entière du trictrac, ou du moins une grande quantité de points et de trous, outre que cela vous ôte une dame pour faire votre grand jan ; c'est là principalement où doit être la conduite de tenir et s'en aller à propos; il faut se déterminer selon la situation de votre jeu et la disposition de celui de votre adversaire, s'il s'était amusé à son petit jan, aussi bien que vous, que son jeu fût encore bien reculé, et que vous prissiez votre coin de repos, vous feriez bien de tenir, parce que du débris de votre petit jan vous auriez bientôt fait votre grand jan.

Si votre adversaire s'est arrêté à son petit jan, et que vous ne vous y soyez pas amusé, avancez le plus que vous pourrez pour le battre et gagner les points d'un trou simple ou double, du moins pour empêcher qu'il ne gagne la partie bredouille.

Si son petit jan étant fait, vous aviez votre coin et quelques dames dans votre seconde table, il ne faudrait pas caser, mais étendre vos dames seules, parce que vous auriez de cette façon plus de coups pour battre son coin que par doublet.

Si son jeu est fort avancé, et qu'il ne lui manque plus que quatre points pour gagner le trou, tâchez de lui fermer les passages, afin que s'il fait un grand coup il ne puisse passer dans votre petit jan, et qu'il soit obligé de rompre : si au contraire il lui manque huit points, laissez-lui le passage sur vous.

Si vous ne vous êtes pas amusé au petit jan, ou que vous l'ayez rompu, avancez le plus que vous pourrez votre grand jan, faisant toujours des cases ou demi-cases, selon néanmoins la disposition du jeu de votre adversaire, et les points qu'il aura marqués; s'il avait, par exemple, six ou huit points, et que son jeu se pressât, il ne faudrait pas risquer et vous tenir découvert, parce que s'il venait à vous battre et gagner le trou, il s'en irait, et par là vous seriez frustré de toutes vos espérances.

Si votre adversaire jouant le premier fait un gros coup et le joue tout d'une dame, il ne faut pas faire comme lui et vous exposer à être battu ; car il n'y a que les dames éloignées qu'on peut laisser quelque temps découvertes.

Celui qui d'abord fait des cases avancées tient son adversaire en respect ; mais aussi il est exposé à ne pas sitôt prendre son coin.

Il faut toujours être attentif à son jeu pour bien caser, et ne pas oublier à marquer ce que l'on gagne; l'on doit avoir l'œil sur le jeu de son adversaire, remarquer sa conduite et les fautes qu'il fait pour en faire son profit ; s'il est timide et malheureux, il faut avancer et hasarder; si au contraire il est hardi, et qu'il ait le dé heureux, il ne faut rien risquer et se tenir couvert autant qu'il sera possible.

L'on doit faire les cases septième et dixième préférablement à d'autres ; elles sont appelées les cases du diable, parce qu'elles sont plus difficiles à faire, à cause qu'elles se trouvent dans une certaine distance de la pile ou tas des dames qui leur ôte les six.

Il y a de la science et même un grand avantage à faire toujours les cases les plus éloignées, quand, par la disposition de son jeu, on en a le choix.

Il faut surtout, dans tout le cours du jeu, s'attacher à remarquer les coups qui sont les plus contraires à votre adversaire, et vous découvrir sur ses nombres, afin que s'il les fait, il vous donne des points par jan qui ne peut.

Si son grand jan était fait avant le vôtre, et que son jeu fût bien pressé, il faudrait voir quel nombre il ne pourrait jouer sans rompre, comme sonnez, quine, six et cinq, six et quatre, ou autre nombre, et ôter les dames que vous auriez sur les flèches où ces nombres battent, afin que, faisant un de ces nombres, il fût obligé de rompre et passer dans votre petit jan.

Quand le jeu de votre adversaire est mauvais, et qu'il a huit ou dix points, il ne faut jamais laisser une dame découverte qui puisse être battue, car s'il la frappe et s'il gagne le trou, il lève et s'en va.

Si son jeu étant aussi mauvais, vous lui donnez assez de points pour achever le trou, et qu'il veuille faire l'école, dites-lui de marquer, afin, par ce moyen, de l'empêcher de pouvoir s'en aller ; si cependant vous aviez des points, et que l'école qu'il ferait pût achever le trou, il ne faudra rien dire, mais marquez votre trou, parce que de cette manière vous ôtez toujours à votre adversaire le moyen de s'en aller, puisque vous lui effacez tous les points qu'il aurait.

Pour ne pas oublier à marquer tous les points ou trous que

vous gagnerez par votre jan, que vous ferez ou que vous conserverez, ou sur les dames que votre adversaire aura découvertes, et que vous battrez par passages ouverts, ou bien même par le coin de votre adversaire, que vous battrez pareillement, il faut tâcher de vous mettre dans la tête le tarif de tous les coups de ce jeu, afin de n'être point trompé dans vos calculs.

Quand on dit le coin au trictrac, on entend toujours parler du coin de repos, qui est la onzième case.

Il ne faut jamais presser son jeu, de crainte qu'étant avancé, on ne soit accablé par des gros coups, qui très souvent se suivent.

Quand on gagne le trou simple ou double, il faut examiner si l'on doit tenir ou s'en aller; et pour le connaître, il faut faire comparaison de son jeu avec celui de son adversaire, voir lequel est mieux disposé et plus avancé, lequel a plus de bois à bas et plus de cases faites; si le vôtre est en meilleur état, vous devez tenir, c'est à dire marquer les points qui pourront vous être restés, et jouer les nombres que vous avez amenés; mais si ces deux jeux étaient égaux, et que vous donnassiez plusieurs points, il faut vous en aller avec l'avantage du dé qui vous reste.

Si lorsqu'il y aura de l'égalité, vous aviez beaucoup de points de reste, et que vous ne donnassiez rien, vous pourriez tenir à cause des points qui vous restent.

Le grand jan demande beaucoup plus de conduite que le petit jan; il faut, lorsqu'on le fait, bien examiner la disposition de son jeu, combien il manque de trous pour gagner le tour, voir si l'on a beaucoup ou peu de points de reste, combien on peut encore jouer de coups sans rompre, s'il est enfin avantageux de s'en faire donner ou de ne s'en point faire donner.

Cependant si votre adversaire était fort avancé, qu'il fût près de rompre son jan, et que vous, au contraire, vous eussiez encore deux dames ou même une seule dans votre petit jan, alors il est à propos de vous en faire donner, c'est à dire, de tenir ces dames découvertes dans les cases de quine ou de carme, afin que votre adversaire faisant un gros nombre, il batte ces dames contre lui, tous les passages étant fermés, puisque votre plein sera fait.

Mais si votre adversaire n'avait pas encore son grand jan, qu'il ne fallût plus qu'une demi-case ou même une case, qu'il eût du bois abattu et disposé pour couvrir sa demi-case, ou faire sa case, que vous eussiez votre jan, lequel serait déjà avancé, alors s'il ne vous manquait que quatre points, il ne faudrait pas vous en faire donner, parce que votre adversaire vous en donnant, et achevant votre trou par sa perte, vous ne pourriez plus vous en aller, et vous vous feriez enfiler ; néanmoins s'il ne vous fallait plus qu'un trou, il n'y aurait plus de risque pour vous ; au contraire vous joueriez mal si vous ne tâchiez pas d'en recevoir.

Quand on n'a pas son coin de repos, il faut avoir les coins de sonnez et de quine, appelés les coins bourgeois, garnis, surtout quand celui contre qui l'on joue a le sien ; mais hors de ce cas il vaut mieux tenir la case de quine vide, parce qu'étant pleine, elle presse le jeu et ôte le six.

De l'enfilade. On appelle enfilade, lorsque le malheur vous poursuit tellement, que vous ne pouvez pas faire votre plein, et que vous faites des coups contraires en si grande quantité, que vous êtes obligé de mettre vos dames l'une sur l'autre sans pouvoir caser, en telle sorte que votre adversaire qui a le vent en poupe, ayant fait son grand jan, le conserve et passe ses dames par les passages qui se trouvent dans votre grand jan, et les place dans votre petit jan.

Lorsque cela arrive, s'il vous reste encore une ou deux cases à faire, et qu'il manque à votre adversaire beaucoup de trous pour gagner le tour, il faut risquer des demi-cases pour lui fermer les passages, tâcher de l'obliger de rompre son jan, et par ce moyen vous retirer, s'il est possible, d'embarras.

Nous disons s'il lui manque encore beaucoup de trous, car s'il ne lui en fallait qu'un ou deux, il ne faudrait rien découvrir, autrement ce serait lui donner le moyen de gagner plus facilement.

Lorsque votre jeu est tellement reculé, que votre adversaire a fait son grand jan, avant même que vous ayez pris votre coin, comme à chaque coup qu'il joue, il gagne des points par son plein et par votre coin qu'il bat, il faut, pour lui ôter cette source de points, prendre votre coin quand vous devriez vous découvrir.

L'enfilade arrive encore quand on a tenu mal à propos un grand jan, dans l'espérance de gagner des points qu'on n'a point reçus, ou bien même lorsqu'on n'a pas pu s'en aller, et qu'enfin on a été obligé de rompre son plein, en sorte que celui contre qui l'on joue, trouve des passages ouverts, et conserve le sien.

Si, pressé par quelque gros coup, vous trouvez un passage dans le jeu de votre adversaire, passez-y une dame, afin de vous conserver encore quelques coups à jouer sans rompre.

Pour conserver son grand jan plus longtemps, il faut passer ses dames autant que l'on peut sur la première case de la seconde table, pour s'ôter les six à jouer, cela vous épargne une dame, et vous ne perdrez que deux points.

Quand on est obligé de rompre son grand jan par cinq et quatre, ou quatre et trois, il vaut mieux découvrir deux dames, au hasard d'y perdre quelques points, que de donner si tôt passage à l'adversaire, parce qu'ayant le passage ouvert, il conserverait plus longtemps son plein.

Après les grands jans rompus, l'on passe au jan de retour.

De bons joueurs n'en font point, parce que, comme ils savent le danger qu'il y a de tenir mal à propos un grand jan, ils s'en vont et ne viennent jamais à cette extrémité; néanmoins on y est quelquefois déterminé, surtout quand un des joueurs a été enfilé.

Dans le jan de retour, l'on tient une tout autre conduite qu'au grand et petit jan; car au lieu qu'en faisant ceux-là, on se couvre et fait des cases tant que l'on peut; en celui-ci, au contraire, comme l'on ne craint plus d'être battu, on tient ses dames toutes découvertes, c'est à dire que l'on ne fait d'abord que de demi-cases.

Il y a néanmoins à ce jan de retour un écueil très dangereux ; c'est lorsque vous n'avez pas pu quitter votre coin de repos, dont les dames ne peuvent sortir que toutes deux à la fois ; alors si votre jeu est pressé, vous êtes contraint de passer vos dames, et enfin il arrive souvent que vous ne pouvez plus faire votre plein.

Pour éviter ce danger, il faut d'abord ménager votre jeu, ne pas couvrir les dames les plus éloignées, ne pas perdre les occasions de passer vos dames, et ne pas vous obstiner mal à propos à empêcher votre adversaire de passer ; et si tôt qu'il n'a plus que deux cases dans son grand jan, sortir votre coin ; quand il en aurait encore trois, il faudrait le sortir, si la disposition de votre jan le demandait, car c'est selon votre jeu et celui de votre adversaire qu'il faut se régler.

Il y a une si grande diversité de manières de jouer, qu'il n'est pas possible de donner des avis sur tous les coups ; la disposition du jeu doit être principalement considérée.

Il faut jouer, autant qu'il sera possible, suivant les règles ; la plus générale de ce jeu, est qu'il faut au commencement avancer son jeu le plus que l'on peut ; la raison en est, qu'il faut tâcher de prendre le coin le premier, parce qu'il est plus facile de le prendre quand les deux coins sont vides, puisqu'on le peut prendre, non seulement sur soi, mais encore par le nombre que vous donne celui de votre adversaire, comme il est expliqué à l'article du coin de repos.

Celui qui a son coin le premier, se trouvant fort avancé, frappe, et toujours plus aisément dans le jeu de l'autre, qui le voyant plus près de lui, se serre, et contraint son jeu pour se mettre à couvert.

Il faut savoir mettre une dame dedans à propos, quand l'adversaire n'a pas de points, et qu'il n'en peut pas gagner assez pour un trou.

Il est de la prudence du joueur de voir la conséquence qu'il y a d'être couvert, quand particulièrement il s'agit d'une partie ; et davantage, quand il est question de deux par une bredouille, et bien plus encore, quand il y va du tout ou d'une enfilade ; c'est à quoi l'on doit avoir une application principale pendant tout le cours du jeu, parce que c'est ordinairement par les enfilades que l'on perd ou que l'on gagne.

Sur la fin du jeu, il ne faut avancer que le moins que l'on peut; et si les dés étaient favorables, ils amèneraient du gros au commencement et du petit à la fin, pour continuer longtemps et éviter les enfilades.

On doit néanmoins donner quelque chose au hasard, puisque le succès du jeu arrive, partie par la science, et partie par le hasard.

Ce qui arrive plus souvent en deux dés, c'est le nombre de sept; il y en a plusieurs raisons, il vient en six façons et tous les autres coups ne viennent qu'en une, deux, trois, quatre ou cinq façons : beset, double deux, terne, carme, quine et sonnez, ne viennent qu'en une manière; trois et onze viennent en deux; quatre et dix viennent en trois; cinq et neuf viennent en quatre; six et huit viennent en cinq, et sept vient en six tout seul.

Des privilèges et usages de ce jeu. Il y a dans ce jeu des privilèges qu'il faut savoir mettre à profit.

L'un est de lever quand on a gagné de son dé le trou simple ou double.

L'autre est que celui qui lève et s'en va, conserve le dé pour recommencer.

Le troisième de prendre son coin par puissance, c'est à dire quand par les nombres amenés on pourrait prendre celui de l'adversaire qui est vide.

Le quatrième, de rompre les dés à l'adversaire, quand il n'y a point eu de convention contraire.

Le cinquième de changer de dés.

Le sixième de lever au jan de retour le six sur le cinq, le cinq sur le quatre, le quatre sur le trois, etc.

Du genre de parties. Ordinairement le trictrac se joue en douze trous à la partie.

Il y a des joueurs qui jouent ces douze trous bredouille; c'est à dire que celui qui les gagne de suite sans interruption, sans que son adversaire en prenne un seul, ou après qu'il en a pris, gagne double; mais il faut que cela soit convenu d'avance.

On ne peut jouer que deux personnes à la fois; mais pour en amuser un plus grand nombre, on joue ce qu'on appelle la poule; c'est à dire que l'on peut être trois, quatre, cinq ou six à jouer; que chacun en entrant met au jeu; que, pour avoir la poule, il faut gagner autant de parties qu'on a de joueurs contre soi; et que chaque joueur qui rentre est obligé de mettre de nouveau au jeu. Ainsi, il peut arriver qu'une soirée entière se passe sans qu'aucun y réussisse : alors on partage la poule. Elle peut être très forte, arrivée ainsi à ce point, sans avoir été gagnée.

Mais le beau jeu, le grand jeu, c'est le trictrac à écrire : c'est celui qu'on joue le plus habituellement dans les salons et dans la bonne compagnie. On l'appelle à écrire, parce qu'il consiste en un certain nombre de parties dont on tient le compte, soit avec des jetons, soit sur du papier, au crayon; mais le plus souvent avec des jetons. Une partie à écrire se compose ordinairement de huit marqués, ou de douze.

Pour gagner un marqué, il faut, le premier, prendre six trous. On peut chercher à en prendre plus si l'on veut, et si l'on a assez beau jeu pour cela; et le nombre de ceux que l'on peut prendre peut aller à douze, dix-huit, vingt-quatre ou trente trous : il n'y a pas de quantité obligée passé six trous.

Si l'on gagne le marqué sans que la partie adverse ait un trou, on est en bredouille; de même que si, après qu'elle en a pris, on prend précisément ceux qui font gagner le marqué sans interruption.

Une bredouille de trous se fait absolument comme une bredouille de points; et, pour la marquer, on met le pavillon, qui est ordinairement un petit étendard qu'on plante dans le trou de son fichet.

Des six trous ou plus qu'on a gagnés, on retranche ceux qu'a pris la partie adverse, et l'on marque la somme restante, en y ajoutant une consolation de deux points. Si l'on est en bredouille, on double les six trous ou plus, avant la déduction, de même que la consolation. Ainsi si l'on a gagné six trous on compte 12 et 4 de consolation, qui font 16, dont, en déduisant un trou que je suppose que l'adversaire a pris, on marque 15, soit au crayon sur du papier, soit avec des jetons et des fiches que vous donne votre adversaire, comme cela se pratique au reversis et au boston. De plus, on reçoit, dans ce dernier cas, deux jetons de celui qui est marqué, lesquels servent à indiquer les marqués qu'on a joués.

Lorsque, par la note écrite ou par le nombre de jetons, on sait que la partie est finie, on règle le compte. Si l'un des deux joueurs a fait moins de marques que l'autre, il est *postillonné*, c'est à dire que l'on augmente son compte de 28 points pour le premier marqué qui lui manque, et de 8 pour chacun des autres. Il peut donc, de cette manière, être postillonné quatre fois si l'on joue en huit marqués, ou six fois si l'on joue en douze.

Ensuite on additionne le tout, et celui qui est marqué d'un plus grand nombre de points que l'autre, perd, pour la différence des points dont il est marqué en plus, ceux de son adversaire déduits, le montant du prix dont ils étaient convenus pour chaque jeton ou fiche. En outre il perd la queue, c'est à dire deux, trois ou quatre fiches en sus, ou une somme quelconque.

Si l'on a joué à tant..... la fiche, il peut arriver qu'il y ait un certain nombre de jetons en fraction. S'il y en a cinq et au dessus, cela compte pour une fiche; s'il n'y en a pas cinq, ils sont négligés ou ne servent qu'à déterminer la queue. Lorsqu'on marque avec des jetons, il peut arriver que le compte de celui qui a fait le moins de marqués soit supérieur en nombre de jetons ou points; mais alors il gagne la queue des jetons, parce qu'ayant le plus grand nombre des jetons donnés à chaque marqué, il a le droit de prendre la totalité de ces jetons donnés de part et d'autre, et les paye en déduction des postillons qu'il a essuyés; ou bien une queue compense l'autre, et il ne perd point de queue.

Il faut ajouter à ce que j'ai dit sur les marqués en bredouille, qu'il y a la petite et la grande bredouille. La petite, c'est celle où l'on compte double seulement les trous d'un marqué gagné jusqu'à douze exclusivement. Mais si l'on arrive à douze trous, on gagne la grande qui consiste à marquer quadruples les trous qu'on a faits, ainsi que la consolation. Dans quelques maisons, et même dans certains pays, on continue cette progression jusqu'à dix-huit trous, que l'on marque octuples, jusqu'à vingt-quatre, seize fois, ainsi de suite, en doublant toujours la bredouille existante de six trous en six trous. On devrait jouer ainsi partout; à la vérité, cela ferait monter le jeu un peu haut; mais il en deviendrait bien plus intéressant et plus savant.

Si lorsque celui qui a pris assez de trous pour s'en aller avec le gain du marqué, ayant néanmoins resté pour gagner quelque chose de plus, son adversaire l'a rejoint au même nombre de trous, c'est un *refait;* on recommence, et celui qui perd ensuite le marqué sur nouveaux frais, perd la consolation double, triple, etc., suivant qu'il y a un ou deux refaits.

On peut encore jouer à écrire deux contre un; alors l'un des deux fait *la chouette,* ce qui veut dire qu'il joue seul contre les deux autres qui tirent entre eux à qui jouera le premier. Ceux-ci jouent chacun deux marqués, dans le premier desquels, à chaque rentrée, la chouette a le dé du premier coup, et dans le second, le joueur adversaire.

On joue aussi deux contre deux; et, dans ce cas, celui des deux associés qui a perdu le premier marqué, fait place à l'autre qui en joue deux de suite, et lui reprend aussi par deux autres de suite, jusqu'au dernier seul que joue son partenaire.

Dans ces deux arrangements de parties, l'associé qui ne joue pas a le droit de conseiller celui qui joue et de l'empêcher de faire des écoles.

Lorsqu'on est plusieurs personnes, et qu'aucune ne veut faire la chouette ni s'associer, on joue chacun pour son compte, ce qui s'appelle à *tourner.*

Si, par exemple, on est trois, et que l'on convienne de jouer en tout douze marqués, c'est quatre pour chacun, et l'on ouvre trois comptes. Celui des deux premiers joueurs qui perd, se lève pour faire place au troisième qui joue deux marqués de suite ; de sorte qu'il se trouve successivement avec deux adversaires, et ainsi de suite, jusqu'au dernier que joue celui qui s'est retiré le premier ; mais, à chaque marqué, le joueur oisif reçoit une consolation que celui-ci paye à son antagoniste.

Le trictrac à écrire, de même que le piquet à écrire, est le véritable jeu de la bonne compagnie et des bons joueurs ; il est plus intéressant que celui à la partie, et surtout beaucoup plus savant.

Des principes qui constituent l'art de bien jouer. Le trictrac est un jeu où le hasard joue un grand rôle ; on pourrait même dire qu'il en fait le fond. Cependant la marche de ce jeu est si compliquée, et les chances de ce hasard sont si multipliées, que la théorie en est longue et difficile à saisir.

Toute la science du trictrac roule sur la connaissance parfaite des probabilités auxquelles donnent lieu les trente-six chances des dés ; connaissance assez étendue, qui ne peut être appliquée à la pratique que par des principes dont l'exécution soit sûre et invariable.

On peut pourtant perdre encore, même en jouant tout le jeu contre quelqu'un qui le joue très mal. Mais, si cela arrive quelquefois, il est impossible que ce soit d'une durée bien prolongée : le joueur supérieur l'emporte à la longue. Est-il étonnant, au surplus, qu'il en soit ainsi dans un jeu dont la base est le hasard, tel que celui-ci ? Mais encore un coup, un joueur habile corrige la fortune.

Le secret du trictrac consiste donc à suivre la méthode de conduite la plus conforme aux probabilités ; nous ne dirons pas qu'après avoir lu ce petit traité, on puisse devenir aussi fort qu'il soit possible : la pratique constante et la grande habitude peuvent seules faire arriver à la perfection ; mais au moins nous donnerons des principes qui pourront guider ceux qui apprennent le jeu, et qu'ils appliqueront eux-mêmes dans toutes les positions.

Le plus grand obstacle qu'éprouvent les personnes qui n'ont

pas l'habitude du jeu de trictrac, est tout entier dans le coup d'œil. Il n'y a pas de jeu où il soit aussi difficile à saisir. Un novice, quand il a un certain nombre de dames abattues, ne sait plus laquelle jouer, et, faute de savoir à quoi se déterminer, prend souvent la dame qu'il ne doit pas prendre.

Il est certain pourtant qu'au trictrac, comme aux dames ou aux échecs, il n'y a pas deux façons de bien jouer un coup. Que l'on ne croie donc pas que les grands joueurs ne soient pas d'accord entre eux sur la manière de jouer, de même que deux médecins sur une maladie. Le trictrac est un peu moins conjectural que la médecine, et si deux joueurs, qui passent pour très forts, ne sont pas du même avis sur un coup, vous pouvez croire hardiment que l'un des deux se trompe, ou ne mérite pas le renom de fort; car les réputations de joueurs ressemblent aux réputations de littérateurs et à bien d'autres: il en est beaucoup de mal fondées.

C'est donc un axiome essentiel dont il importe de démontrer la vérité, et d'établir ici, avant d'entrer en matière : *qu'il n'y a pas deux façons de bien jouer un coup au trictrac; que rien ne doit y être donné au caprice, et que, pour le bien jouer, il faut suivre invariablement les principes de conduite qui résultent de la théorie du calcul des probabilités particulières à ce jeu.*

Certes, ce calcul de probabilités est plus étendu qu'on ne pense, et il y a un si grand nombre de positions au trictrac, que celui qui prétendait que ce jeu n'est pas au-dessus du *domino* ou du *réversis*; que même il n'est pas supérieur au piquet, et qu'il ne vient pas directement après les échecs et les dames, se tromperait étrangement, et ne connaîtrait ni la conduite ni les finesses de ce jeu.

Principes généraux sur le casement. 1. Lorsque vous jouez le premier coup de dé, mettez tout à bas (1).

(A) On sait que les anciens auteurs donnent, comme un principe incontestable, de jouer tout d'une au premier coup, quand on amène un point au-dessus de 6; mais c'est une faute grave, car, en jouant ainsi, on s'ôte tout à la fois le moyen de faire un petit jan ou un **jan**

2. Lorsque vous jouez le second coup, si vous amenez le point de 9 ou de 10, jouez tout d'une, si votre adversaire n'a encore des dames que dans son petit jan, afin que de cette dame ainsi avancée vous puissiez le battre plus vite et l'empêcher de faire son petit jan ou d'en profiter.

3. La dixième case est bonne à faire dans les premiers coups, parce qu'elle empêche souvent votre adversaire de faire son petit jan, l'oblige à se couvrir, trouble singulièrement son jeu, et l'empêche aussi de s'étendre et de faire des demi-cases qui pourraient lui coûter un ou plusieurs trous ; elle est bonne également lorsque votre adversaire a son coin, et que vous n'avez pas le vôtre. Faites-la donc la première dans ce cas, et comme case d'observation, ainsi qu'on la nomme (1). Il ne faut pas appauvrir votre jeu pour cela; et, lorsque vous êtes le plus avancé, évitez-la, au contraire, parce qu'elle étrangle le jeu, le serre, rend les quines pernicieux à jouer, augmente les chances qui vous font battre votre adversaire à faux, vous donne une mauvaise position, et vous mène à la perte d'une partie. C'est la case la plus avantageuse à la fois et la plus dangereuse.

4. La case dite le coin bourgeois est essentielle à faire, lorsque votre adversaire a son coin, parce que vous vous donnez par là des six pour faire le vôtre, lesquels autrement gâteraient votre jeu; mais quand vous avez votre coin fait, il faut éviter de la surcharger de dames, parce qu'elle appauvrit et serre le jeu.

5. La case du diable est ainsi appelée, parce qu'elle est très difficile à faire à la fin : il faut donc chercher à la faire de

de six tables, l'on a une dame de moins à bas, et l'on n'est pas sûr de couvrir de sitôt celle qui est avancée.

(1) On l'appelle vulgairement la *travanais*, parce que le marquis de Travanais, qui était fort au trictrac, fut le premier qui s'avisa, malgré l'ancien préjugé, de la faire de préférence dans beaucoup de cas, et qu'elle lui fit gagner beaucoup d'argent. Les anciens avaient encore pour principe de ne la faire que la dernière : ils l'appelaient *la case de l'écolier* : mais ils en exagéraient les inconvénients.

préférence, à moins qu'on n'ait assez de dames étalées dans son petit jan pour la faire à volonté.

6. Si, après les deux premières dames jouées, vous amenez un gros dé, passez ces deux dames dans votre grand jan, soit de manière à faire des demi-cases, si votre adversaire est éloigné, soit à faire une case, s'il est trop proche. La raison en est que vous vous mettez, en jouant ainsi, à même, ou de battre les deux coins et les dames découvertes de votre adversaire, ou de prendre votre coin le premier.

7. Si vous passez, au second coup, les deux premières dames jouées dans le grand jan, jouez-les de manière à ce qu'il y ait une ou plusieurs flèches de distance entre elles; il y a plus d'avantages ainsi, qu'en les plaçant sans intervalle l'un à côté de l'autre.

8. Si vous jouez les deux premiers coups avec deux dames seulement que vous passez dans le grand jan, n'en jouez pas un troisième avec ces mêmes dames; c'est perdre du temps et négliger l'occasion d'abattre du bois.

9. Passez, le plus que vous pourrez, les dames de votre petit jan dans le grand jan, surtout dans le commencement, afin de prendre promptement votre coin et de faire le plus de cases possibles ; cependant il ne faut pas vous découvrir trop ; ni vous faire battre trop facilement, surtout si votre adversaire a 4, 6, 8 ou 10 points.

10. Le grand principe, c'est de s'avancer et de s'étendre. Avancez-vous, étendez-vous tant que vous pourrez. Faites beaucoup de demi-cases et de revirades ; ce système, inconnu aux anciens, est le plus avantageux. Un jeu serré et timide est le plus mauvais de tous les jeux.

11. Ne craignez donc point de vous faire battre : ce sont les lâches et les peureux qui, au trictrac comme à la guerre, sont battus. Il faut de l'audace dans l'un comme dans l'autre. Un joueur hardi déconcerte toujours un joueur pusillanime ; trop de prudence fait perdre.

12. Cependant, il ne faut pas abuser de ces dernières maximes : d'abord, avant que d'avancer son jeu, il faut abattre du bois, tant dans le grand que dans le petit jan : ce serait une

sottise que de faire des cases avec des cases : ce serait vivre de soi-même, si l'on peut s'exprimer ainsi ; on ne peut pas se faire un beau jeu si l'on n'a pas de bois, et il ne faut pas se presser follement d'avancer son jeu sans avoir rien pour l'alimenter. Abattre du bois, voilà donc encore un des grands principes du trictrac.

13. Mais quand on a assez de bois d'abattu, il faut s'avancer de nouveau. Si vous mettiez trop de dames à bas, vous useriez, vous raccourciriez votre jeu.

14. De plus, il ne faut ni s'avancer, ni s'étendre, sans nécessité. Il ne faut pas s'exposer à se faire battre par un trop grand nombre de coups, ni donner un trou mal à propos, ni perdre le fruit d'une belle position. La prudence doit tempérer la hardiesse.

15. Il ne faut point vous amuser à retenir les dés passés que vous avez amenés et qu'a amenés votre joueur, ni baser sur ce souvenir votre manière de jouer. Par exemple, s'il a amené six fois de suite des 6, six fois des 5, etc., ne lui donnez point à battre par les 6 et les 5, dans l'idée qu'il n'en amènera plus. Toutes les lois du calcul des probabilités prouvent qu'il n'y a pas de raison pour qu'une quantité qui a paru vingt fois de suite ne reparaisse encore une vingt-unième. Elle n'est pas plus épuisée au vingtième qu'au premier coup.

16. On ne doit essayer un petit jan que lorsque l'on amène des petits dés, c'est à dire des as, des 2 et des 3. Si l'on répète les 3, les 4 et les 5, il faut passer vite dans le grand jan.

17. Lorsqu'on essaie un petit jan, il ne faut pas se presser de faire les dernières cases. Jouez les as et les 2 que vous amenez comme ils sont venus, parce que vous pouvez, avec d'autres as et d'autres 2, faire les premières cases, car s'il vous venait ensuite des 3 et des 4, ce serait des dames perdues pour votre petit jan.

18. Le jan de six tables ne s'essaie que dans le seul cas où l'on a commencé par de petits dés, car si l'on a commencé

par des gros, il est mieux de jouer dans le grand jan pour avancer.

Des diverses positions du jeu. Il y a au trictrac, comme aux échecs et aux dames, une multitude incalculable de positions, c'est à dire de configurations de dames casées sur les flèches, d'après les nombres amenés par les dés. Il serait donc impossible de les énumérer et de les analyser. Nous allons simplement faire des observations générales sur toutes, et des observations particulières sur les principales, sur celles qui se reproduisent le plus souvent.

1. Pour bien jouer le trictrac, il vous faut avoir sans cesse égard d'abord à votre position, ensuite à celle de votre adversaire, les comparer ensemble et vous comporter en conséquence. On ne peut donc pas vous dire : Jouez de telle ou telle façon dans tous les cas, parce que telle façon, qui est bonne dans un cas, est mauvaise dans un autre. C'est donc à vous d'apprécier l'état du jeu de part et d'autre, et de vous livrer aux considérations qui résultent d'un pareil examen. D'ailleurs, la manière de jouer dépend de la circonstance où l'on se trouve, du plus ou moins de points qu'a l'adversaire, et de l'état plus ou moins avancé ou retardé de son jeu.

2. En conséquence, vous ne devez pas jouer pour le dernier trou d'une partie comme pour le premier.

3. Il ne faut pas craindre de perdre un trou ou deux, lorsqu'il s'agit d'éviter une mauvaise position, ou d'en prendre une bonne.

4. Il faut, pour essayer une position, que le dé se déclare d'une manière analogue; et il faut y renoncer dès que le dé la contrarie.

5. Il faut éviter surtout, lorsqu'on n'a ni le coin bourgeois, ni le coin du repos, et que l'adversaire a le sien, d'empiler sur la case du 6, parce que l'on a à craindre la répétition des 6.

6. Évitez d'avoir une position telle, qu'outre votre coin, vous ayez la dixième, la huitième et la septième case faites lorsque vous n'avez pas de bois d'abattu, ou que vous avez

des dames sur la cinquième case. Le moyen, c'est de ne point faire la case dixième, si elle ne l'était point dès le commencement. Ce serait bien pis si vous aviez des dames en surcharge sur la case du 6, ou sur la case du diable, alors vous êtes exposé à l'*enfilade*.

7. Évitez la position telle qu'ayant votre coin, vous ayez les sixième, huitième et neuvième cases faites, et point de bois à bas, ou seulement sur la troisième case; car si vous amenez des 3 et des 6 et 3 dans cette position, vous courrez risque de perdre votre jeu et d'être enfilé.

8. Un des grands secrets de ce jeu, c'est de faire des sacrifices pour sortir d'une mauvaise position, et de préférer perdre plusieurs trous plutôt que de s'exposer à perdre la partie. Ce qui caractérise un joueur inhabile, c'est de défendre avec entêtement un trou au commencement ou au milieu d'une partie.

9. Donc il vaut mieux, pour prévenir un plus grand mal, *mettre plusieurs dames dedans*, c'est à dire à découvert dans le grand jan : par là on risque moins de serrer son jeu, ou d'être enfilé avec perte de 6, 8, 12, 20 ou 30 points.

10. Lorsque vous amenez un sonnez, un 6 et 5, un quine, ou tout autre gros dé, et que vous avez déjà une de ces mauvaises positions dont nous venons de parler, ou quelque autre pire, il faut, s'il y a ouverture dans le jeu de l'adversaire, passer une dame dans votre petit jan, plutôt que de remonter en surcharge dans votre grand jan celles qui sont encore dans votre petit jan, et qui sont votre seule ressource.

11. Lorsque vous cherchez à faire votre plein dans le grand jan, il faut vous hâter de mettre dedans le premier, ou pour mieux dire, de placer une dame sur la flèche vide qui vous reste, afin de remplir le premier, à moins que votre adversaire ayant des dés directs pour battre cette dame, n'ait déjà 8 ou 10 points.

12. Lors même que votre adversaire aurait 8 ou 10 points, il faudrait encore mettre dedans, au risque de perdre le trou, si son jeu était long, et que le vôtre fût

court et usé. Un coup de retard pourrait vous faire perdre la partie.

13. Lors encore que votre adversaire aurait mis lui-même dedans, et, qui plus est, aurait fait son plein, ce serait encore votre jeu de mettre dedans pour le forcer à s'en aller, après avoir pris le trou.

14. Lorsque vous avez mis une dame dedans par l'un des deux dés que vous avez amenés, et qu'il vous reste à en jouer une autre, vous l'abattez du talon, ou vous l'avancez d'une flèche sur l'autre, de manière à vous donner le plus de moyens possibles de remplir. Il n'est pas indifférent de choisir, entre plusieurs manières de jouer qui se présentent, celle qui vous donne le plus de moyens de remplir. Ainsi, vous feriez mieux, par exemple, de jouer de manière à avoir les 6, les 4 et 2, qui donnent trente-trois coups pour remplir, que les 6, les 4 et les as qui n'en donnent que vingt-neuf.

15. Ce que nous venons de dire est subordonné aux circonstances, aux points dont vous avez besoin. S'il ne vous faut que quatre points, jouez de manière à avoir le plus grand nombre de moyens de remplir d'une seule façon; s'il vous faut 8 points, alors il vaut mieux vous ôter des moyens de remplir d'une façon pour augmenter ceux qui font remplir de deux façons.

16. Lorsque votre adversaire n'a pas son coin et que votre jeu commence à s'user, pour éviter la mauvaise position où vous seriez s'il venait à le prendre, jouez, si le dé le permet, une dame en surcase sur votre coin, afin de battre le sien par les as et de prendre plus vite le trou.

17. Une des premières finesses du trictrac consiste à se faire battre à faux. C'est une attention qu'il faut avoir en casant et abattant du bois, et lorsque ayant fait le plein du grand jan on a besoin de points pour arriver au trou.

18. Il faut pourtant éviter de vous faire battre à faux lorsque vous avez 8 ou 10 points, car vous vous *feriez renvoyer*, c'est à dire qu'on vous forcerait de prendre le trou; alors, vous ne seriez plus maître du jeu, et vous ne pourriez plus

vous en aller. Evitez donc de recevoir le trou, afin d'être plus à même de le reprendre.

19. Si vous n'avez pas votre coin, et que votre adversaire ait le sien, votre principale ressource doit être d'abord d'avancer tant que vous pouvez en revêtant des cases supérieures sur les inférieures ; ensuite de vous faire battre à faux en fermant les passages dans votre grand jan.

20. Lorsque vous jouez une dame dans le petit jan, ne vous embarrassez pas qu'elle puisse être battue à vrai, si elle peut l'être à faux; et qu'il vous importe moins de perdre un trou que d'en gagner un.

31. A plus forte raison faut-il jouer une dame découverte dans votre petit jan, lorsque, pour deux coups, par lesquels elle sera battue à vrai, il y en a quatre ou cinq par lesquels elle sera battue à faux.

22. Si vous êtes au dernier trou d'une partie, cherchez à vous faire battre à faux, ce qui vous donne gain plus tôt et ne craignez pas d'étendre votre jeu. Il ne faut pas jouer serré sur une fin de partie.

23. Si, ayant votre plein fait, et ayant tenu, vous avez intérêt d'arriver plus vite aux 12 points, et qu'il vous faille 4 points, placez-vous dans le petit jan, de manière à ce que, par rapport aux cases vides de votre adversaire, vous ayez le plus de coups possible pour vous faire battre à faux sur une seule dame.

24. Lorsque votre adversaire ne joue plus que pour un ou deux trous, qu'il a dix points, et que vous n'avez pas votre coin ; lorsque enfin votre partie est désespérée, n'hésitez pas à vous avancer, et surtout à vous faire battre à faux, lors même que vous seriez exposé à être battu à vrai. En pareil cas, c'est une duperie de s'amuser à défendre une partie : il faut la regarder comme perdue et tout risquer ; dans une situation désespérée, il faut employer des moyens désespérés.

25. Dans le cours du jeu, ayez toujours l'attention de ne pas mettre contre vous les dés carrés. (On appelle ainsi tous ceux à nombre pairs.) Au contraire, ayez toujours le soin d'en

avoir à jouer de directs et de composés. La raison en est que les dés *pointus* (on appelle ainsi les dés impairs) se trouvent dans les carrés, au lieu que les carrés ne se trouvent pas dans les pointus.

26. D'où il suit qu'on doit toujours se donner les six de préférence, soit pour caser, soit pour remplir ; mais quand on peut se donner des 6 et des 5, des pairs et des impairs, c'est encore mieux.

Des tenues du jan de retour et autres. 1. La partie la plus difficile du trictrac, ce sont les *tenues.* Voilà absolument l'écueil des joueurs faibles ou médiocres.

2. Un grand principe au trictrac est donc de considérer, lorsqu'on fait une tenue, s'il y a plus à perdre qu'à gagner ; et, pour cela, il faut examiner le jeu de son adversaire et le comparer au sien. Si votre adversaire a un jeu retardé, ne tenez point, à moins que vous ne jouiez pour un trou ou deux : rien n'est plus dangereux qu'un jeu retardé. Vous n'avez qu'à battre à faux votre adversaire et lui donner le trou, voilà votre jeu tout à fait usé, et il n'y a pas de raison pour qu'il ne prenne vingt trous de suite.

3. Donc, il faut pour tenir, avoir un jeu long, c'est à dire avoir des dames encore au talon, ou non loin ; vingt et un points à jouer, voilà le nombre de rigueur pour motiver une tenue.

4. Cependant, il ne faut pas vous laisser séduire par ces 21 points, lorsque le jeu de votre adversaire est arriéré, soit que vous jouiez pour un trou ou pour beaucoup ; je le répète, rien n'est aussi à craindre qu'un jeu arriéré.

5. Si vous avez une partie désespérée, c'est à dire si vous n'avez qu'un trou ou point, et que votre adversaire en ait dix ou onze, risquez une tenue, même avec moins de 21 points, pour peu que vous ayez une ou deux dames à faire battre à faux, et que son jeu soit avancé. La raison de cela est qu'il n'y a de ressource pour celui qui est en perte, que dans les fins de relevés, quand on est près d'un jan de retour. C'est ordinairement lorsque les deux jeux sont dans cet état, qu'il survient le plus d'évènements avantageux. Le moindre

désastre qu'éprouve votre adversaire, par l'arrivée subite d'un sonnez ou d'un quine, suffit pour lui faire perdre une partie.

6. Pour faire une tenue à propos, il ne faut donc considérer que le nombre de points que vous avez à jouer et qu'a votre adversaire. Si vous avez quelque avantage sur lui, ne manquez pas d'en profiter.

7. Ainsi, si dans le commencement d'un relevé, vous avez plus de cases que lui, c'est encore un avantage ; mais si l'un a plus de cases et l'autre plus de bois, en même proportion, l'un compense l'autre, et il n'est pas nécessaire de tenir.

8. Rarement on peut prendre plus de douze points à un petit jan, à moins qu'ayant amené des as et des 2, on n'ait encore de quoi tenir trois fois, ce qui suppose qu'on a 18 ou 20 points à jouer pour conserver, autrement il faut s'en aller.

9. Il existe à ce jeu un vieil adage, qui dit *qu'on ne fait jamais de faute à s'en aller*. Cela est vrai jusqu'à un certain point ; et, en effet, on perd plus par des tenues imprudentes, qu'en s'en allant par trop de prudence. Cependant, il est nuisible de s'en aller trop facilement ; et le joueur timide perd à la longue autant que le joueur téméraire. Il faut donc que ce soit le calcul arithmétique du jeu qui guide votre jugement pour savoir si vous devez ou ne devez pas tenir. Joueur d'instinct ou de pressentiment, c'est jouer en petit joueur.

10. Lorsqu'on a marqué au trictrac à écrire, ou, pour mieux dire, lorsqu'on est arrivé à six trous, il faut s'en aller, lors même qu'on pourrait en prendre quelques uns de plus : car un trou ou deux, ou plus, n'ajoutent que quelque jetons en votre faveur, et vous pouvez perdre le marqué.

11. Le marqué, c'est la principale chose à ce genre de partie, plutôt que le nombre de points.

12. Lorsque votre adversaire n'a pas de trous, et que par conséquent il peut prendre le pavillon, gardez-vous de tenir

sans avoir un jeu sûr; car, pour gagner un trou ou deux, vous courriez risque de l'enfilade, en petite, en grande, même en octuple bredouille.

13. Ce qui rend le trictrac à écrire plus difficile que l'autre, c'est que les tenues y sont plus dangereuses et mènent plus loin. Il n'est donc excusable de tenir, avec un jeu douteux, que lorsqu'on n'a point le pavillon à craindre, ou lorsqu'on l'a soi-même et que l'on ne joue que pour un trou.

14. En jouant le trictrac à écrire, lorsque vous voulez savoir si vous devez tenir, examinez mûrement si vous avez plus à perdre qu'à gagner; si, par exemple, après être arrivé à six trous en bredouille, vous avez encore beau jeu pour tenter la grande bredouille, et que votre adversaire ait un jeu trop passé pour vous gagner le marqué, restez, parce que le pis qui puisse vous arriver, c'est de perdre le pavillon; mais en le perdant, vous ne perdez que moitié de ce que vous avez acquis; et, si vous arrivez au but, vous pouvez gagner le double. Donc vous ne risquez qu'un contre deux; donc c'est votre jeu de tenir.

15. Dans toutes les positions du jeu, il faut toujours éviter de donner à votre adversaire les coups qu'il n'a pas. S'il ne peut pas jouer les six, ne lui donnez pas à battre; s'il a mis dedans, et qu'il n'ait pour remplir que des dés pointus, évitez de lui en donner de carrés à battre, car alors il n'aurait plus de chances contraires. D'ailleurs, c'est la quantité de points qu'a votre adversaire ainsi que sa position qui doivent vous guider.

16. Lorsque votre adversaire amène de mauvais dés qui gâtent son jeu, gardez-vous bien de lui rien laisser battre, ou de mettre dedans, si cela peut lui donner des coups pour prendre le trou; il le faut laisser se consumer lui-même et user son jeu.

17. Le jan de retour est ce qu'il y a au trictrac de plus difficile à jouer. Dans les autres épisodes, tels que le petit et le grand jan, le dé peut réparer une faute ou un coup qui n'est

pas joué exactement ; mais ici une faute demeure : il n'y a pas un coup d'indifférent.

18. Ce qui est important au jan de retour, c'est de passer le coin à propos. Si vous aspirez à une grande bredouille, passez-le le plus vite possible, lorsque vous n'avez plus que deux cases, ou que votre adversaire n'en a plus que deux lui-même ; à moins qu'il n'ait six ou huit points, auquel cas il ne faut pas vous presser de le passer, si ce n'est pour ne pas gâter votre jeu.

19. Principe général au jan de retour : si votre adversaire a plus de dames passées dans votre petit jan que vous dans le sien, tâchez de lui interdire longtemps le passage, pour le forcer à perdre des dames dans votre petit jan. Si au contraire vous êtes plus avancé que lui, retroussez promptement, sans vous embarrasser de lui fermer un passage. Vous perdriez un temps précieux que vous devez employer à courir au plein.

20. Lorsque vous êtes près de faire un jan de retour, obstinez-vous, aussi longtemps que possible, à tenir vos passages fermés, en ne relevant qu'une dame ou deux de ces cases ; parce que votre adversaire, ne pouvant pas passer, perd beaucoup de points, par les impuissances, sans compter ceux qu'il peut vous donner en vous battant à faux.

21. Lorsque vous arrivez à jouer sur la bande ou à sortir vos dames, ayez soin de jouer celles que vous ne pouvez sortir des cases les plus éloignées de la bande, afin de lever plus tôt si vous amenez toutefois des dés moyens ou petits dans les coups suivants.

Des règles dans toute leur rigueur et dans leurs modifications. 1. Si l'un des dés sort du cornet après l'autre, le coup n'est pas bon.

2. Lorsqu'un des deux dés pirouette, on n'a pas le droit de l'arrêter avec le cornet : il faut attendre qu'il se déclare de lui-même. En raison en use qu'en finissant de pirouetter il arrive quelquefois qu'il change le dé déjà connu. Cependant, s'il était à une trop grande distance de l'autre, le joueur

qui l'aurait lancé pourrait l'écraser ; mais son adversaire n'en a pas le droit (1).

3. Si un dé retombe sur l'autre de manière à le couvrir, le coup est nul.

4. Si l'un des dés est dans une région du trictrac et le second dans l'autre, le coup est bon.

4. Un dé qui tombe entre deux dames, étant appuyé sur un angle, ne vaut rien.

6. Les dés sont bons, soit qu'ils tombent sur les dames ou sur l'argent, ou sur les jetons, pourvu qu'ils ne soient pas soutenus par la bande, ce qui se vérifie ainsi : votre adversaire tire doucement la dame, et si le dé s'y tient sans tomber, il est bon.

7. Si vos dés touchent les dames de votre adversaire, le coup n'est pas moins bon que s'ils eussent touché la bande.

8. Si l'un des deux dés se casse, la partie qui laisse voir les plus gros points, compte comme si c'était le dé entier.

9. Si, par la force du mouvement de projection, les dés, lancés hors du trictrac, vont toucher la muraille, et d'après cela ils retombent dedans, sans y avoir été renvoyés par le mouvement volontaire des personnes qu'ils ont touchées, ils sont bons.

10. Le dé qui retombe sur la bande n'est pas bon.

11. Le dé qui va se cacher derrière une pile est bon.

12. Si vos dés n'ont point touché la bande ni les dames, après que vous les avez jetés, votre adversaire a bien le droit de vous faire rejouer le coup ; mais il peut le trouver bon s'il veut, et vous n'avez pas le droit de le recommencer (2).

---

(1) Cette règle est trop minutieuse pour être admise. Qu'importe que le dé pirouettant puisse changer le dé connu ? Faut-il pour cela astreindre une personne vive à attendre patiemment, que ce dé soit las de tourner ainsi sur un de ses axes.

(2) Cette règle peut se modifier ainsi. Lorsque les dés lancés n'ont touché ni l'une des bandes ni les dames, le coup doit être recommencé du mouvement propre même de celui qui les a lancés ; il ne doit pas attendre les observations de son adversaire.

13. Si vous jetez vos dés sur la main de votre adversaire pendant qu'il place ses dames, le coup est bon ; mais si, après qu'il a joué, il a encore la main ou dans le trictrac ou sur ses bords, vous pouvez reprendre les dés qui l'ont touchée ou les laisser, à votre volonté. C'est à lui de ne pas mettre ses mains sur le tablier du jeu lorsqu'il n'y a plus que faire.

14. Si vous lancez vos dés avant que votre adversaire ait joué, le coup est bon, et il peut jouer d'après vos dés ainsi connus d'avance. C'est à vous à ne pas tant vous précipiter (1).

15. On ne doit point regarder dans son cornet quand on y mis les dés.

16. On a droit de rompre le dé de son adversaire, lorsqu'on craint qu'il n'en amène un trop beau. Rompre, c'est renvoyer les dés de son adversaire avec le côté de son cornet, ce qui rend le coup nul ; mais il faut dire, *je romps,* et porter son cornet au devant. On ne peut pas rompre plus de trois fois de suite (2).

Dame touchée, dame jouée, c'est de rigueur au trictrac, comme aux dames et aux échecs.

18. On peut toucher pourtant une ou plusieurs des dames qui sont sur les flèches ; mais il faut auparavant avoir dit : *j'adoube.*

19. Il n'est pas même permis de toucher les dames du talon sans dire de même *j'adoube* (3).

20. On ne doit pas dire : *j'adoube tout ;* c'est un abus introduit par les joueurs sans principes ; car, en adoublant tout on éluderait à chaque instant la règle sévère qui défend de toucher sans jouer (4).

21. Lorsque vous avez pris une dame pour l'autre, vous

---

(1) Vous ne devez pas profiter de la précipitation avec laquelle votre adversaire a lancé ses dés, avant que vous n'ayez joué. Ne les regardez pas, et laissez-le vous les cacher.

(2) Rompre plus d'une fois est une malhonnêteté.

(3) Cette règle n'est bonne qu'en académie.

(4) *Idem.*

êtes obligé de jouer cette dame, encore qu'elle n'aille pas sur la flèche où vous voulez caser ou couvrir.

22. *Dame abandonnée, dame jouée.* Ainsi, si vous avez joué une de vos dames au delà de la flèche du nombre où elle doit être placée, on peut vous la faire jouer tout d'une par les deux nombres que vous avez amenés (1).

23. Si vous faites une fausse case, c'est à dire si vous jouez deux dames sur une flèche où le dé ne vous permet pas de les placer, votre adversaire a le droit de vous les faire jouer toutes les deux à sa fantaisie, et selon ce qui lui est plus avantageux. *Cette règle est un peu acerbe.*

24. Si après avoir fait une fausse case, ou joué inexactement, vous voulez jouer exactement, vous ne le pouvez plus. Votre adversaire a le droit de trouver bien joué ce que vous avez joué.

25. Si, croyant avoir un trou, vous vous en allez, et que vous leviez vos dames pour les remettre au talon ou à la pile (2), votre adversaire a le droit de vous mettre à l'école, et, en même temps de vous faire jouer les dames que vous avez levées, si elles peuvent se jouer par les dés que vous avez faits (3).

26. Lorsque l'on prend, pour faire le coin, deux dames qui n'y vont pas, et qu'une des deux ou les deux ne peuvent se jouer ni dans son jeu ni dans celui de son adversaire, on en peut jouer une, ou l'on joue deux autres dames; mais on ne peut prendre son coin sur le coup; c'est la punition. *Cette règle n'est bonne qu'en académie.*

27. Lorsque vous avez fait une fausse case, ou joué une de vos deux dames plus loin que ne devrait l'être la véritable, votre adversaire a le droit, ou de vous les faire jouer toutes

---

(1) De cette règle il faut retrancher ce qui regarde la dame placée au delà du nombre pour lequel elle est jouée.

(2) Ces deux mots sont synonymes.

(3) Cette règle doit se partager ; il ne faut en admettre que le droit d'envoyer à l'école, et rejeter celui de faire jouer les dames qui ont été relevées, et qui pourraient être jouées.

deux, d'après les dés amenés, ou de ne vous en faire jouer qu'une seule tout d'une (1).

28. Lorsque vous recommencez un relevé, vous ne devez pas garder une dame dans vos mains, pour le coup suivant, parce que vous perdriez par là le droit de marquer des points et vous seriez à l'école. *Cette règle est inutile.*

9. Vous ne pouvez, ayant abandonné une dame sur une flèche qui ne répond pas à l'un des nombres que vous avez faits, l'avancer sur la flèche qui répond à l'autre nombre. Vous êtes forcé de jouer une autre dame pour celui-ci. Ainsi, si, amenant 6 et 4, vous avez joué une dame pour le 4, vous ne pouvez la jouer ensuite pour le 6, et en prendre une autre pour le 4.

30. Lorsqu'on a touché des dames qu'on ne peut pas jouer, il n'y a pas de faute et l'on joue celle que l'on veut.

31. Si vous arrangez mal votre jeu, et qu'une ou plusieurs de vos dames soient entre deux flèches, de telle sorte qu'on ne sache pas à laquelle elle appartient, votre adversaire a le droit de la placer sur celle qui lui plait (2).

32. Lorsqu'un joueur s'est aperçu avoir une ou plusieurs dames de moins, cela ne dérange rien à l'état du jeu et on met au talon celle qui a été retrouvée. La loyauté et l'honnêteté exigent qu'on prévienne son adversaire qu'il a une ou plusieurs dames de moins, si l'on s'en apercevait avant lui.

33. Lorsque l'on a joué avec une ou plusieurs dames de

(1) On modifie ainsi cette règle : lorsque vous avez fait une fausse case, votre adversaire a le droit de vous faire jouer les dames déplacées, sans vous désigner l'une plus que l'autre pour un des nombres amenés.

(2) Cette règle se convertit ainsi : si une dame se trouve entre deux flèches, on la place sur celle où l'on croit qu'elle doit être ; si on ne le sait pas, on la place sur la flèche où elle est moins facile à être battue, soit à faux, soit à vrai.

moins, les coups qui se sont passés, jusqu'au moment où l'on s'en est aperçu, n'en sont pas moins bons; mais si l'on a joué avec seize dames ou plus, il faut recommencer la partie tout entière; parce qu'il n'y a rien qui puisse autoriser à profiter d'un avantage qui n'est pas dans les principes constitutifs du jeu.

34. Si le joueur qui retrouve la dame qui lui manquait a passé toutes ses dames dans son grand jan, il met la dame retrouvée sur la flèche la moins éloignée du talon où il a déjà des dames, à moins qu'il n'ait pas encore tenu par impuissance; et s'il les a toutes passées dans le jeu de son adversaire, il la met sur la flèche de celui-ci la moins éloignée de son propre coin.

35. On ne peut plus rectifier les fausses cases de son adversaire ni marquer ses écoles, quand on a lancé les dés.

36. On peut toucher son bois quand on n'a pas jeté les dés, lors même qu'on n'aurait pas marqué les points qu'on a pour être battu à faux.

37. On n'est pas obligé de dire qu'on s'en va quand on ne veux pas tenir; cela se manifeste par l'enlèvement des dames; mais on est forcé de rester, si l'on a dit qu'on restait, ou de s'en aller, si on a dit qu'on s'en allait.

38. Vous ne pouvez passer une dame dans le petit jan de votre adversaire, que lorsqu'il n'y peut plus faire de plein. Ainsi vous ne pouvez, pour conserver, par suite d'un petit jan, passer une de vos trois dames surnuméraires dans son petit jan, si lui-même peut y faire le plein.

39. Par conséquent il ne peut, pour vous punir, vous y faire passer des dames que vous avez mal jouées dans votre jeu.

40. On n'est pas obligé de passer une dame dans le petit jan de son adversaire pour conserver le sien, si l'on peut prendre son coin naturellement, ou par puissance; ce serait mal à propos qu'on forcerait de passer une dame.

41. Quand on a marqué les points qu'on a de reste, on est obligé de rester.

42. Tant qu'on n'a pas touché ses dames, on peut toujours avancer son jeton pour marquer des points ; mais on ne peut le reculer, et l'on est à l'école aussitôt qu'on a eu avancé ce même jeton (1).

43. Une école n'est faite qu'autant que le jeton qui marque est abandonné et mis au talon.

44. Vous n'avez pas le droit de mettre votre adversaire à l'école, parce qu'il ne vous y a pas mis lui-même : *on ne met point à l'école de l'école.*

45. Il y a école quand on oublie d'effacer ses points.

46. Il n'y a pas d'école pour les points qu'on n'a pas effacés en s'en allant : l'un ou l'autre des joueurs doit ôter les jetons.

47. Votre joueur a droit de vous forcer de marquer son école en entier, quand vous avez déjà marqué des points dessus. Une école n'est pas divisible, et vous n'avez pas le droit de ne marquer que les points que vous voulez.

48. Si votre adversaire marque mal à propos des points et que vous ne l'ayez pas mis à l'école, il a le droit de conserver ces points, quoique marqués à tort, et cela par la raison qu'il encourrait la punition de l'école en marquant mal à propos. Cette règle doit être tout à fait proscrite comme contenant une disposition qui ne convient pas à des personnes loyales et bien élevées. On ne doit jamais garder des points mal acquis ; il n'y a pas de raison de rigueur qui puisse autoriser à en conserver qu'on n'ait point faits ; ce serait une surprise indigne d'un honnête homme.

49. On ne peut plus, lorsqu'on a joué, prendre la bredouille qu'on avait oublié de marquer ; de même qu'on ne peut plus l'ôter à son adversaire, si l'on a joué un second coup après le sien (2).

(1) Cette règle est trop rigoureuse. Dans les bonnes maisons, on ne met son adversaire à l'école que lorsqu'il a joué ses dames ou jeté les dés ; jusque là on le laisse se rectifier, lors même qu'il a trop avancé son jeton.

(2) Sur cette règle, nous dirons comme le vieux proverbe : *à tout*

50. Votre adversaire n'est pas obligé de s'effacer, et il peut garder les points que vous lui avez laissés lorsque vous avez joué un second coup. Cela est fondé sur ce qu'on ne finirait pas, si l'on voulait contester les points marqués, sous prétexte qu'ils ne l'ont pas été bien.

51. Si l'un des joueurs a démarqué mal à propos des trous, ou s'il n'en a pas marqué assez, il ne peut plus les marquer de nouveau, après avoir joué (1).

52. On ne peut mettre à l'école des trous : c'est à dire que si votre adversaire marque un trou au lieu de deux, vous ne pouvez marquer un trou d'école : s'il marque trop, vous le rectifiez simplement.

53. On ne peut pas être à l'école des trous, en tant qu'on s'est trompé de trous en plus ou moins; mais on est bien à l'école des trous lorsque par ces trous on a fait école de points. Par exemple, si vous marquiez un ou deux trous, croyant recevoir douze points ou les prendre, vous seriez bien à l'école d'un ou deux trous, puisque vous ne pouvez marquer 12 points de trop ou de moins, sans marquer des trous avec le fichet, et non en points avec les jetons.

54. L'école se base donc d'après les points que l'adversaire a marqués, tant avec son fichet qu'avec ses jetons. Par exemple, ayant 10 points, vous croyez en avoir 14, et vous n'en avez que 12, vous marquez trois ou quatre trous; dans ce cas, vous n'êtes à l'école que de 12 points, parce que les 12 points que vous prenez réellement font un ou deux trous sans bouger, et que le trou ou les deux de plus que vous marquez représentent la bredouille que vous croyez avoir, et non 12 autres points de trop. Vous avez 4 points, vous en prenez 2 ; et, croyant en avoir 10, vous marquez un trou, et 2 points

bon compte revenir. On doit s'ôter la bredouille, si on l'a perdue, et laisser son adversaire la prendre, lors même qu'il l'aurait oubliée.

(1) Cette règle doit être inadmissible : il n'y a pas de surprise entre personnes de bonne foi. Si votre adversaire a démarqué des trous, ou s'il n'en a pas marqué assez, laissez-le les marquer, s'il s'en aperçoit après avoir joué.

de reste ; dans ce cas votre adversaire vous fait rétrograder d'un trou, met votre jeton à 10, et vous envoie à l'école de 8.

55. Il suit de là que si votre adversaire, ayant 10 points, et croyant en prendre 14, lorsqu'il n'en prend que 12, marque trois ou quatre trous, lève ses dames et s'en va, non seulement il ne peut marquer qu'un ou deux trous au lieu de trois ou quatre, mais encore il perd le droit de s'en aller par l'école qu'il fait. Ainsi, dans ce cas, vous pouvez le mettre à l'école de 2 points, et pour ce le forcer de rester. Cette règle est dure, et paraîtrait même injuste, si l'on ne réfléchissait qu'elle est établie pour prévenir la mauvaise foi.

56. Par la raison qu'*on ne peut envoyer à l'école de l'école*, lorsqu'en vous mettant à l'école, votre adversaire en fait une, vous ne pouvez pas l'y mettre lui-même, si l'école qu'il fait égale en points celle que vous avez faite, parce qu'il est réputé avoir marqué ses points au lieu de votre école ; mais si l'école qu'il fait est supérieure en points à la vôtre, vous déduisez ce qu'il a marqué, et vous le mettez à l'école du reste.

57. Vous n'êtes pas obligé de mettre votre adversaire à l'école pour les points qu'il marque mal à propos ; vous les effacez, et cela suffit.

58. Celui qui induit l'autre en erreur ne peut le mettre à l'école par suite de cette erreur ; mais celui qui est induit ne peut non plus revenir sur les points qu'il a marqués de moins.

59. Au trictrac à écrire, on doit prendre le pavillon avant que le trou qui suit celui où il a été acquis soit pris à l'un des joueurs : après ce trou on n'a plus le droit de le revendiquer (1).

60. Si, ayant marqué les points du plein, on ne le fait pas,

(1) Cette règle doit être nulle. Lors même que votre adversaire aurait tout à fait oublié le pavillon, au moment de s'en aller, après avoir gagné le marqué, s'il se le rappelle soudain, vous devez le lui reconnaître : nous dirons plus encore, c'est que vous devez l'en prévenir vous-même.

ou qu'on prenne des dames qui ne le font pas, on fait école. Mais cette école est de deux espèces : dans la première, le joueur a marqué des points pour le plein et n'a pas rempli ; alors il est à l'école, d'abord des points qu'il a marqués, et ensuite de ceux qu'il devrait marquer pour le plein. Dans la deuxième il n'a rien marqué ; or, il est tout simplement à l'école de ce qu'il aurait dû marquer pour le plein.

61. Vous pouvez mettre votre adversaire à l'école, s'il vous y a mis lui-même mal à propos : il a fait ce qu'on appelle *une fausse école*.

62. On n'est pas obligé d'avertir des points que l'on marque en vous mettant à l'école : c'est à vous d'en chercher la raison. Cependant, cela ne doit pas passer deux coups, car il en résulterait ce qu'on appelle *l'école perpétuelle* (1).

63. Lorsqu'on amène des dés qu'on ne peut jouer par impuissance, on ne peut être envoyé à l'école des points qu'ils produisent et que l'on a oublié de marquer. C'est ce qu'on appelle *l'école impossible*.

64. Il y a encore un autre genre d'école impossible, qui est assez bizarre. C'est lorsque votre adversaire, croyant prendre plus de points qu'il n'en prend réellement, marque un ou plusieurs trous, et sans toucher ses jetons ou ses dames, dit : *je m'en vais*. Vous qui voyez son école, vous ne pouvez prendre vos dames et vous en aller ; vous ne pouvez non plus, dans vos intérêts, l'avertir de son erreur ; s'il vous faut attendre qu'il relève ses dames, il peut revenir sur le coup ; la situation est embarrassante et même pressante ; on ne voit point d'autre manière de lui faire consommer son école que de lui dire : *Eh bien, allez-vous-en,* de l'air le plus indifférent possible. Alors, aussitôt qu'il a touché un certain nombre de dames, vous l'arrêtez, et non seulement le mettez à l'école, mais vous lui faites jouer celles de ses dames qu'il vous plaît, suivant que cela vous est le plus avantageux.

(1) Cette règle doit être réduite de cette manière : vous devez vous empresser d'expliquer à votre adversaire le motif pour lequel vous le mettez à l'école.

65. Si, immédiatement après le coup où vous avez donné des points à votre adversaire, il joue sans les avoir marqués, et que par ce nouveau coup il prenne des points et vous en donne, vous ne pouvez tout à la fois le mettre à l'école des points qu'il n'a pas marqués et conserver la bredouille pour ceux qu'il vous donne ensuite en en prenant lui-même. Par exemple, vous avez fait une école de 4 points, je la marque ; le coup d'après, vous en prenez 4 en me battant à vrai, et vous m'en donnez 4 en me battant à faux ; j'ai donc 8 points en tout. Mais j'ai perdu la bredouille, que j'aurais prise, si je ne vous eusse pas mis précédemment à l'école ; et il en résulte que votre école m'a été onéreuse, puisqu'elle m'a fait perdre la bredouille : tant pis pour moi. C'est à moi de voir si je dois vous mettre ou ne vous pas mettre à l'école, suivant le dé que vous amenez.

66. Lorsque l'un des deux joueurs ne s'aperçoit pas qu'il a déjà marqué des points et prend un autre jeton pour en marquer de nouveaux, l'autre joueur a le droit d'effacer les points marqués par le premier jeton, et de mettre son joueur à l'école du montant de ces anciens points, ou de lui faire marquer tous ses points. C'est *l'école dite des deux jetons* (1).

67. Lorsque vous marquez des points avec le jeton de votre adversaire, il faut effacer le vôtre avant de tirer le sien de votre côté, sans quoi vous tomberiez dans l'école des deux jetons. *Cette règle doit être regardée comme nulle.*

68. Si vous effacez mal à propos votre adversaire, ou que vous tiriez son jeton pour marquer vos points, en ne lui en laissant pas, vous êtes à l'école de tous les points dont vous l'avez privé. *Cette règle doit être regardée comme nulle.*

69. Si, étant au jan de retour, vous ne vous apercevez pas que vous pouvez passer dans le jeu de votre adversaire, par les nombres que vous amenez, et que vous ne jouiez

---

(1) Lorsque votre adversaire marque avec deux jetons et qu'il a joué, vous pouvez ôter celui de ces jetons qui marque le moins de points, mais vous ne le mettez point à l'école. L'école de deux jetons n'est point admise dans la société.

dans votre jeu qu'une dame par le plus petit de ces nombres, votre adversaire, s'il le veut, a le droit de vous laisser comme vous avez joué, mais il est obligé de marquer deux points pour la dame que vous ne jouez pas, sous peine d'être mis à l'école. *Cette règle est trop acerbe.*

70. Lorsque l'on a passé son coin au jan de retour, on peut toujours le reprendre par puissance, si l'adversaire a le sien vide.

71. On peut battre le coin évacué comme celui qui n'a pas encore été pris.

72. Si par l'un des deux nombres que vous avez amenés, vous achevez de rentrer toutes vos dames dans le petit jan de votre adversaire, vous pouvez, par l'autre nombre, lever une dame sur la bande, pour sortir.

73. On peut toujours jouer sur la bande pour sortir, lors même que le plein est encore possible au jan de retour : c'est à tort que quelques joueurs soutiennent le contraire.

74. Le dernier coup qui se joue pour la sortie au jan de retour, ne sert pour le premier coup du relevé suivant que quand on a dit : *Je joue pour tout.*

75. On peut faire jouer d'avance à son joueur le dernier coup de la sortie, quoiqu'il ait encore plus de deux dames à sortir ; mais on ne peut le forcer à jouer pour tout.

76. Il n'est pas permis à un spectateur d'avertir un joueur qu'il joue avec une dame de moins (1).

77. Lorsqu'on joue devant une galerie, si quelqu'un de ceux qui la composent se permet une indiscrétion, le joueur au détriment de qui elle est faite a le droit d'exiger de lui qu'il paye la partie perdue (2).

78. Lorsqu'on regarde jouer, on ne doit témoigner aucun sentiment, soit par parole, soit par geste, encore moins faire des exclamations de surprise ou d'admiration sur la

---

(1) Cette règle doit être tournée ainsi : il est permis aux spectateurs d'avertir des dames qui manquent dans le jeu de l'un des adversaires.

(2) Cette règle ne peut pas se pratiquer en bonne compagnie.

beauté ou la laideur des dés qui paraissent, parce que cela sert d'avertissement et nuit au joueur au profit de qui seraient les écoles; que ces mouvements empêchent de faire. On doit regarder jouer au trictrac, comme on assiste à l'audience d'un tribunal, sans rien manifester d'approbatif ou de désapprobatif.

De quelques innovations dont serait susceptible le trictrac. L'esprit d'innovation dans tous les genres est repoussé aujourd'hui et les novateurs ne sont pas bien vus. Cependant, comme les innovations qu'on pourrait faire au trictrac, ne sont pas de nature à ébranler l'ordre social, oserions-nous en proposer une ou deux !

Nous désirerions entre autres choses, qu'on reconnût la faculté de remplir de deux façons quand on a deux dames découvertes, et de marquer en conséquence. Rien ne serait plus conforme aux principes sur lesquels la marche du jeu est fondée : en outre cela ajouterait à sa beauté, en augmentant la complication de cette même marche.

Secondement, nous voudrions qu'on obligeât, sous peine d'être forcé de rester, celui qui s'en va à le dire, ou au moins à le manifester en levant les dames qui ne peuvent se jouer. Il arrive souvent qu'un joueur prend une dame pour la jouer, et, se ravisant au lieu de la placer, la remet au talon et s'en va; c'est une duplicité qui devrait entraîner une punition, car le jeu du trictrac n'est piquant qu'autant qu'il y a des punitions pour toutes les fautes, comme nous l'avons déjà manifesté.

Ce sont là les deux seules innovations que nous osons proposer.

Mais ce qu'on ne peut me blâmer, aujourd'hui que l'on parle tant de rétablir les anciens usages, quoiqu'on n'en puisse pas toujours prouver la possibilité, c'est de demander qu'on revienne à une règle du trictrac qu'on a abandonnée, nous ne savons pourquoi : c'est celle du *pâle de misère*. On appelle ainsi la case du coin sur laquelle se trouvent empilées les quinze dames d'un joueur qui n'a encore pu en passer une dans un jan de retour. Autrefois on gagnait 4 ou 6 points quand on la faisait, et autant à chaque coup qu'on la conservait. Cet épisode du jeu le rendait plus piquant et en augmentait la difficulté.

VOCABULAIRE DES PRINCIPAUX TERMES USITÉS AU TRICTRAC.

Abattre du bois; c'est au trictrac abattre beaucoup de dames de dessus le premier tas, pour faire plus facilement des cases dans la suite.

Accoupler ses dames; c'est les mettre deux à deux sur une flèche.

Adouber, c'est toucher une dame pour ne la pas jouer, mais seulement pour arranger son jeu; et pour ne pas cependant être obligé de la jouer, on doit dire avant que d'y porter la main, *j'adoube.*

Ambezas, se dit quand on amène deux as.

Avancer, en terme de trictrac, signifie *prendre son coin* le premier, ce qui est un très grand avantage.

Bandes de trictrac; ce sont les bords percés de trous vis à vis chaque flèche.

Bander les dames, c'est les charger; c'est à dire en trop mettre sur une flèche.

Battre une dame, c'est la frapper, ou tomber dessus : on dit, *battre le coin.*

Beset, au trictrac, signifie deux as en *dés.*

Bois, au trictrac, signifie les dames avec lesquelles on joue.

Bredouille, se dit quand on prend douze points, et alors on marque deux parties au lieu d'une. On appelle aussi *bredouille,* le jeton qui sert à marquer la *bredouille.*

Carme, signifie deux 4, que les deux dés amènent à la fois.

Case, se dit au trictrac de deux dames qui sont posées sur une même ligne ou flèche marquée sur le tablier où l'on joue, et qui empêche des dames du parti contraire de passer outre. Le septième point s'appelle la *case du diable,* parce que c'est la plus difficile à faire. Une *demi-case* est quand il n'y a qu'une dame abattue : on dit aussi *faire des cases : hautes cases*, sont celles qui sont les plus éloignées de votre adversaire, et *basses cases*, celles qui en sont le plus près.

Caser, est lorsqu'on peut accoupler deux dames ensemble, et c'est la même chose que faire des *cases*.

Coin, qui dit simplement *le coin*, entend le *coin de repos*, appelé ainsi, parce qu'en effet on a l'esprit tranquille au trictrac, quand on s'est emparé de ce *coin*; c'est toujours la onzième *case*, non comprise celle du tas des dames. On dit encore, *coin bourgeois*, qui est la case de *quine* et de *sonnez*.

Cornet, c'est un petit vaisseau, qui est ordinairement de corne ou de cuire, dans lequel on agite les dés, et dont on se sert pour jouer au trictrac.

Couvrir; on dit *couvrir une dame*, c'est à dire en mettre deux l'une contre l'autre , ce qui s'appelle autrement *caser*.

Dames; c'est au trictrac des morceaux d'ivoire, d'os ou de bois, plats et arrondis : on les appelle encore *tables*; il y a les blanches et les noires.

Dames accouplées; ce sont deux dames placées l'une contre l'autre sur une flèche.

Dames couvertes; c'est la même chose que dames accouplées.

Dame découverte; c'est une dame seule placée sur une lame ou flèche.

Dé; petit os carré, marqué de tous côtés de points, et dont on se sert pour jouer au trictrac ; il n'en faut que deux.

Débredouiller; c'est lorsque celui qui marque 2 jetons, est obligé d'en ôter un.

Doublet; c'est un jeu de *dés* qui amène deux points semblables, comme deux as, deux 4, deux 3, et le reste.

Double-doublet; c'est un jeu de *dés* double.

Empiler; on dit *empiler les dames*, c'est les mettre en tas sur la première flèche du trictrac, qui doit être tourné de manière que la pile des dames soit du côté de derrière.

Enfilade, est une série de mauvais dés, résultants d'une position qui, vous mettant dans l'impossibilité de jouer vos dames et vous forçant de relever, laisse votre adversaire prendre une certaine quantité de trous.

Enfiler; on dit au jeu de trictrac qu'une personne est *enfilée*, pour dire qu'on lui a bouché les passages par où elle pouvait couler ses dames d'un côté du tablier à l'autre ; si bien qu'on dit *enfiler son adversaire*, par la même explication de ce terme.

École; on dit envoyer à l'*école*, faire une *école*, marquer une *école*; et cette *école*, est lorsqu'on oublie à marquer les points que l'on gagne.

Étendre; on dit étendre ses dames.

Flèche au trictrac, c'est une manière de clou d'ivoire ou d'os, dont on se sert pour mettre dans les trous, pour marquer combien on a de parties.

Flèche, voyez *Lame*.

Gagner; on dit au trictrac *gagner sans bouger*, *gagner le trou*, ou *la partie* ; *gagner par bredouille*; *gagner le trou*, c'est la partie entière du trictrac.

Impuissance, voyez *Jan qui ne peut*.

Jan, se dit au trictrac quand il y a douze dames abattues deux à deux qui font le plein d'un des côtés du trictrac. Il y a plusieurs sortes de *jans*.

Jan qui ne peut, c'est quand on trouve l'endroit bouché par où on voulait faire passer une dame ; les autres *jans* sont suffisamment expliqués dans le cours de ce traité. Il y en a qui font dériver ce mot de *Janus*, auquel les Romains donnaient plusieurs faces, et qu'on l'a mis en usage dans le trictrac, pour marquer la diversité des faces de ce jeu.

Jeton, petite pièce ronde faite d'ivoire et dont on se sert au trictrac pour marquer le jeu. Il y a un jeton percé ou d'une autre couleur, pour marquer la grande *bredouille* quand on la joue.

Jouer; on dit au trictrac, *jouer tout d'une*, c'est à dire jouer une dame seule, et la mettre sur la seconde lame.

Lames; certaines marques longues, terminées en pointes,

et tracées au fond du trictrac, il y en a vingt-quatre ; elles sont blanches et vertes, ou d'autre couleur ; c'est sur ces lames qu'on fait les cases. On les appelle plus fréquemment *flèches*.

Lever les dames, c'est lorsqu'une partie est finie, et qu'on peut en recommencer une autre.

Mézeas, on dit *jan de mézeas*. On en a donné l'explication au commencement de ce traité.

Moyen. Il y a au trictrac les *moyens* pour battre, *moyens* pour remplir, *moyens* de compter et *moyens simples* ; ce sont des voies qui servent à parvenir au gain qu'on espère, si elles ne sont point traversées par d'autres.

Obstacles ; on appelle obstacles, lorsque voulant passer des dames, on trouve les passages bouchés.

Partie : on dit *partie bredouille*, qui veut dire gagner douze points sans interruption : *partie simple*, c'est douze points gagnés à plusieurs reprises.

Passage ouvert : c'est au trictrac une seule dame sur une case. Ce qu'on appelle *dame découverte* et *passage fermé*, c'est lorsqu'il y en a deux.

Pile de bois ou *de dames*: ce sont des dames entassées sur la onzième case du trictrac.

Quine : terme du jeu de trictrac ; ce sont deux cinq qui viennent en un même coup de dés.

Remplir : on dit au trictrac, *remplir son grand jan*, c'est à dire tâcher d'avoir douze dames couvertes dans la seconde table du trictrac.

Rivirade. Elle consiste à faire une case sur une flèche vide avec des dames prises sur des cases déjà faites, et qui laissent une ou deux dames à découvert.

Rompre ; on dit *rompre le dé*, c'est porter vitement la main ou le fond du cornet sur les dés, après que son adversaire les a jetés.

Sonnez : terme de trictrac qui signifie deux six en dés.

Sortir ; on dit au trictrac, *sortir de son coin*.

Table, se dit au trictrac des deux côtés du tablier, où l'on joue avec des dames ou petits morceaux de bois arrondis, dont on fait des cases. On dit, *table du petit jan*, c'est la première table où les dames sont empilées; on appelle aussi *table du grand jan* celle qui est de l'autre côté, parce que c'est là qu'on y fait ce jan.

Table. Ce mot se prend aussi pour les dames mêmes.

Tablier. Voyez *Table.*

Tas de bois. Voyez *Pile.*

Terne : terme de trictrac ; c'est un *doublet* qui arrive quand le *dé* amène deux trois.

Trictrac, jeu qui se joue avec deux *dés,* suivant le jet desquels chaque joueur, ayant quinze dames, les dispose artistement sur des pointes marquées dans le tablier, et selon les rencontres, gagne ou perd plusieurs points, dont douze font gagner une partie, et les douze parties le tour ou le jeu.

Trictrac, se dit du tablier sur lequel on joue le jeu, qui est de bois ou d'ébène, qui a d'assez grands rebords pour arrêter les *dés* qu'on jette, et retenir les dames qu'on arrange.

Trou de trictrac : il en faut douze de chaque côté, percés chacun vis à vis les flèches.

Trou ou trictrac, signifie les parties, et il faut gagner douze *trous* pour une partie.

TRIOMPHE (jeu de la). Ce jeu, un des plus connus parmi les classes inférieures de la société, et qui se joue quelquefois dans des classes un peu plus élevées, n'exige pas une intelligence très étendue ; il est à la portée de tout le monde, et peut s'apprendre en le voyant jouer une ou deux fois.

On prend un jeu de cartes ordinaire, c'est à dire un piquet dont la valeur est naturelle, le roi emportant la dame, la dame le valet, le valet l'as, l'as de dix, le dix le neuf, le neuf le huit le huit le sept.

Ce jeu se joue un contre un, ou deux contre deux, et quelquefois même trois contre trois. Lorsqu'on joue deux contre deux, ou trois contre trois, deux qui sont ensemble se mettent d'un côté de la table, et les adversaires de l'autre côté. Ils se communiquent leur jeu de la vue seulement ; bien entendu ceux d'un même parti, et jouent ensuite suivant le rang où ils sont ; enfin, on commence par tirer les cartes pour voir à qui fera. C'est la plus haute carte qui ordonne à l'autre parti de faire, car c'est un désavantage de mêler. Le distributeur donne à chacun des joueurs cinq cartes, et en prend autant pour lui par une fois deux et une fois trois, et ensuite tourne la première carte de dessus le talon qui fait la triomphe, et qui reste dessus le talon.

Le premier à jouer joue telle carte de son jeu qu'il juge à propos, et dont les autres joueurs sont obligés de fournir s'ils en ont, et de lever s'ils en ont de plus hautes, ou de couper s'ils ont des triomphes, en cas qu'ils n'aient pas de la couleur jouée ; et celui des deux qui a fait trois mains ou levées, marque un jeu, et s'il fait la vole, il en marque deux.

Il est loisible à l'un des partis qui a mauvais jeu de donner le jeu à l'autre ; et si le parti contraire ne veut point l'accepter, il perd deux jeux s'il ne fait pas la vole, au lieu qu'il gagne un jeu s'il l'accepte.

Règles générales de la triomphe.

1. Lorsque le jeu est faux, ou qu'il y a quelque carte tournée, on remêle : les coups précédents sont bons.

2. Celui qui, en mêlant, donne plus ou moins de cartes à l'un des joueurs, ou enfin donne mal, perd un jeu de ceux qu'il a, s'il en a, ou le parti contraire le marque.

3. Celui qui entreprend témérairement la vole, et ne la fait pas, perd deux jeux.

4. Qui joue avant son tour perd un jeu.

5. Celui qui, en fournissant d'une couleur, peut lever la carte jouée, et ne la lève pas, perd un jeu.

6. Qui n'ayant point de la couleur jouée peut couper et ne coupe pas, perd un jeu, encore que celui qui a coupé devant lui ait coupé d'une triomphe plus forte que la sienne.

7. Celui qui renonce perd deux jeux ; il perd la partie, quand on en est convenu en commençant.

8. Celui qui serait surpris à changer son jeu avec son com-

pagnon, ou à prendre des levées déjà faites, perdrait la partie.

9. Qui quitte avant de finir la partie, la perd.

La partie ordinairement est de cinq jeux ou points. L'on joue autant de parties que l'on veut.

Autre manière de jouer la triomphe. Cette manière de jouer ce jeu a généralement toutes les règles de l'autre : le jeu de cartes en est le même ; on voit de la même manière à qui fera ; l'on y donne également cinq cartes à chaque joueur ; la seule différence qu'il y a, c'est que l'on peut y jouer quatre, cinq ou plus de joueurs, sans être pour cela les uns avec les autres ; au contraire, chacun fait son jeu, et lorsque deux des joueurs font deux levées chacun, celui qui les a plus tôt faites, gagne le jeu et le marque comme s'il en avait fait trois.

Celui qui renonce ou fait d'autres fautes par lesquelles il doit perdre quelques points, s'il n'en a point, les autres n'augmentent pas pour cela les leurs ; mais lorsque celui qui a fait la faute en gagne, il ne les marque pas, jusqu'à ce qu'il ait satisfait à ceux qu'il devait perdre.

Autre manière de jouer la triomphe. Cette manière est semblable à la précédente, en ce que chaque joueur joue pour soi ; mais elle diffère en ce que les as sont les premières cartes du jeu, et qu'ils lèvent les rois ; les autres cartes suivent leur ordre naturel.

Il y a même un avantage pour celui qui fait, en ce qu'après avoir donné les cartes, qui sont au nombre de cinq, s'il retourne un as, il pille, c'est à dire il prend cet as qui fait la triomphe, et écarte telle carte de son jeu qu'il juge à propos à la place.

S'il y avait même au dessous davantage de cartes de la même couleur en tournant sans interruption, il les prendrait, en remettant toutefois sous le talon autant d'autres cartes de son jeu.

Il en est de même si l'un de ceux qui jouent a l'as de la triomphe en main ; il pille aussi, c'est à dire il prend la triomphe retournée et les cartes qui suivent qui sont de la même couleur, en en mettant sous le talon autant qu'il en a pris, afin qu'il n'ait pas plus de cartes qu'il n'en faut dans son jeu.

on appelle cette manière de jouer à la triomphe, jouer à l'as qui pille ; on joue du reste les cartes comme à la première manière.

VINGT-QUATRE (jeu du). Ce jeu suit presque en tout les lois de l'impériale.

Lorsque l'on joue cinq joueurs, il faut que toutes les petites y soient, et celui qui mêle donne dix cartes à chacun ; lorsqu'on est quatre, il en donne douze, à trois également douze, et à deux douze aussi : mais il faudra ôter, lorsqu'on joue à trois, les trois dernières espèces de cartes, et à deux toutes les petites jusqu'au cinq, en commençant par les as qui ne valent qu'un point.

Remarquez qu'au jeu de point, les cinq premières cartes qui sont l'as, le deux, le trois, le quatre et le cinq, se comptent à la virade, et non pas les cinq dernières ; et au jeu par figure, c'est le roi, la dame, le valet, le dix et le neuf.

La *virade* est la carte que celui qui a mêlé, tourne sur le talon et qui fait la triomphe.

Les impériales sont au moins de cinq cartes de suite ; elles valent mieux quand elles sont de six ; sont encore meilleures de sept, et ainsi toujours en montant, et s'emporteront comme au piquet par la force des cartes ; et en cas d'égalité, celui qui l'aurait de la couleur de la tourne gagnerait, autrement ce serait celui qui aurait la main.

On compte le point et les marquants chacun pour quatre pour qui les fait, comme à l'impériale, et les cartes pour celui qui les gagne, la même chose ; et celui qui a plus tôt vingt-quatre gagne la partie, et tire ce qu'on a mis au jeu.

WISTH ou WHISK (jeu du). Ce jeu de cartes, mi-parti de hasard et de science, a été inventé par les Anglais et continue depuis longtemps d'être en vogue dans la Grande-Bretagne, d'où il a été importé en France.

C'est de tous les jeux de cartes le plus judicieux dans ses principes, le plus convenable à la société, le plus difficile, le plus intéressant, le plus piquant, et celui enfin qui est combiné avec le plus d'art.

WISTH 343

Le wisth est plus intéressant, plus piquant, qu'aucun jeu de cartes, par la multiplicité de ses combinaisons; par la vicissitude des événements, par la surprise de voir des basses cartes faire des levées auxquelles on ne s'attendait point; enfin par les espérances et les craintes successives qui soutiennent l'attention jusqu'au dernier moment.

Marche du jeu. Ce jeu se joue avec deux jeux complets composés de cinquante-deux cartes chacun, dont on se sert alternativement.

Les joueurs sont au nombre de quatre, et jouent deux contre deux. Ordinairement le sort décide du choix des associés, que l'on nomme partenaires. On peut convenir aussi de la formation de la double société. Quand elle est formée par voie du sort, on y procède alors de la manière suivante :

On étend en ligne circulaire avec le creux de la main à demi fermée, l'un des deux jeux sur la table. Les quatre joueurs retournent chacun une carte.

Les deux joueurs qui se trouvent avoir tiré les deux plus basses cartes, sont associés ou partenaires; leurs adversaires sont ceux à qui sont échues les deux plus hautes.

Quand il se trouve deux cartes qui sont pareilles, soit en nombre, soit en figures, ceux qui les ont détachées du tas circulaire doivent retirer, si elles sont supérieures ou inférieures à celles des deux autres joueurs, jusqu'à ce qu'il y ait deux cartes plus hautes ou plus basses que celles des deux autres joueurs.

C'est encore par la voie du sort que l'on sait quel est celui des quatre joueurs qui doit donner ou distribuer les cartes: on défère cet honneur à celui qui a retourné la plus petite sur le tas.

On joue aussi en partie liée, c'est-à-dire que pour être vainqueur, il faut gagner deux de suite ou deux sur trois. On appelle *robre* ces deux parties réunies.

Dans l'ordre des cartes, l'as est toujours la plus petite quand on tire au sort.

Après le tirage, sa valeur change; il devient supérieur au

roi, et c'est le deux qui se trouve être la plus basse carte dans l'ordre des levées.

Soit que le sort ou la convention aient déterminé la fonction des deux sociétés, outre le droit de donner le premier, qui est dévolu à celui qui a retourné ou tiré la plus basse carte, il a encore la faculté de choisir la place et le jeu des cartes qui lui conviennent le mieux.

Les partenaires ou associés, comme on voudra, se placent l'un vis à vis de l'autre.

Chacun étant placé, celui qui doit donner le premier distribue les cartes. On fait cette distribution en donnant les cartes une à une, en commençant par sa gauche, après avoir fait *couper* son adversaire à droite.

Il retourne la dernière; c'est celle qu'on nomme *atout* ou *triomphe*.

Cette carte indique la couleur dominante dans chaque coup. Chaque carte de cette couleur peut servir à faire la levée en cas de *renonce*, c'est à dire en cas que l'on n'ait pas de la couleur dont on joue.

On suit, pour jouer les cartes, le même ordre que pour leur distribution, de manière que le premier en main ou à jouer est à la gauche de celui qui donne.

L'objet qu'on se propose dans ce jeu est de faire plus de levées ou de gagner plus de points que les deux adversaires, ce qui demande une grande attention. On ne doit pas non plus se plaindre jamais, ni de la voix ni du geste, quand on a mauvais jeu, car un seul mouvement imprudent pourrait nuire avec des adversaires instruits et qui vous observeraient.

L'as lève le roi, le roi lève la dame ; au dessous de la dame sont le valet, le dix, et ainsi de suite jusqu'au deux, qui est la plus basse carte.

Pour gagner la partie, il faut avoir dix points. Chaque levée que l'on fait au dessus de six, fait compter un point.

Outre les levées qu'on nomme aussi *tricks*, on peut encore gagner des points par *les honneurs*.

On appelle *honneurs* la quatrième majeure ou qui est composée de l'as, du roi, de la dame et du valet, dans la couleur d'atout ou de triomphe, même dans les autres couleurs, quoiqu'ils n'y soient pas susceptibles d'un avantage particulier.

Deux partenaires comptent et marquent deux points, quand ils ont entre eux trois honneurs en atout; s'ils les ont tous les quatre, ils comptent quatre points.

Les honneurs se comptent, soit que ceux qui les ont gagnent, ou qu'ils perdent des tricks.

Il est cependant une position dans laquelle les honneurs ne produisent pas de points; c'est lorsqu'on est à neuf et qu'on n'a plus qu'un point à faire pour gagner la partie.

Il faut avoir soin de marquer les points gagnés par les honneurs avant que la dernière carte, dans la donnée suivante, soit retournée, car on n'est plus à temps alors de compter.

Lorsque deux partenaires ont huit points, celui qui a deux honneurs dans son jeu peut appeler ou demander à l'autre s'il a le troisième; si la réponse est affirmative, la partie se trouve gagnée sans jouer.

Les points se marquent avec quatre jetons que chaque joueur a devant lui.

Un, deux, trois points, se marquent avec un, deux ou trois jetons, en plaçant les autres à part, ou les entassant sur ceux qui servent à marquer.

Les quatre jetons placés en carré indiquent quatre points.

Pour marquer les points supérieurs jusqu'à neuf exclusivement, on place un jeton au dessus et au dessous des autres disposés en ligne horizontale.

Ce jeton, placé hors ligne, marque trois points lorsqu'il se trouve au dessus, et cinq points lorsqu'il est au dessous.

Le point de neuf est indiqué par la disposition de trois jetons en ligne diagonale, le quatrième placé sur celui du milieu.

On marque ce que l'on gagne avec des fiches.

En commençant la partie, on convient de ce que vaudra la fiche.

La partie se paye une, deux et trois fiches; ou bien simple, double ou triple, selon le nombre de points qu'ont gagné les adversaires.

Elle est simple et ne vaut qu'une fiche, lorsqu'ils ont cinq points ou au-dessus;

Elle est double et en vaut deux, lorsqu'ils ont quatre points ou au dessous ;

Elle est triple et se paye trois fiches, quand ils ont quatre points ou au dessous.

Enfin, elle est triple et se paye trois fiches lorsque les adversaires n'ont aucun point.

Outre toutes les trois, deux ou une fiche dont chaque partie gagnée procure le bénéfice, on paye encore à ceux qui gagnent les deux parties, ou le robre, des *fiches de pari* ou de *consolation*.

La consolation est ordinairement de deux fiches; elle peut être plus forte si l'on en convient; elle n'excède pas quatre fiches ordinairement.

Ainsi, deux partenaires gagnent sept fiches quand ils ont gagné une partie triple et une partie double, et ils en gagnent neuf, s'il a été convenu, avant de commencer, que la consolation serait de quatre fiches.

Si les deux parties ne sont pas gagnées de suite, on déduit le nombre des fiches qu'a produit aux adversaires le gain de la troisième partie, de sorte que le produit d'un robre gagné, composé d'une partie triple et d'une partie double, est réduit à six fiches quand les adversaires ont gagné la troisième partie simple.

Si deux partenaires font toutes les levées, ce qu'on appelle faire la *vole* ou le *slaime* (en prononce *schlem*), ils gagnent huit, si la consolation est de deux fiches; ils en gagnent dix, s'il a été convenu qu'elle serait de quatre.

Mais, dans ce cas, on ne compte pas de points à raison des levées ou des honneurs, et la partie reste comme elle se trouve.

Si (ce qui arrive assez souvent) les joueurs conviennent

que le schlem ne sera pas payé, les tricks et les honneurs restent comme à l'ordinaire.

Règles du jeu de Wisth.

1. Si quelqu'un joue quand ce n'est pas son tour, les adversaires ont le droit de lui faire jouer sa carte tant qu'ils le jugeront à propos pendant toute cette *donne*, pourvu qu'ils ne lui fassent point faire de *renonce*; ou si l'un des adversaires est premier à jouer, il peut se faire nommer par son partenaire les couleurs qu'il lui doit jouer; dans ce cas, il doit entrer dans la couleur qui lui est indiquée.

2. On ne peut point accuser une renonce jusqu'à ce que la levée soit faite, ou que celui qui a renoncé ou son associé ait rejoué.

3. Dès qu'on renonce, les adversaires sont en droit de compter trois points ; et ceux qui ont renoncé, quand même ils seraient complets, doivent rester à neuf, nonobstant que les autres aient gagné trois par leur faute ; la renonce se marque à quelques points que le jeu se puisse trouver.

4. Si quelqu'un appelle avant que d'avoir huit points, il est libre aux adversaires de faire redonner ; ils peuvent même se consulter ensemble, s'ils veulent faire redonner ou non.

5. Dès qu'on a vu la triomphe, il n'est plus permis de faire ressouvenir son partenaire d'appeler.

6. On ne peut plus compter les honneurs du coup précédent dès qu'on a tourné une nouvelle triomphe, à moins qu'on ne les eût demandés auparavant.

7. Si quelqu'un sépare une carte des autres, chacun des adversaires peut l'appeler, pourvu qu'il la nomme, et pourvu qu'elle ait été détachée ; mais si, par hasard, il nommait l'une pour l'autre, il est permis à chacun des adversaires d'appeler, pendant toute cette donne, la plus haute ou la plus basse carte dans la couleur qu'il veut.

8. Chacun doit mettre ses cartes devant soi : dès que cela est fait, si les adversaires mêlent leurs cartes avec les vôtres, votre partenaire est autorisé à pouvoir demander que chacun

pose ses cartes : mais il ne lui est pas permis de s'informer lequel a joué telle ou telle carte.

9. Si quelqu'un renonce, et qu'on s'en aperçoive avant que *la main* soit levée, la partie adverse peut demander la plus haute ou la plus basse carte de la couleur jouée, ou elle a l'option d'en appeler une autre, pourvu que cela ne fasse pas faire une renonce.

10. Si une carte se tourne en donnant, il dépend du choix des adversaires de faire renoncer, à moins qu'ils n'en aient été cause ; car, dans ce cas-là, le choix est du côté de celui qui a donné.

11. Si on jouait l'as ou une autre carte d'une couleur, et qu'il arrivât que le dernier joueur jouât, quand ce n'est pas à son tour, il ne pourrait ni couper ni faire la levée, pourvu qu'on ne le fasse pas renoncer, n'importe que son partenaire ait de cette couleur ou non.

12. Si une carte du jeu se trouve tournée, il faut redonner, à moins que ce ne soit la dernière.

13. Personne ne doit prendre les cartes ni les regarder pendant qu'on donne ; et au cas que celui qui donne donnât mal, il faudrait qu'il redonnât ; mais il n'est pas obligé de le faire si une carte se tourne en donnant.

14. Quand on joue une carte, si quelqu'un des adversaires joue quand ce n'est pas son tour, son partenaire ne peut point gagner la levée, pourvu que cela ne le fasse pas renoncer.

15. Chacun doit prendre garde qu'on lui donne treize cartes : ainsi, s'il arrivait que quelqu'un n'en eût que douze, et qu'il ne s'en aperçût qu'après avoir joué plusieurs levées, et que le reste des joueurs eût le nombre juste des cartes, la donne sera bonne ; on ne doit punir que celui qui a joué avec douze cartes pour chaque renonce s'il en a fait ; mais si, au contraire, un des autres avait quatorze cartes, la donnée serait nulle.

16. Si quelqu'un jette ses cartes à découvert sur la table, s'imaginant avoir perdu, si son partenaire ne donne pas gagné, il dépend des adversaires d'appeler telle carte de son

jeu qu'ils jugent à propos, pourvu qu'ils ne fassent pas renoncer sa partie.

17. A et B sont associés contre C et D ; A joue trèfle, son partenaire B joue avant l'adversaire ; dans ce cas, D est en droit de jouer devant C, parce que B a joué quand ce n'était pas son tour.

18. Si quelqu'un est assuré de faire toutes ses cartes, il peut les montrer sur la table ; mais s'il y en avait par hasard une seule perdante parmi, il se trouverait exposé à voir appeler toutes ses cartes.

19. Personne n'ose demander à son partenaire pendant qu'on joue, s'il a joué un honneur.

20. A et B sont associés contre C et D ; A joue un trèfle, C un pique, B le roi de trèfle, et D un petit. C s'aperçoit, avant qu'on tourne la levée, qu'il a renoncé ; qu'en arrivera-t-il ?

B peut reprendre sa carte, et D de même, et il dépend de A ou de B d'obliger C de jouer la plus haute ou la plus basse carte de la couleur indiquée.

21. Si quelqu'un ayant huit points appelle, si son partenaire lui répond, et si les adversaires ont jeté leurs cartes, et qu'il paraisse que l'autre n'a pas deux points par les honneurs ; dans ce cas, ils peuvent se consulter ensemble, et sont les maîtres de laisser subsister la donne ou non.

22. Si quelqu'un répond n'ayant pas un honneur, les adversaires peuvent se consulter ensemble, et sont les maîtres de laisser subsister la donne ou non.

23. Personne ne peut prendre de cartes neuves au milieu de la partie, sans le consentement de tous.

24. Celui qui donne doit laisser sur la table la carte qu'il a tournée jusqu'à ce que ce soit son tour à jouer ; dès qu'il l'a mêlée avec les autres, personne ne peut lui demander laquelle c'est, mais bien quelle est la triomphe : la conséquence qui résulte de cette règle est que celui qui donne ne peut pas indiquer une fausse carte, ce qu'il aurait pu faire sans cela.

Calculs qui enseignent avec une certitude morale, comment il faut jouer un jeu ou une levée, en démontrant quelle chance il y a que votre associé ait une, deux ou trois cartes d'une certaine couleur dans la main (1).

PAR EXEMPLE.

1. Je veux savoir quelle chance il y a que mon associé a une certaine carte dans sa main.

Réponse.

                                                  Contre lui—Pour lui

Il y en a qu'il ne l'a pas *NB*. . . . . 2 à 1

2. Je voudrais savoir quelle est la chance qu'il a deux cartes d'un certain point en main.

Réponse.

                                                  Contre lui—Pour lui

Qu'il n'en a qu'une seule, il y a . . . . . 31 à 26

Qu'il n'a ni l'un ni l'autre. . . . . . . 17 à 3

Mais qu'il en a une ou toutes les deux, la chance est autour de 5 à 4, ou *NB*. . . . 25 à 22

3. Je voudrais aussi approfondir quelle chance il faut supposer pour lui donner trois cartes d'une certaine couleur.

Réponse.

                                                  Contre lui—Pour lui

Qu'il n'en a qu'une, est comme 325 pour lui, 378 contre lui, ou autour de . . . 5 à 7

Qu'il n'en a pas 2, il y a 156 pour lui, à 547 contre lui, ou autour de . . . . 2 à 7

Qu'il ne les a pas toutes trois, il y a 22 pour lui, à 681 contre lui, ou autour de . . 1 à 21

Mais qu'il en ait une ou deux, il y a 481 pour lui, à 222 contre lui, ou autour de . 13 à 6

Et qu'il y a 1, 2, ou tous les trois, est une chance de 111 *NB*. . . . . 5 à 1

(1) Ceux qui veulent bien jouer ce jeu doivent se mettre au fait de ces calculs, sur lesquels le raisonnement de tout ce traité se fonde; et afin de ne pas trop charger la mémoire, il suffira qu'ils retiennent seulement ceux qui sont marqués d'un N B.

A

Explication et application de ces calculs, que tous ceux qui veulent suivre ce Traité, doivent absolument savoir :

PREMIER CALCUL.

Il y a deux à parier contre un que mon associé n'a pas une certaine carte supposée.

Pour appliquer ce calcul, supposons que votre adversaire du côté droit joue une couleur de laquelle vous n'avez que le roi accompagné d'une petite carte ; vous pouvez juger qu'il y a à parier deux contre un que votre adversaire du côté gauche ne pourra faire la levée, si vous mettez votre roi.

Supposons encore que vous portiez le roi et trois petites cartes d'une couleur, et de plus la dame et trois petites cartes d'une autre, quelle sera la couleur qu'il faudra jouer ?

Réponse. Il faut jouer celle où il y a le roi, parce qu'il y a à parier deux contre un que l'as n'est pas derrière la main, au lieu qu'il y a cinq contre quatre, que l'as ou le roi d'une couleur sont derrière vous, et que, par conséquent, vous vous feriez du tort en jouant de la couleur qui commence par la dame.

IIe CALCUL.

Il y a pour le moins cinq à parier contre quatre qu'une carte de deux, de quelle couleur que ce soit, se trouve dans le jeu de votre associé : vos adversaires à droite et à gauche peuvent compter de leur côté sur la même chance, ainsi posons en fait que vous ayez deux honneurs dans une couleur (*NB*. les honneurs sont l'as, le roi, la dame, le valet), et sachant qu'il y a à parier cinq contre quatre que votre associé tient dans sa main un des deux autres honneurs restant, vous pouvez jouer ce jeu au moyen de cette certitude avec plus d'assurance.

Supposons encore que vous n'ayez que la dame et une petite carte d'une couleur, et que votre adversaire à la main droite joue de cette couleur, si vous posez la dame sur sa carte, il est comme cinq à quatre que votre adversaire à la main gauche gagnera : ainsi vous joueriez à votre désavantage dans la même proportion de cinq à quatre.

IIIe CALCUL.

C'est comme cinq à deux que votre associé tient une des trois cartes d'une certaine couleur.

Ainsi, supposé qu'on vous ait donné le valet et une petite carte d'une couleur, et que votre adversaire à la main droite joue une carte de cette même couleur, il y a à parier cinq contre deux que votre adversaire à gauche tient ou l'as, ou la reine, ou le roi de la même couleur ; ainsi vous vous feriez du tort dans la première proportion de cinq à deux, si vous posiez votre valet sur la carte jouée. Observez en outre qu'en découvrant ainsi votre jeu à votre adversaire du côté droit, il emploiera toutes sortes de ruses pour tromper votre associé tant qu'on jouera la même couleur.

Pour convaincre de la nécessité qu'il y a de jouer toujours les plus basses cartes d'une séquence dans quelque couleur que ce soit, supposons que votre adversaire joue une couleur de laquelle vous ayez en main le roi, la dame, le valet ou la dame, le valet et le dix ; si vous mettez le valet de la séquence composée du roi, dame et valet, vous fournissez à votre associé les moyens de pouvoir calculer les chances qu'il a pour ou contre lui dans la même couleur, et il en est de même de toutes les autres où vous avez des séquences.

Prouvons encore l'usage qu'on peut faire de ce calcul par un autre exemple, et supposons pour cette fin que vous ayez en main l'as, le roi et deux petits triomphes avec une quinte majeure ou cinq cartes des plus fortes cartes dans quelque couleur que ce soit, que vous ayez joué deux fois atout, et que tout le monde en ait fourni, dans ce cas, il y aura huit triomphes sur la table, deux resteront entre vos mains, ce qui fera dix en tout ; il en restera encore trois qui se trouveront partagés entre les trois autres joueurs ; il y aura une chance de six à deux en votre faveur que votre associé en a un ; ainsi on doit présumer que vous ferez cinq levées avec les sept cartes qui vous restent.

WISTH

QUELQUES CALCULS POUR DÉFENDRE SON ARGENT AU JEU DU WISTH.

Avec la donne.

La donne	vaut 21 à 20
Un, 5, 6 à rien	11 à 10
2	5 à 4
3	3 à 2
4	7 à 4
5 est deux à un du jeu, et un lusch ou partie double	2 à 1
6	5 à 1
7	7 à 2
8	5 à 1
9 est autour de	9 à 2

Avec la donne.

2 à 1	sont 9 à 8
à 1	9 à 7
4 à 1	9 à 6
5 à 1	9 à 5
6 à 1	9 à 4
7 à 1	3 à 1
8 à 1	9 à 2
9 à 1 autour de	4 à 1

Avec la donne.

3 à 2	sont 8 à 7
4 à 2	4 à 3
5 à 2	8 à 5
6 à 2	9 à
7 à 2	8 à 3
8 à 2	4 à 1
9 à 2 autour de	7 à 2

Avec la donne.

4 à 3	sont
5 à 3	2 à 5

6 à 3. . . . . 7 à 4
7 à 3. . . . . 7 à 3
8 à 3. . . . . 7 à 2
9 à 3. . . . . 3 à 1

Avec la donne.

5 à 4. . . . . sont 6 à 5
6 à 4. . . . . 6 à 4
7 à 4. . . . . 2 à 1
8 à 4. . . . . 3 à 1
9 à 4 autour de. . . . . 5 à 2

Avec la donne.

6 à 5. . . . . sont 5 à 4
7 à 5. . . . . 5 à 3
8 à 5. . . . . 5 à 2
9 à 5 autour de. . . . . 2 à 1

Avec la donne:

7 à 6. . . . . sont 4 à 3
8 à 6. . . . . 2 à 1
9 à 6 autour de. . . . . 7 à 4

Avec la donne.

8 à 7 est au delà de. . . . . 3 à 2
9 à 7 autour de. . . . . 12 à 8

8 à 9 est suivant la meilleure supputation qu'on en ait faite jusqu'ici, autour de trois et demi pour cent en faveur de huit, avec la donne ; la chance ne laisse pas que d'être en faveur de huit, quoiqu'elle ne soit que petite sans la donne.

Quelques règles générales que les commençants doivent observer.

1. Dès que c'est à vous à jouer, commencez par la couleur dont vous avez le plus grand nombre en main ; si vous avez une séquence de roi, dame et valet, ou de la dame, du valet et du dix, vous devez les considérer comme de bonnes cartes;

pour entrer en jeu : elles vous feront immanquablement tenir la main, ou à votre associé, dans d'autres couleurs., commencez par la plus haute de la séquence, à moins que vous n'en ayez cinq : dans ce cas-là, jouez la plus petite, excepté en atout, qu'il faut toujours jouer la plus haute, afin d'engager votre adversaire à mettre l'as, ou le roi ; par ce moyen vous ferez passer votre couleur.

2. Si vous avez cinq des plus petits triomphes, et point d'autre bonne carte dans une autre couleur, jouez atout, cela fera du moins que votre associé jouera le dernier, et tiendra par conséquent la main.

3. Si vous avez seulement deux petits atouts avec l'as et le roi de deux autres couleurs, et une renonce dans la quatrième, faites sur le champ autant de levées que vous pouvez ; et si votre associé a renoncé dans une de vos couleurs, ne le forcez point, parce que cela pourrait trop affaiblir son jeu.

4. Vous ne devez que rarement rejouer la même couleur que votre associé a jouée, dès que vos cartes vous fournissent quelque bonne couleur, à moins que ce ne soit pour achever de gagner une partie, ou pour empêcher de la perdre. On entend par une bonne couleur, lorsque l'on a une séquence de roi, dame et valet, ou de la dame, du valet et du dix.

5. Si vous avez chacun cinq levées, et que vous soyez assuré d'en faire encore deux par vos propres cartes, ne négligez point de les faire, dans l'espérance de marquer de deux points celui qui donne, parce que si vous perdiez la levée impaire, cela vous ferait une différence de deux, et vous joueriez à votre désavantage dans la proportion de deux à un.

Il y a cependant une exception à cette règle ; c'est lorsque vous voyez une probabilité à pouvoir ou sauver la partie double, ou gagner le jeu : dans l'un ou l'autre de ces cas, il faut risquer la levée impaire.

6. Si vous voyez quelque probabilité à pouvoir gagner le jeu, il ne faut point balancer de hasarder une ou deux levées, parce que l'avantage qu'une nouvelle donne procurerait à votre adversaire sur la mise, irait au delà des points que vous risquez de cette façon.

7. Si votre adversaire a fait six ou sept points à rien, et que vous soyez premier à jouer, vous devez absolument risquer une levée ou deux, afin de rendre par là le jeu égal ; ainsi, si vous avez la dame ou le valet et un autre atout, et point de bonnes cartes d'une autre couleur, jouez votre dame ou votre valet d'atout ; par ce moyen vous renforcerez le jeu de votre associé s'il est fort en atouts, et vous ne lui causerez point de préjudice, au cas qu'il n'en ait que peu.

8. Si vous êtes quatre à jouer, il faut faire en sorte de gagner la levée impaire, parce que vous vous procurez par là la moitié de la mise ; et, afin que vous soyez sûr de gagner la levée impaire, il faut faire atout avec précaution, quoique vous soyez fort en atouts : nous entendons être fort en atouts, lorsqu'on a un honneur et trois triomphes.

9. Si vous avez neuf points de la partie, et que vous soyez encore fort en atouts, si vous remarquez qu'il y a quelque apparence que votre associé puisse couper quelques unes des couleurs que votre adversaire a en main, ne jouez point atout, mais faites en sorte que votre associé puisse parvenir à couper. Ainsi, par exemple, si votre jeu est marqué 1, 2 ou 3, il faut jouer à rebours, et aller à 5, 6 ou 7, parce que vous jouez pour quelque chose de plus qu'un point dans ces deux derniers cas.

10. Si vous êtes dernier à jouer, et que vous trouviez que le troisième joueur ne puisse pas mettre une bonne carte dans la couleur que votre associé a jouée, et que vous n'ayez pas beau jeu vous-même, jouez encore la même couleur, afin de faire tenir la levée à votre associé (*tenace*) ; cela oblige souvent l'adversaire à changer de couleur, et fait gagner la levée dans la nouvelle couleur choisie.

11. Si vous avez l'as, le roi et quatre petits atouts, jouez un petit, parce qu'on peut parier que votre associé a un meilleur atout que celui du dernier joueur ; si cela est ainsi, vous pouvez faire trois fois atout, sinon vous ne pouvez pas les faire tomber tous.

12. Si vous avez l'as, le roi, le valet et trois petits atouts, commencez avec le roi, et jouez ensuite l'as, à moins qu'un

de vos adversaires ne renonce, parce que la chance est pour vous et que la dame tombera.

13. Si vous avez le roi, la dame et quatre petits atouts, commencez par un petit, parce qu'il y a à parier que votre associé a un honneur.

14. Si vous avez le roi, la dame, le dix et trois petits atouts, commencez avec le roi, parce que vous avez une belle chance que le valet tombera au second tour, où vous pourrez tirer parti par finesse de votre dix, en l'employant quand votre associé vous jouera atout.

15. Si vous avez la dame, le valet et quatre petits atouts, commencez par un petit, parce que la chance est en votre faveur, que votre associé a un honneur.

16. Si vous avez la dame, le valet, le neuf et trois petits atouts, commencez avec la dame, parce que vous avez une belle chance que le dix tombera au second tour, où vous pourrez tirer parti de votre neuf en faisant quelque feinte.

17. Si vous avez le valet, le dix et quatre petits atouts, commencez par un petit, par les raisons indiquées au n° 15.

18. Si vous avez le valet, le dix, le huit et trois petits atouts, commencez par le valet, afin d'empêcher que le neuf ne fasse sa levée : la chance est en votre faveur que les trois honneurs tomberont en faisant deux fois atout.

19. Si vous avez six atouts d'une plus basse classe, il faut commencer par le plus bas, à moins que vous n'ayez le dix, le neuf et le huit, et que votre adversaire ait tourné un honneur ; dans ce cas, si vous êtes obligé de passer en revue à cause de l'honneur, commencez avec le dix, parce que vous forcerez votre adversaire de mettre l'honneur à son préjudice, ou du moins vous donnerez le choix à votre associé s'il veut laisser passer la carte ou non.

20. Si vous avez l'as, le roi et trois petits atouts, commencez par un petit, par les raisons indiquées au n° 15.

21. Si vous avez l'as, le roi et le valet accompagnés de deux petits atouts, commencez par le roi, parce que cela doit apprendre à votre associé que vous avez encore l'as et le valet en main ; et en faisant qu'il tienne la main, il jouera sans

contredit atout; ayant fait cela, vous devez à votre tour faire une feinte avec le valet ; ce jeu est immanquable, à moins que la dame ne se trouve seule derrière vous.

22. Si vous avez le roi, la dame et trois petits atouts, commencez par un petit, par les raisons dites au n° 15.

23. Si vous avez le roi, la dame, le dix et deux petits atous, commencez par le roi, par les raisons indiquées au n° 21.

24. Si vous avez la dame, le valet et trois petits atouts, commencez par un petit, par les raisons déduites au n° 15.

25. Si vous avez la dame, le valet, le neuf et deux petits atouts, commencez par la dame, par les raisons dites au n° 16.

26. Si vous avez le valet, le dix et trois petits atouts, commencez par un petit, par les raisons dites au n° 15.

27. Si vous avez le valet, le dix, le huit et deux petits atouts, commencez par le valet, parce que la chance dicte que le neuf tombera dans deux tours, ou vous pourrez faire une feinte avec votre huit, si votre associé vous fait un retour en atout.

28. Si vous avez cinq triomphes d'une plus basse classe, le meilleur parti sera de commencer à jouer par le plus bas, à moins que vous n'ayez une séquence de dix, neuf et huit; dans ce cas, il faut entrer en jeu par la plus haute de la séquence.

29. Si vous avez l'as, le roi et deux petits atouts, commencez par un petit, par les raisons indiquées au n° 15.

30. Si vous avez l'as, le roi, le valet et un petit atout; commencez par le roi, par les raisons dites au n° 21.

31. Si vous avez le roi, la dame et deux petits atouts, commencez avec un petit, par les raisons indiquées au n° 15.

32. Si vous avez le roi, la dame, le dix et un petit atout, commencez par le roi, et attendez jusqu'à ce que votre associé vous rejoue atout ; alors faites une feinte avec le dix pour gagner le valet.

33. Si vous avez la dame, le valet, le neuf et un petit atout commencez par la dame, afin d'empêcher par là que le dix ne fasse sa levée.

34. Si vous avez le valet, le dix et deux petits atouts, commencez par un petit, à cause de ce qui a été dit au n° 15.

35. Si vous avez le valet, le dix, le huit et un petit atout, commencez avec le valet, afin d'empêcher que le neuf ne fasse sa levée.

36. Si vous avez le dix, le neuf, le huit et un petit atout, commencez avec le dix, parce que vous laissez par là à la discrétion de votre associé s'il veut le laisser ou non.

37. Si vous avez le dix et trois petits atouts, commencez par un petit.

Quelques règles particulières qu'il faut observer.

1. Si vous avez l'as, le roi et quatre petits atouts accompagnés d'une bonne couleur, il faut faire trois fois de suite atout, sans quoi on pourrait vous couper la couleur que vous portez.

2. Si vous avez le roi, la dame et quatre petits atouts, et en outre une bonne couleur, jouez atout du roi, parce que vous pourrez faire trois fois atout, quand vous serez premier à jouer.

3. Si vous avez le roi, la dame, le dix et trois petits triomphes avec une autre bonne couleur, faites atout du roi, dans l'espérance que le valet tombera au second coup : ne vous amusez pas à faire une feinte avec le dix, de peur qu'on ne vous coupe la forte couleur que vous portez.

4. Si vous avez la dame, le valet et trois petits atouts avec une autre bonne couleur, jouez atout d'un petit.

5. Si vous avez la dame, le valet, le neuf et deux petits atouts avec une autre bonne couleur, jouez atout de la dame, dans l'espérance que le dix tombera au second coup : ne vous amusez pas à faire une feinte avec le neuf, mais jouez plutôt atout une seconde fois, par les raisons indiquées dans les trois cas de cet article.

6. Si vous avez le valet, le dix et trois petits atouts, et une autre bonne couleur, faites atout d'un petit.

7. Si vous avez le valet, le dix, le huit et deux petits atouts

avec une autre bonne couleur, faites atout du valet, dans l'espérance que le neuf tombera au second coup.

8. Si vous avez le dix, le neuf, le huit et un petit atout avec une bonne couleur, jouez atout du dix.

De quelques jeux particuliers, et de la manière dont il faut les jouer, dès qu'un commençant a fait quelques progrès dans ce jeu.

1. Supposé que vous soyez premier à jouer, et que votre jeu soit composé des cartes suivantes : du roi, de la dame, du valet d'une couleur; de l'as, du roi, de la dame et de deux petites cartes d'une autre; du roi et de la dame d'une troisième, et de trois petits atouts : on demande comment il faut jouer? Il faut commencer par l'as de la meilleure couleur de votre jeu (ou par un atout), parce que cela sert d'avertissement à votre associé que vous êtes maître dans cette couleur; mais il ne faut pas continuer avec le roi de la dite couleur; il faut faire atout; et si vous voyez que votre associé n'est pas assez fort pour vous seconder en atouts, et que votre adversaire attaque votre couleur la plus faible, c'est-à-dire celle de laquelle vous n'avez que le roi et la dame, jouez la meilleure couleur; et au cas où vous remarqueriez qu'un de vos adversaires puisse la couper, continuez à jouer celle où vous avez le roi, la dame et le valet. Et s'il arrivait que vos adversaires n'entrassent point dans votre couleur la plus faible, dans ce cas, quoique votre associé ne puisse pas vous seconder en atouts, continuez d'en jouer tant que vous serez premier. En voici la raison : par ce moyen, supposé que votre associé n'ait que deux atouts, et que chacun de vos adversaires en ait quatre, il est certain qu'en faisant trois fois atout il n'en restera plus que deux contre vous.

Premier à jouer.

2. Supposé que vous ayez l'as, le roi, la dame et un petit atout, avec une séquence du roi, ou cinq cartes dans une autre couleur, et quatre autres fausses, commencez à jouer la dame d'atout, et continuez avec l'as ; cela indiquera à votre associé que vous portez le roi. Ce serait très mal jouer que

de faire atout une troisième fois, jusqu'à ce que vous puissiez faire passer la grande couleur que vous avez encore en main; en vous arrêtant ainsi tout court, vous donnez un signe certain à votre associé qu'il ne vous reste que le roi et un seul atout, parce que si vous avez l'as, le roi, la dame et deux atouts de plus, vous pourriez vous faire du tort en jouant atout du roi pour la troisième fois.

Si vous jouez votre séquence, commencez par la plus basse carte, parce que votre associé y mettra l'as s'il l'a, et vous facilitera par là le moyen de pouvoir jouer les autres; et puisque vous avez mis votre associé à même d'entrer dans votre jeu, il jouera certainement atout dès qu'il sera premier à jouer, pourvu qu'il lui en reste encore un ou deux, puisqu'il doit poser en fait que votre roi enlèvera tous les atouts de vos adversaires.

Second à jouer.

3. Supposé que vous ayez l'as, le roi et deux petits atouts, avec une quinte majeure dans une autre couleur, que vous ayez trois petites cartes d'une autre, et une seule de la quatrième; supposé encore que votre adversaire du côté droit commence à jouer l'as de la couleur dont vous n'avez qu'une, et qu'il continue ensuite de jouer le roi; dans ce cas, ne le coupez point, mais jetez une carte fausse; s'il continue encore à jouer la dame, jetez derechef une fausse, et faites-en de même au quatrième coup, dans l'espérance que votre associé pourra couper, et que dans ce cas il vous jouera atout, ou entrera dans votre couleur forte. Si l'on joue atout, jouez-en deux fois, et ensuite votre couleur forte; par ce moyen, si par hasard un de vos adversaires a quatre atouts, et l'autre deux, ce qui n'arrive que rarement, puisque votre associé est censé avoir trois atouts des neuf, et que vos adversaires n'en doivent naturellement avoir que six, votre couleur forte oblige leurs meilleurs atouts, s'il y a de la probabilité que vous pouvez faire seul la levée impaire; au lieu que si vous aviez coupé une des plus grosses cartes de vos adversaires, vous auriez si fort affaibli votre propre jeu, qu'il vous

aurait été impossible de faire plus de cinq levées sans l'assistance de votre associé.

4. Supposé que vous ayez l'as, la dame et trois petits atouts; l'as, la dame, le dix et le neuf d'une autre couleur, avec deux petites cartes dans chacune des deux autres, et que votre associé joue dans la couleur où vous avez l'as, le valet, le dix et le neuf; comme cette façon de jouer demande plutôt que vous trompiez vos adversaires que de mettre votre associé au fait de votre jeu, ne posez que votre neuf, parce que vous engagerez par là votre adversaire à faire atout dès qu'il aura gagné cette carte. Aussitôt qu'il aura fait atout, faites-en à votre tour du plus fort, afin que vous soyez maître de la main, au cas que votre adversaire ait joué un atout que votre associé n'ait pas pu prendre; parce qu'il n'a point de bonne couleur, il est très probable qu'il tombera dans celle de votre associé, supposant qu'elle doit être partagée entre lui et le sien : si cette feinte vous réussit, elle vous sera très avantageuse, et il n'est presque pas probable qu'elle vous puisse être préjudiciable.

5. Supposé que vous ayez l'as, le roi et trois petits atouts, avec une quatrième du roi et deux petites cartes d'une autre couleur, et une petite carte de chacune des deux autres, et que votre adversaire joue une couleur dans laquelle votre associé porte la quatrième majeure, que celui-ci y mette le valet, et joue ensuite l'as; vous renoncerez à cette couleur et vous en irez d'une fausse. Si votre associé jouait le roi, votre adversaire à droite le couperait, par exemple, avec le valet ou le dix : dans ce cas-là ne le surcoupez point, parce que vous courez risque de perdre deux ou trois levées en affaiblissant votre jeu; mais s'il jouait au contraire dans la couleur où vous avez renoncé, coupez alors, et jouez la plus basse de votre séquence, afin d'attirer l'as, n'importe que ce soit votre associé ou votre adversaire qui l'ait : cela étant fait, jouez deux fois atout aussitôt que vous tiendrez la main, et ensuite votre forte couleur. Si vos adversaires, au lieu de vous attaquer par votre faible, jouaient atout, continuez d'en jouer deux fois à votre tour, tombez de là dans votre cou-

leur, et tâchez d'en rester le maître; mais cette méthode n'est que rarement employée, excepté par ceux qui n'entendent que passablement le jeu.

Remarques importantes à faire dans certains jeux, pour s'assurer que votre associé n'a plus de la couleur que lui ou vous avez jouée.

Ier EXEMPLE.

Par une couleur dont vous avez.

Supposé que vous commencez à jouer la dame, le dix, le neuf et deux petites cartes de quelque couleur que ce soit; que celui qui vous suit mette le valet, et votre associé le huit; dans ce cas, puisque vous avez la dame, le dix et le neuf, c'est une marque certaine (pour peu qu'il soit joueur) qu'il n'en a plus de cette couleur : ainsi dès que vous avez fait cette découverte, il faut que vous jouiez en conséquence, ou en le forçant à couper, si vous êtes fort en atout, ou en jouant quelque autre couleur.

IIe EXEMPLE.

Supposé que vous ayez roi, dame et dix d'une couleur, si vous jouez votre roi, et que votre associé y fournisse le valet, c'est une marque qu'il n'en a plus de cette couleur.

IIIe EXEMPLE.

Différent des précédents.

Supposé que vous ayez roi, dame et plusieurs autres d'une couleur, et que vous commenciez à jouer par le roi, dans ce cas votre associé, s'il n'a que l'as et une petite carte dans cette couleur, jouera fort bien en coupant votre roi de son as; car admettons pour un moment qu'il soit fort en atouts, en prenant le roi avec l'as, il se met à même de pouvoir faire atout; et dès qu'il a purgé les atouts, il retombe dans la couleur de son partenaire, et s'étant défait de son as, il lui fournit les moyens de se servir de toute la suite de sa couleur, ce que celui-ci n'aurait vraisemblablement pas pu faire, si l'autre était resté maître du jeu en gardant l'as.

Et au cas où son associé n'ait point d'autres bonnes cartes que cette couleur, il ne perd rien en prenant le roi avec son as; mais s'il arrivait qu'il eût une bonne carte pour entrer dans cette couleur, il gagnerait de cette façon toutes les levées. Au surplus, puisque votre associé a pris votre roi avec l'as et qu'il a fait atout ensuite, vous devez naturellement conclure qu'il a une autre carte de cette couleur pour vous faire rentrer en jeu ; ainsi vous ne devez jeter aucune carte de ladite couleur, quand même vous devriez écarter un roi ou une dame.

De quelques jeux particuliers, dans lesquels on enseigne comment il faut tromper et harceler ses adversaires, et indiquer son jeu à son associé.

Ier EXEMPLE.

Supposé que je joue l'as d'une couleur dans laquelle j'ai l'as, le roi et trois petits, et que le dernier en jeu ne trouve pas à propos de le couper, quoiqu'il n'en ait point, il faut bien me garder de jouer le roi ensuite, il faut que je reste maître de la couleur ; et je ne dois jouer qu'une petite carte, afin d'affaiblir par là le jeu de mon adversaire.

IIe EXEMPLE.

Si l'on joue une couleur de laquelle je n'ai point, et qu'il y ait une probabilité que mon associé n'en a pas non plus de meilleure, je jette une meilleure couleur afin de tromper mes adversaires: cependant, pour ne pas faire donner mon associé dans le panneau, je me défais de mes plus mauvaises cartes dès que c'est à lui à jouer : cette façon réussira toujours, à moins que vous n'ayez affaire avec de trop forts joueurs, et encore gagnera-t-on plus avec eux qu'on ne perdra en jouant ainsi.

De quelques jeux particuliers dans lesquels on peut gagner trois levées en en perdant une.

Ier EXEMPLE.

Que trèfle soit atout, que votre partie adverse ait joué

du cœur ; que votre associé, n'en ayant point, ait jeté un pique, vous devez naturellement conclure qu'il ne porte que carreau et atout ; et supposé que vous ayez fait cette levée, mais que vous ne soyez pas fort en atouts, il faut bien se garder de le forcer : supposé que vous ayez le roi, le valet et un petit carreau, et que votre associé puisse avoir la dame et cinq carreaux ; dans ce cas, en vous défaisant de votre roi au premier tour et de votre valet au second, vous pouvez faire entre vous et votre associé cinq levées dans cette couleur; tout comme si vous aviez joué un petit carreau, et que la dame de votre associé eût été coupée de l'as : le roi et le valet qui vous restent en mains empêchent votre adversaire de faire d'autres progrès en atouts: et nonobstant qu'il puisse avoir un atout de reste, en jouant un petit carreau, vous le forcez, et vous perdez de cette façon trois levées dans cette donne.

II° EXEMPLE.

Supposé que dans un jeu pareil au précédent, vous ayez la dame, le dix et une petite carte dans la forte couleur de votre associé (c'est ce que vous pouvez aisément découvrir en jouant de la façon que nous avons indiquée dans l'exemple précédent); cette découverte faite, si vous supposez que votre associé doive avoir le valet et cinq petites cartes dans cette même couleur ; si vous êtes premier à jouer, il faut commencer par la dame, et continuer avec votre dix : si votre associé porte le dernier en atout, il fera de cette manière quatre levées dans cette couleur, au lieu que si vous ne jouiez qu'un petit, son valet s'en allant et la dame vous restant au second coup qu'on joue dans cette couleur, dès que son dernier atout est forcé, la dame qui vous reste empêche qu'on ne puisse faire passer cette couleur; il est évident que cette façon de jouer vous ferait perdre trois levées dans cette donne.

III° EXEMPLE.

Il a été supposé, dans les exemples précédents, que vous êtes premier à jouer, et que vous avez eu occasion par là de vous défaire des meilleures cartes que vous portez dans la couleur forte de votre associé, dans l'intention de faire passer toutes les autres ; supposons pour le coup que votre associé soit premier à jouer, et que vous découvriez qu'il est fort dans une couleur, qu'il ait, par exemple, l'as, le roi et quatre petits, et que vous ayez de votre côté la dame, le dix, le neuf, et une des plus basses cartes de ladite couleur; si votre associé joue l'as, vous devez y fournir le neuf; s'il joue le roi, le dix; vous tâcherez de faire passer, de cette façon là, votre dame au troisième tour; et puisqu'il ne vous reste qu'une petite, vous n'empêchez point que la couleur de votre associé fasse tout son effet; au lieu que vous auriez perdu deux levées, si vous aviez gardé votre dame et votre dix, et que le valet de vos adversaires fût tombé.

IVᵉ EXEMPLE.

Supposé que vous trouviez dans le courant du jeu, comme dans le cas précédent, que votre associé soit fort dans une couleur, et que vous y ayez le roi, le dix et un petit ; si votre associé joue l'as, mettez-y votre dix, et au second tour votre roi, vous empêchez par là, suivant toute probabilité, que votre associé trouve quelque obstacle à faire passer sa couleur.

Vᵉ EXEMPLE.

Supposé que votre associé ait l'as, le roi et quatre petites cartes dans sa couleur forte, et que vous ayez à votre tour la dame, le dix et une petite; s'il joue son as, mettez votre dame, de cette façon vous risquerez une levée pour en gagner quatre.

VIᵉ EXEMPLE.

Nous supposons présentement que vous portez cinq cartes de la forte couleur de votre associé ; savoir; la dame, le dix, le neuf, le huit et une petite, et que votre associé se trouve avec l'as, le roi et quatre petites ; si votre associé joue l'as, mettez votre huit; s'il joue après cela le roi, posez le neuf; et au troisième coup, si personne n'a plus de cette couleur, hormis vous et votre partenaire, continuez à jouer votre dame, et après cela, le dix,; et puisque vous n'avez plus qu'une petite et votre associé deux, vous gagnerez par là une levée, ce que vous n'auriez jamais pu faire en jouant la plus haute et en gardant une petite pour la jouer à votre associé.

De la manière de jouer lorsque l'adversaire à droite tourne une figure, et conseils sur la marche qu'il faut suivre si l'on tourne une figure ou un honneur à gauche.

Ier EXEMPLE.

Supposez qu'on ait tourné le valet à votre droite, et que vous ayez le roi, la dame et le dix ; si vous voulez gagner le valet, commencez par jouer votre roi, afin que votre associé puisse connaître par là qu'il vous reste encore la dame et le dix, et cela d'autant plus facilement, que vous ne jouez pas la dame, quoique vous soyez premier à jouer.

IIe EXEMPLE.

Que le valet soit tourné comme au coup précédent, que vous ayez l'as, la dame et le dix ; en jouant la dame, vous obtiendrez le même effet de la règle précédente.

IIIe EXEMPLE.

Si l'on a tourné la dame à votre droite, et si vous avez l'as, le roi et le valet, en jouant votre roi, vous aurez le même avantage de la règle précédente.

IVe EXEMPLE.

Supposez qu'on ait tourné un honneur à votre gauche, et que vous n'en ayez point vous-même; dans ce cas, il faut que vous fassiez atout pour faire passer cet honneur en revue ; au lieu que si vous en aviez un, à moins que ce ne soit l'as, il faut bien prendre garde comment vous jouerez atout, parce que si votre associé n'avait pas un honneur, votre adversaire se rendrait maître de votre jeu.

Où l'on démontre combien il est dangereux de forcer son associé.

1. Supposé que A et B soient associés ensemble, et que A

ait une quinte majeure en triomphe, avec une quinte majeure et trois petites cartes d'une autre couleur, que *A* soit premier à jouer ; supposons encore que les adversaires *C* et *D* n'aient chacun que cinq triomphes ; dans ce cas, *A* fait toutes les levées, parce qu'il est le premier à jouer.

2. Supposons, au contraire, que *C* ait cinq petits atouts, avec une quinte majeure et trois petites cartes d'une autre couleur, qu'il soit le premier à jouer, et qu'il force *A* de couper ; par ce moyen, *A* ne pourra faire que cinq levées.

Combien il est avantageux de faire la navette. (Saco)

3. Supposons que *A* et *B* soient associés, et que *A* porte une quatrième majeure en trèfle qui est la triomphe, une autre quatrième majeure en carreau et l'as de pique ; et supposons en même temps que les adversaires *C* et *D* aient les cartes suivantes : *C* quatre triomphes et huit cœurs et un pique ; *D* cinq triomphes et huit carreaux ; *C*, premier à jouer, commence par un cœur, *D* le coupe et joue carreau, lequel *C* coupe, et qu'en continuant ainsi la navette, chacun de ces deux associés coupe une des quatrièmes majeures de *A*, que le tour étant à *C* à jouer pour la neuvième levée, entre par pique, lequel *D* coupe ; les voilà donc maîtres des neuf premières levées ; *A* reste avec sa quatrième majeure en atouts.

Ce cas nous démontre combien il est avantageux de faire la navette dès qu'on peut la former.

Divers exemples mêlés de calculs pour démontrer quand il convient de jouer, lorsqu'on n'est pas premier en jeu, le roi, la dame, le valet ou le dix, avec une petite carte de quelque couleur que ce soit.

Supposé que vous ayez quatre petits atouts, et que vous ayez une main assurée dans chacune des trois autres couleurs, et que votre associé ait renoncé atout, il faut dans ce cas que les autres neuf triomphes se trouvent partagés entre vos adversaires. Mettons qu'un ait cinq, et l'autre quatre, jouez atout autant de fois que vous serez premier, et au cas que vous le soyez quatre fois, il est évident que vos adversaires n'auront fait que cinq levées avec neuf atouts ; au lieu que si vous leur aviez permis d'employer leurs triomphes séparément, ils auraient facilement pu faire neuf levées.

Cet exemple démontre qu'il est presque toujours nécessaire de faire deux atouts contre un.

Il y a cependant une exception à cette règle ; la voici : si vous trouvez dans le courant du jeu que vos adversaires soient extrêmement forts dans quelque couleur particulière, et que votre associé ne puisse pas vous être d'un grand secours dans la dite couleur ; dans ce cas, il faut examiner les points que vous avez et ceux des adversaires, parce que vous pourrez sauver ou gagner le jeu, en gardant un atout pour couper cette couleur.

2. Supposé que vous ayez l'as, la dame et deux petites dans une couleur, et que votre adversaire à droite, premier en jeu, y entre ; dans ce cas, ne mettez point la dame, parce qu'il est à parier que votre associé porte une meilleure carte dans cette couleur que le troisième joueur : si cela est ainsi, vous voyez que vous y serez le maître.

Il y a une exception à cette règle, quand vous n'êtes pas premier à jouer : alors il faut mettre la dame.

3. Ne commencez jamais à jouer par le roi, le valet et une petite carte dans quelque couleur que ce soit, parce qu'il y a deux contre un que votre associé n'a point l'as, et par conséquent trente-deux à vingt-cinq, ou autour de cinq à quatre, qu'il a l'as ou la dame ; et ainsi n'ayant qu'autour de cinq à quatre en votre faveur, et devant avoir quatre cartes dans quelque autre couleur, quand même le dix en serait la plus plus forte, jouez-la, parce qu'il est à parier que votre associé a une meilleure carte dans ladite couleur que le dernier joueur, et quand même l'as en resterait derrière votre main, et il est à parier que cela se trouvera ainsi ; si votre associé ne l'a point, vous ne laisserez vraisemblablement pas de faire deux levées, si votre adversaire met cette couleur sur le tapis.

4. Supposé que vous vous aperceviez dans le courant du jeu

qu'il reste entre vous et votre associé quatre ou cinq atouts; si vos adversaires n'en ont point, et que vous n'ayez aucune carte gagnante, mais que vous ayez raison de croire que votre associé porte une treizième ou quelque autre carte gagnante; dans ce cas, faites un petit atout, afin de tenir la main pour vous pouvoir défaire d'une fausse sur cette treizième, ou autre bonne carte.

Quelques conseils pour mettre, lorsqu'on est dernier, le roi, la dame, le valet ou le dix de quelque couleur que ce soit.

1. Supposé que vous ayez le roi et une petite carte dans une couleur, et que votre adversaire à droite y joue; s'il est habile au jeu, ne mettez point le roi, à moins que vous ne vouliez tenir la main, parce qu'un bon joueur commence rarement à jouer par une couleur dont il a l'as; il le garde pour faire passer la forte couleur, quand les triomphes sont tombés.

2. Supposé que vous ayez la dame et une petite carte d'une couleur, et que votre adversaire à droite y joue, ne posez point la dame, parce que, supposé que l'adversaire ait commencé par l'as et le valet, dans ce cas, dès qu'on retourne dans la susdite couleur, il fera une suite avec le valet, en faisant cela, il jouera beau jeu, surtout si son associé a joué le roi; cela vous fera, à la vérité, faire votre dame; mais en la mettant, vous l'avertissez que vous n'êtes pas fort dans cette couleur, et vous l'engagez à attaquer le jeu de votre associé, par des feintes, tant qu'il sera question de cette couleur.

3. Les exemples précédents vous ont instruit quand il est à propos que vous mettiez le roi ou la dame lorsque vous êtes dernier à jouer: il faut encore observer que si vous avez le valet ou le dix dans une couleur avec une petite, et que vous soyez le dernier, c'est en général très mal jouer de mettre l'un ou l'autre, parce qu'il y a à parier cinq contre deux que le troisième joueur porte ou l'as, ou le roi, ou la dame, il s'en suit qu'il y a une chance contre vous de cinq à deux; et, quoique vous puissiez quelquefois réussir en jouant de la sorte, il est cependant plus probable que vous serez le perdant, car vous

découvrez à vos adversaires que vous êtes faible dans cette couleur, et il y a lieu de croire qu'ils emploieront des feintes contre votre associé tant qu'elle durera.

4. Supposé que vous ayez l'as, le roi et trois petites cartes d'une couleur, et que votre adversaire à droite y joue, vous y mettrez votre as, et votre associé le valet; au cas que vous soyez fort en atout, il faut rejouer un petit dans cette couleur, afin que votre associé le puisse couper; voici la conséquence qui résultera de cette façon de jouer : vous restez le maître dans cette couleur par votre propre jeu, et vous faites sentir en même temps à votre associé que vous êtes fort en triomphes, et qu'il peut régler son jeu en conformité, soit en tâchant de faire la navette, soit en vous jouant atout, s'il est fort en triomphe, ou maître dans les autres couleurs.

5. Supposé que A et B aient six points, leurs adversaires C et D sept, qu'on ait joué neuf cartes desquelles A et B aient gagné sept levées; supposé encore qu'on n'ait point compté d'honneurs, dans ce cas, A et B ont gagné la levée impaire, ce qui donne une égalité à leur jeu ; mettez au surplus que A soit premier à jouer, et qu'il porte les deux petits atouts qui restent avec deux cartes, rois dans les autres couleurs, ajoutez que C et D ont les deux meilleures triomphes entre eux, avec deux autres cartes gagnantes, on demande comment il faut jouer ce jeu ? Il y a onze à trois que C n'a pas les deux triomphes, et pareillement onze à trois que D ne les a pas: la chance est autant en faveur de A, qu'il peut gagner la somme qu'on joue ; ainsi il est de son intérêt de faire atout : car, par exemple, si la mise est de L soixante-dix, A la tirera si cette façon réussit, au lieu que s'il joue dans la méthode ordinaire, s'il force C ou D à faire atout, les premiers ayant déjà gagné la levée impaire, et étant sûrs de gagner les deux autres, son jeu se comptera neuf à sept; ce qui est autour de trois à deux, et par conséquent la part de A dans les L soixante-dix ne montera qu'à L quarante-deux, il n'aura qu'un bénéfice de L sept; au lieu que, dans l'autre cas, dans la supposition que A et B ont une prétention de deux à trois sur la mise en jouant atout,

il se procure un droit de *L* cinquante-cinq sur les *L* soixante-dix.

Dès qu'on voudra faire attention aux cas que nous venons d'expliquer, on pourra l'appliquer pour la même fin dans d'autres circonstances dans lesquelles un jeu peut se trouver.

Avis sur la manière de jouer, si l'adversaire à droite a tourné un as, un roi, une dame, etc.

1. Supposé qu'on ait tourné l'as à votre droite, et que vous n'ayez que le dix et le neuf de triomphe avec l'as, le roi et la dame d'une autre couleur, et huit fausses cartes; comment faut-il jouer ce jeu-là ? Commencez avec l'as de la couleur dont vous avez l'as, le roi et la dame; cela servira d'avis à votre associé que vous êtes maître dans cette couleur; jouez ensuite le dix d'atout, parce qu'il y a cinq contre deux que votre associé porte le roi, la dame ou le valet de triomphe; et quoiqu'il y ait à parier autour de sept contre deux que votre associé ne porte pas deux honneurs, il se pourrait pourtant qu'il les eût, et que ce fussent le roi et le valet; dans ce cas-là, comme votre associé laissera passer votre dix de triomphe, et que c'est treize contre douze à parier que le dernier joueur ne porte point la dame d'atout, supposant que votre associé ne l'a pas, celui-ci, dès qu'il tiendra la main, entrera dans votre couleur forte; dès que vous tiendrez à votre tour la levée, il faut que vous jouiez le neuf d'atout, parce que vous mettez par là votre associé à même de couper à coup sûr la dame, s'il se trouve derrière elle.

Ce cas démontre qu'un as tourné contre vous peut devenir peu avantageux à vos adversaires, si vous savez bien appliquer cette règle.

2. Votre adversaire à droite tourne le roi ou la dame, vous pouvez gouverner votre jeu de la même façon; mais il faut toujours faire une grande différence par rapport à la capacité de votre associé, parce qu'un bon joueur sait tirer parti d'un tel jeu, au lieu qu'un mauvais n'en tire jamais, ou du moins très rarement,

3. Supposé que votre adversaire à droite entre par le roi d'atout, et que vous en ayez l'as et quatre petits, accompagnés d'une bonne couleur ; dans ce cas, c'est votre jeu de laisser passer le roi, quand même il aurait roi, dame et valet et un autre : s'il n'est pas un des plus habiles, il jouera le petit, dans la pensée que son associé porte l'as ; s'il le fait, il faut le laisser passer, parce qu'il est également à parier que votre associé a un meilleur triomphe que le dernier joueur : cela étant, pour peu qu'il entende le jeu, il jugera que vous avez vos raisons pour avoir joué ainsi, en conséquence, s'il lui reste un troisième atout, il le jouera, sinon ce sera sa meilleure couleur.

Cas critique pour la levée impaire.

4. Supposé que *A* et *B* jouent contre *C* et *D*, et de plus que le jeu soit à neuf, et tous les atouts dehors, *A* dernier à jouer porte l'as et quatre petits d'une couleur et une treizième restante, *B* n'a que deux petites cartes de la couleur de *A*, *C* porte la dame et deux autres petites cartes de cette couleur, *D* le roi, le valet et une petite, *A* et *B* ont gagné trois levées, *C* et *D* quatre ; ainsi il s'ensuit de là que *A* doit gagner quatre levées des six cartes qui lui restent s'il veut gagner la partie : *C* joue cette couleur, et *D* y met le roi : *A* lui donne cette levée, *D* retourne dans la même couleur, *A* laisse passer sa carte, et *C* met sa dame, de sorte que *C* et *D* ont gagné six levées ; et *C*, croyant que son associé porte l'as de ladite couleur, y retourne : cela fait gagner à *A* les quatre dernières levées, et par conséquent la partie.

5. Supposé que vous ayez le roi et cinq petits triomphes, et que votre adversaire à droite joue la dame, dans ce cas ne mettez point votre roi, parce qu'il est à parier que votre associé porte l'as ; et, supposé que votre adversaire eût la dame, le valet, le dix et un petit triomphe, il est aussi à parier que l'as se trouve seul, soit chez votre adversaire, soit chez votre associé ; quoi qu'il en soit, vous joueriez fort mal en mettant le roi ; mais si l'on entrait par la dame d'atout et que vous eussiez par hasard le roi avec deux ou trois triom-

phes, c'est alors qu'il faudrait mettre, parce que c'est jouer comme il faut que de commencer par la dame, dès qu'on la porte accompagnée d'un seul petit atout : alors si votre associé avait le valet de triomphe, et que votre adversaire à gauche tînt l'as, vous perdriez une levée en négligeant de mettre le roi.

Manière de jouer si l'on tourne le dix ou le neuf à votre droite.

Art. 1er. Supposé qu'on ait tourné le dix à votre droite, et que vous ayez le roi, le valet, le neuf et deux petits atouts, avec huit autres fausses cartes, et que ce soit votre jeu d'entrer par atout ; dans ce cas, commencez par le valet, afin d'empêcher que le dix fasse sa levée ; et, quoiqu'il y ait autour de cinq à quatre que votre associé porte un honneur, encore que cela manquerait, en faisant une feinte du neuf au retour en atout que votre associé vous fera, vous avez le dix à votre disposition.

2. Si le neuf tourne à votre droite, et que vous ayez le valet, le dix, le huit et deux petits atouts, en jouant le valet vous parvenez au même but proposé dans le cas précédent.

3. Il faut que vous fassiez une grande différence entre une couleur dans laquelle votre ami vous fait entrer de son propre choix, et entre une dans laquelle il est forcé lui-même de jouer : dans le premier cas, il est à présumer qu'il joue sa meilleur couleur; et s'il voit que vous n'en avez point et que vous n'êtes pas fort en triomphes, et qu'il n'ose par conséquent point vous forcer, il jouera une autre couleur dans laquelle il se trouvera passablement pourvu ; et vous apprendra par ce changement qu'il est faible en tout ; au lieu que s'il continue à jouer dans celle de sa première levée, pour peu que vous le connaissiez bon joueur, vous devez conclure qu'il est fort en triomphes, et qu'il demande que vous jouiez en conséquence.

4. Il n'y a rien de si pernicieux au jeu de wisth, que de changer souvent de couleur, parce qu'on court le risque, dans chaque nouvelle couleur de faire tenir la main aux ad-

versaires; c'est pourquoi si vous jouez dans une couleur, où vous avez la dame, le dix et trois petits, et que votre partenaire y mette seulement le neuf, au cas que vous soyez faible en atout, et que vous n'ayez point d'autre bonne couleur à mettre sur le tapis, il ne vous reste rien de mieux à faire que de continuer dans la même couleur, en jouant la dame; vous laissez par là au choix de votre ami s'il la veut couper ou non, au cas qu'il n'en ait plus; mais s'il arrivait qu'étant revenu premier à jouer vous eussiez la dame ou le valet d'une autre couleur avec une autre carte, il vaudrait mieux commencer par la dame ou le valet d'une de ces couleurs, parce qu'il y a cinq contre deux que votre partenaire porte pour le moins un bon neuf dans l'une des deux.

5. Si vous avez l'as, le roi et une petite carte d'une couleur, accompagnée de triomphes, au cas que votre adversaire à droite entre en jeu par la même couleur, laissez passer sa carte, parce qu'il est à parier que votre ami porte une meilleure dans ladite couleur que le troisième joueur; si cela est ainsi, vous gagnerez par là la levée; sinon, ayant quatre triomphes, vous ne courez aucun risque de la perdre, parce que, quand même on ferait atout, il est à présumer que vous aurez le dernier.

Il est essentiel de ne point se défaire des premières cartes, dans la couleur forte de son adversaire, etc.

1er. Au cas que vous soyez faible en atout, et qu'il ne vous paraisse pas que votre partenaire en soit bien pourvu, il faut bien prendre garde comme vous vous défaites des principales cartes de la couleur forte de votre adversaire, car, en supposant que votre adversaire joue dans une couleur de laquelle vous avez le roi, la dame et un seul petit, au cas qu'il entre par l'as de la même couleur, si vous jouez la dame, vous donnez à votre partenaire un indice infaillible que vous avez encore le roi; quand votre ami y aurait renoncé, ne mettez point votre roi, parce que si celui qui a joué le premier dans cette couleur, ou son partenaire, porte le dernier atout, vous risquez de perdre trois levées pour en gagner une.

2. Supposé que votre partenaire porte encore dix cartes, et que vous jugiez qu'elles ne sont que d'une seule couleur ou des triomphes; mettez encore que vous ayez le roi, le dix et une petite de la couleur forte, avec la dame et deux petits triomphes; dans ce cas, il faut que vous lui supposiez cinq cartes dans chaque couleur, et jouez par conséquent le roi de la couleur forte; si vous gagnez cette levée, vous ne sauriez mieux continuer qu'en jouant votre dame d'atout; si cela vous réussit aussi, continuez vos triomphes : on peut se servir de cette façon, à quels points que la partie se puisse trouver, à moins qu'elle ne soit de quatre à cinq.

3. Il faut se ressouvenir quelle carte a été tournée. Il est si important à celui qui donne et à son partenaire de savoir et de se rappeler laquelle c'est, que nous croyons nécessaire d'observer que celui qui donne devrait toujours placer la carte tournée de telle façon qu'il soit sûr de la trouver quand il en aura besoin; car, supposé que ce ne soit qu'un 5, et que celui qui donne en ait deux de plus, par exemple, le 6 et le 9, au cas que son associé fasse atout de l'as et du roi, il faut qu'il y mette son 6 et son 9, parce que son associé, portant, par exemple, l'as, le roi et quatre petits triomphes, se ressouviendra que le 5, qui est le seul restant, se trouve dans la main de son partenaire, et fera par ce moyen bien des levées.

4. Que votre adversaire à droite joue dans une couleur dans laquelle vous portez le dix et deux petits, que le troisième joueur joue le valet, et que votre partenaire le prenne avec le roi; si celui de votre droite rejoue la même couleur, et cela par un petit, mettez votre dix, parce que vous épargnerez par là l'as de votre ami, lequel il pourra faire valoir, si celui à la droite joue la dame. Cette façon de manœuvrer ne manque presque jamais.

5. Supposé que vous ayez le meilleur triomphe, et que l'adversaire *A* n'ait plus qu'un atout, et qu'il vous semble

que l'autre adversaire *B* porte une couleur forte ; dans ce cas, en permettant même à *A* de faire sa triomphe, si vous gardez la vôtre, vous empêchez que l'adversaire *B* ne puisse jouer sa couleur forte ; au lieu que si vous aviez pris l'atout de *A*, cela ne vous aurait fait qu'une différence d'une levée, pendant que vous pouvez en faire probablement trois ou quatre en employant cette méthode.

Cas qui arrive assez souvent.

S'il vous reste deux triomphes, tandis que vos adversaires n'en ont qu'un, et que vous vous aperceviez alors que votre partenaire porte une forte couleur, ne manquez point de faire atout, quand même vous n'auriez que le plus petit de tous, parce qu'en les ôtant à vos adversaires vous faites circuler la couleur forte de votre ami.

Supposé que vous ayez trois triomphes lorsque personne n'en a plus, et qu'il vous reste encore quatre cartes d'une certaine couleur ; jouez atout, parce que vous indiquez par là à votre partenaire que vous les avez tous, et vous fournissez par là occasion à vos adversaires de jeter une carte de la couleur qui vous reste ; par ce moyen, supposé qu'on ait déjà joué une fois ladite couleur, il en est tombé quatre, lesquelles, avec celle qu'on a jetée, font cinq, les quatre que vous y avez jointes font neuf ; il n'en reste donc que quatre entre les trois joueurs ; et comme il est à parier que votre partenaire peut aussi bien porter la meilleure que le dernier joueur, il s'ensuit que vous avez une chance égale de pouvoir faire trois levées, ce qui ne serait vraisemblablement pas arrivé, si vous aviez joué autrement.

Supposé que vous ayez cinq atouts et six petites cartes d'une autre couleur, et que vous soyez premier au jeu, vous ne sauriez mieux faire que de commencer par la couleur où vous en avez six, parce que vous trouvant court dans les deux autres couleurs, vos adversaires feront vraisemblablement atout, et joueront par là votre propre jeu ; au lieu que si vous aviez commencé par en jouer vous-même, ils vous auraient forcé et dérangé votre jeu.

De la manière dont il faut jouer les séquences. De la force des triomphes.

1. En fait d'atout, il faut toujours jouer les plus hautes de vos séquences, à moins que vous n'ayez l'as, le roi et la dame : dans ce dernier cas, jouez la plus basse, afin d'instruire votre partenaire de la situation de votre jeu.

2. Dans les couleurs qui ne sont point triomphes, si vous avez une séquence composée de roi, dame, valet et deux petits, le meilleur parti sera de commencer par le valet, n'importe que vous soyez fort en atouts ou non, parce qu'en faisant tomber l'as vous faites circuler toute la couleur.

3. Et au cas que vous soyez fort en triomphes, si vous avez une séquence de dame, valet, dix et deux petits, dans quelque couleur que ce soit, il faut jouer la plus haute de votre séquence; parce que, soit qu'un des adversaires coupe cette couleur au second tour, il n'importe, puisque, vous trouvant fort en triomphes, vous faites tomber les leurs, et réussissez à faire le reste de cette couleur.

On peut observer la même méthode lorsqu'on a une séquence de valet, dix, neuf et deux petites d'une couleur.

4. Si vous avez une séquence de roi, dame, valet et d'une petite d'une couleur, jouez votre roi, n'importe que vous soyez fort en atouts ou non, et faites-en de même dans toutes les autres séquences inférieures, pourvu qu'elles soient de quatre cartes.

5. Mais si vous vous trouviez par hasard faible en triomphes, il faudrait commencer par la plus basse de la séquence, au cas qu'elle soit composée de cinq cartes ; car, supposé que votre associé porte l'as de ladite couleur, vous le lui faites faire : et quelle différence y a-t-il que vous fassiez la levée, où que votre partenaire la fasse ? Car si vous avez l'as et quatre petits d'une couleur, et si vous vous trouvez faible en atouts, dès qu'on y joue, vous ne sauriez mieux faire que de mettre votre as; si vous êtes, au contraire, fort en triomphes, vous pouvez jouer comme bon vous

semble ; mais il faut jouer tout à rebours dès que vous ne l'êtes point.

6. Expliquons à présent ce que nous entendons par fort ou faible en triomphes :

    Si vous avez as, roi et trois petits ;
    Roi, dame et trois petits ;
    Dame, valet et trois petits ;
    Dame, dix et trois petits ;
    Valet, dix et trois petits ;
    Dame et quatre petits ;
    Valet et quatre petits ;

Dans toutes ces différentes positions vous êtes très fort en triomphes ; ainsi, en jouant suivant les règles indiquées, vous êtes certainement assuré d'être maître en atouts.

Si vous n'avez que deux ou trois petits triomphes, vous êtes faible.

7. Quelles sortes de triomphes peuvent vous autoriser à forcer votre partenaire à jouer atout.

    L'as et trois petits ;
    Le roi et trois petits ;
    La dame et trois petits,
    Le valet et trois petits.

8. Si par hasard vous et votre adversaire avez forcé votre partenaire (quand même vous seriez faible en triomphes), s'il a été premier à jouer ; s'il ne juge pas à propos de faire atout, forcez-le à le faire aussi souvent que vous serez le premier à jouer, à moins que vous n'ayez quelque bonne couleur à jouer.

9. Si par hasard vous n'avez que deux ou trois petits triomphes, et que votre adversaire joue une couleur à laquelle vous avez renoncé, coupez-la : cela apprendra à votre partenaire que vous êtes faible en triomphes.

10. Supposé que vous ayez l'as, le valet et un petit atout, et que votre partenaire vous en joue, portant, par exemple, le roi et trois petits, faut-il mettre l'as ou le valet ? Supposé encore que votre adversaire à droite ait trois triomphes, et celui à gauche un pareil nombre ; dans ce cas, en faisant une

feinte avec votre valet et en jouant votre as, si la dame se trouve à votre droite, vous gagnerez la levée; mais si elle est à gauche, et que vous jouiez l'as, ensuite le valet, et que vous permettiez par là à l'adversaire à gauche d'employer sa dame, et c'est ce qu'il doit nécessairement faire, il y a au delà de deux à un à parier qu'un des adversaires porte le dix, et par conséquent vous ne pouvez pas gagner la levée en jouant de la sorte.

11. Si votre associé premier à jouer a commencé par l'as de triomphe, et que vous ayez par exemple, le roi, le valet et un petit, en mettant le valet, et en faisant un retour avec le roi, vous obtiendrez l'avantage que la règle précédente prescrit.

Vous pouvez aussi employer la même méthode dans d'autres couleurs.

12. Si vous êtes fort en triomphes, si vous avez roi, dame et deux ou trois petites cartes dans toute autre couleur, vous pouvez commencer par un petit, étant à parier neuf à quatre que votre partenaire a un honneur dans cette couleur; mais si vous êtes faible en triomphes, il faut commencer par le roi.

13. Si votre adversaire à droite, premier à jouer, joue dans une couleur où vous avez le roi, dame et deux ou trois petites cartes, laissez passer sa carte, parce qu'il est également à parier que votre partenaire porte une meilleure carte dans cette couleur que le troisième joueur; et quand même cela ne serait pas, vous ne devez pas craindre de ne pas tirer parti de votre couleur, puisque vous êtes fort en triomphes.

14. Si votre adversaire à droite joue dans une couleur de laquelle vous portez le roi, la dame et un petit, que cette couleur soit triomphe ou non, mettez toujours la dame; de même si vous avez la dame, le valet et une petite carte, mettez le valet; et si vous portez le valet, le dix et un petit, mettez le dix, parce qu'en jouant la seconde de vos meilleures cartes, vous faites espérer par là à votre partenaire que vous en avez encore de plus fortes dans cette couleur: il pourra

juger, au moyen des calculs joints à ce traité, quelle est la chance pour ou contre lui.

15. Si vous avez l'as, le roi et deux petits dans quelque couleur que ce soit, et que vous soyez en même temps fort en triomphes : s'il arrive que votre adversaire à droite entre dans cette couleur, laissez passer sa carte, parce que la gageure est égale, que votre partenaire a une meilleure carte dans cette couleur que le troisième joueur ; si cela est, vous gagnerez une levée en jouant de cette façon ; si non, étant fort en triomphes, vous ferez infailliblement votre as et votre roi.

16. Si vous avez l'as, le neuf, le huit et un petit de triomphe, et que votre partenaire joue le dix, laissez-le passer, parce que vous êtes sûr de faire deux levées, à moins qu'il n'y ait deux honneurs derrière la main. Jouez de même si vous avez le roi, le neuf, le huit et un petit triomphe, ou la dame, le neuf, le huit et un petit triomphe.

17. Si vous voulez donner le change à vos adversaires, voici comment il faudra vous y prendre. Si l'adversaire à droite entre dans une couleur dans laquelle vous avez l'as, le roi et la dame, ou l'as, le roi et le valet, mettez l'as, parce que cela encouragera votre adversaire à y retourner ; et quoique vous induisiez votre partenaire en erreur par cette façon de jouer, vous n'en trompez pas moins vos adversaires en même temps, ce qui est d'une très grande conséquence dans le cas présent ; voici ce qui en résulte : si vous aviez mis la plus basse carte de la tierce majeure, ou le valet de l'autre couleur, vous auriez fourni à votre adversaire à droite les moyens de découvrir combien vous aviez de supériorité sur lui dans cette couleur, et il en aurait immanquablement changé.

18. Supposé que vous ayez l'as, le dix et une petite dans une couleur, ou l'as, le neuf et une petite dans une autre, par laquelle des deux devez-vous entrer en jeu ? *Réponse :* par celle où vous avez l'as, le neuf et une petite ; par la raison que la gageure est égale, que votre associé porte une meilleure carte dans ladite couleur que le dernier en jeu ; si-

non, supposons pour un moment que votre adversaire à droite entre en jeu par le roi ou la dame de la couleur dont vous avez l'as, le dix et un petit; dans ce cas il est à parier que votre partenaire porte une meilleure carte que le troisième joueur; si cela est ainsi, dès qu'on retourne dans cette couleur, vous avez la dernière, qui vous fait tenir le jeu, et vous donne par conséquent la chance de faire trois levées dans ladite couleur.

Cas qui démontre comment on peut se procurer la dernière carte. (Tenace.)

19. Supposons que A et B jouent ensemble une partie de wisth, disons encore que A porte l'as, la dame, le dix, le huit, le six et le quatre de trèfle, ce qui lui fera faire six levées sûres.

Supposons encore qu'il ait les mêmes cartes en pique, cela lui fera encore six levées sûres de plus; nous posons ceci en fait, sur l'opinion que B porte toujours la dernière carte de ces deux couleurs.

Supposons que B ait le même jeu en cœur et en carreau, que A porte en pique et en trèfle, et que A ait la dernière carte en cœur et en carreau, cela fera douze levées sûres, si A est toujours premier à jouer.

Le cas précédent démontre que les deux jeux sont exactement égaux : ainsi si l'un ou l'autre nomme ses atouts quand il est premier à jouer, il ne gagnera que treize levées.

Mais si l'on nomme les triomphes, et que l'autre soit premier à jouer, celui qui nomme ses triomphes, doit gagner quatorze levées.

Ceux qui veulent parvenir à bien jouer ce jeu, ne doivent point se contenter de savoir à fond les calculs contenus dans ce traité, et de pouvoir juger de tous les cas tant généraux que particuliers qui pourront arriver; mais il faut aussi qu'ils observent exactement toutes les cartes qu'on jette, et quand on les jette; si c'est leur partenaire ou leur adversaire : qui-

Additions de quelques cas.

1. Lorsqu'il vous paraît que les adversaires ont encore trois ou quatre triomphes, et que ni vous ni votre partenaire n'en avez point, ne vous avisez jamais de le forcer à couper et à se défaire d'une fausse carte; mais cherchez plutôt la couleur de votre partenaire, si vous n'en avez point du tout, vous empêcherez par-là que les autres ne fassent leurs atouts séparément.

2. Supposé que A et B soient associés contre C et D, et qu'on ait déjà joué neuf cartes; que huit triomphes soient tombés; mettez de plus qu'il n'en reste plus qu'un seul à A, et que son partenaire B ait l'as et la dame d'atout, et que les C et D aient entre eux deux le roi et le valet de triomphe, que A joue son petit atout, que C y mette le valet, faut-il que B le prenne de l'as ou de la dame?

B doit prendre le valet avec l'as, parce que D ayant encore quatre cartes, et C seulement trois, il y a à parier quatre contre trois en faveur de B, que le roi se trouve chez D; si nous réduisons le nombre de quatre cartes dans une main à trois, la chance sera de trois à deux; et si nous réduisons le nombre de trois cartes dans une main à deux, la chance est de deux à un que B gagnera une levée en mettant son as de triomphe; en observant cette règle, on pourra la faire valoir dans toutes les autres couleurs.

3. Supposé que vous ayez le troisième triomphe et la troisième carte d'une couleur avec une fausse, et supposé encore qu'il ne vous reste plus que trois cartes, on demande laquelle de ces cartes vous devez jouer? Il faut que ce soit la fausse, parce que, si vous jouiez votre troisième carte la première, vos adversaires sachant que vous avez le dernier atout, ne laisseraient point passer votre fausse, et vous joueriez par conséquent dans la proportion de deux à un contre vous-même.

4. Supposé que vous ayez l'as, le roi et trois petits d'une

comment faut-il faire pour tirer tout le parti imaginable de votre jeu? Il faut que vous commenciez par une petite carte de votre couleur, parce qu'il est à parier que votre partenaire se trouve une meilleure carte en main que le dernier à jouer ne porte. Cela étant, et s'il n'y avait que trois cartes dans la main de chacun des joueurs, il s'en suivra que vous ferez cinq levées dans cette couleur, au lieu que si vous jouez l'as ou le roi de cette couleur, il y a deux à un à parier que votre partenaire n'a point la dame, et par conséquent en jouant l'as et le roi, c'est deux à un que vous ne ferez que deux levées dans cette couleur. On peut se servir de cette méthode au cas que tous les atouts soient joués, pourvu qu'on ait de bonnes cartes en d'autres couleurs pour faire revenir celles en question. Il faut encore observer qu'en jouant ainsi, vous réduisez la chance qui était de deux à un contre vous, sur un pied d'égalité, et que vous pouvez probablement gagner trois levées par-là.

5. Si vous souhaitez que vos adversaires fassent atout, et que votre partenaire vous ait invité à jouer dans une couleur où vous avez l'as, le valet, le dix, le neuf et le huit, ou le roi, le valet, le dix, le neuf et le huit, il faut que vous jouiez le huit de chaque couleur : cela engagera probablement l'adversaire à jouer atout dès qu'il aura gagné cette carte.

6. Supposé que vous ayez une quatrième majeure dans quelque couleur que ce soit, avec une ou deux de plus dans la même couleur, et qu'il soit nécessaire que vous fassiez connaître à votre partenaire que vous êtes maître dans ladite couleur, jetez votre as sur la première couleur où vous aurez renoncé, afin de dissiper ses doutes, parce que la chance est en votre faveur, et que vos adversaires n'ont pas plus de trois cartes de la même couleur. Vous pouvez vous servir de la même méthode si vous avez une quatrième au roi, vous pouvez jeter votre roi, pourvu que l'as soit joué : de même si vous avez une quatrième à la dame, dès que l'as et le roi ne se trouvent plus au jeu, vous pouvez jeter votre dame; tout ceci met votre partenaire au fait de votre jeu, et vous pouvez appliquer la même règle à toutes les séquences

inférieures, pourvu que vous ayez en main la meilleure carte de celles qui les composent.

7. Il est très commun de voir des gens qui n'ont qu'une médiocre connaissance du jeu, quand on a tourné le roi à leur gauche, et qu'ils n'ont que la dame et un seul petit atout; il est très commun, dis-je, de les voir faire atout de la dame, dans l'espérance que leur partenaire pourra prendre le roi si on le met, sans réfléchir qu'il y a deux à un à parier que leur partenaire n'a point l'as, et que, supposant qu'il l'eût, ils ne sentent pas qu'ils risquent deux honneurs contre un, et affaiblissent par conséquent leur jeu ; il n'y a que la nécessité de faire atout qui devrait les engager à jouer ainsi.

Cas qui arrive très souvent.

8. A et B sont associés contre C et D ; tous les atouts sont sortis, à l'exception d'un seul que C et D doivent avoir ; A porte trois ou quatre cartes gagnantes d'une couleur qu'on a déjà jouée, avec un as et une petite d'une autre : on demande si A fera mieux de jeter une de ses cartes gagnantes, ou une petite de la couleur où il a l'as? Il fera beaucoup mieux de jeter une de ses cartes gagnantes, parce que si son adversaire à droite joue dans la couleur de son as, il dépendra de lui de laisser passer sa carte ; et en faisant cela, son associé B a une chance égale d'avoir une meilleure carte dans cette couleur que le troisième joueur ; si cela est ainsi, et qu'il ait une carte haute à jouer ou une dans la couleur de son partenaire, afin de forcer par là le dernier atout, l'as qui lui reste fait entrer les cartes gagnantes ; au lieu que si A eût jeté la petite de son as, et que l'adversaire à droite eût joué dans cette couleur, il aurait été obligé de mettre son as, et aurait par conséquent perdu par là trois levées.

9. Supposé qu'on ait joué dix cartes, et qu'il soit très probable que l'adversaire à droite porte encore trois triomphes, savoir, le meilleur et deux petits ; supposé encore que vous n'en ayez que deux et que votre partenaire n'en ait point du tout, et que l'adversaire à droite joue une treizième ou quelque

autre carte gagnante, dans ce cas laissez-la passer, vous gagnerez par là une levée.

10. Pour faire connaître votre jeu à votre partenaire, voici comment il faudra s'y prendre : supposons que vous ayez une quatrième majeure en atouts, ou quatre des meilleurs triomphes, si vous êtes obligé de couper, faites-le avec l'as d'atout, et jouez le valet, ou prenez-la avec le meilleur des quatre triomphes, et jouez le plus bas ; par là vous ferez connaître votre jeu à votre partenaire ; cette découverte peut devenir un moyen de faire plusieurs levées. Vous pouvez employer cette règle dans toutes les couleurs.

11. Si votre partenaire vous demande si vous avez huit points avant qu'il soit temps de le pouvoir faire, jouez-lui atout, n'importe que vous en ayez peu ou beaucoup, que vous soyez fort en couleur ou non, puisqu'il vous demande cela avant qu'il soit obligé de le faire, c'est une marque qu'il est fort en triomphes.

12. Supposé que votre adversaire à droite tourne la dame de trèfle, et qu'il en joue le valet lorsqu'il est le premier en carte, et supposé que vous ayez l'as, le dix et un autre trèfle, ou le roi, le dix et un petit, faut-il que vous coupiez son valet, ou vaut-il mieux le laisser passer ? Il ne faut point le prendre, parce qu'il est à parier qu'en jouant le valet, puisque vous n'avez point le roi, que votre partenaire l'a ; il est de même à parier, quand il joue le valet de trèfle, que votre partenaire en a l'as, dès que vous ne le portez point; donc vous gagnez une levée en le laissant passer, ce qui n'aurait pu se faire si vous aviez mis ou le roi ou l'as de trèfle.

Cas où l'on peut faire la vole.

13. Supposons que A et B soient associés contre C et D, et disons que c'est à D à donner, que A porte le roi, le valet, le neuf et le sept de trèfle qui sont triomphes, une quatrième majeure en carreau, une tierce majeure en cœur, et l'as et le roi de pique.

Supposons que B porte neuf carreaux, deux piques, deux cœurs ;

Encore que *D* ait l'as, la dame, le dix et le huit d'atout avec neuf piques,

Et que *C* ait cinq triomphes et huit cœurs;

A doit jouer atout, que *D* prendra; *D* jouera pique, que son partenaire *C* coupera; *C* jouera atout, que son partenaire *D* prendra; *D* entrera par pique, que *C* coupera; et *C* jouera atout, que *D* prendra; et *D* ayant la meilleure triomphe doit la jouer; cela étant fait, *D* ayant sept piques en main, les gagne, et fait par là la vole.

14. Si votre partenaire commence à jouer par le roi d'une couleur dans laquelle vous avez renoncé, laissez-le passer, et défaites-vous d'une fausse carte, à moins que l'adversaire à droite n'ait mis l'as, parce que, en faisant cela, vous faites circuler la couleur de votre associé.

15. Supposé que votre partenaire entre en jeu par la dame d'une couleur, et que l'adversaire à droite la prenne de l'as, et qu'il y rejoue, au cas que vous n'en ayez point gardez-vous bien de couper sa carte; mais défaites-vous d'une fausse, parce que vous ferez passer, par ce moyen, la couleur de votre partenaire; il en faut cependant excepter le cas où vous jouez pour la levée impaire, puisque vous pouvez couper alors, surtout si vous vous trouvez faible en triomphes.

16. Supposé que vous ayez l'as, le roi et une petite carte d'une couleur, et que votre adversaire à droite y joue; supposé de plus que vous ayez quatre petits triomphes et point d'autres bonnes couleurs à jouer; posez encore que votre adversaire à droite entre par le neuf ou quelque autre basse carte; dans ce cas, prenez de l'as, et retournez dans la même couleur par une petite; votre adversaire jugera par là que le roi est derrière sa main, et ne mettra par conséquent point sa dame s'il la porte : cela vous procurera une probabilité de faire cette levée, et instruira en même temps votre partenaire de la situation de votre jeu.

17. Si votre partenaire vous oblige à couper dès le commencement du jeu, vous pouvez juger par là qu'il est fort en triomphes; à moins que votre jeu ne soit marqué de

quatre à neuf ; ainsi, dès que vous êtes fort en triomphes, jouez-les.

18. Supposé qu'ayant huit points vous appeliez votre partenaire, et que celui-ci n'ait point d'honneurs, tandis que vous avez, par exemple, le roi, la dame et le dix, ou la dame, le valet et le dix de triomphe ; si l'on joue atout, mettez toujours le dix, parce que cela montre à votre partenaire qu'il vous reste deux honneurs, et il peut régler son jeu en conséquence.

18. Supposé que votre adversaire à droite appelle lorsqu'il a huit points, et que son partenaire ne porte aucun honneur, et que vous, au contraire, ayez le roi, le neuf et un petit triomphe, ou la dame, le neuf et le petit ; si votre partenaire joue atout, mettez votre neuf, parce qu'il est à parier autour de deux à un, que le dix ne se trouve pas derrière votre main, ainsi, en jouant le neuf, vous travaillez à votre propre avantage.

20. Si vous jouez par hasard une couleur dans laquelle vous avez l'as, le roi et deux ou trois de plus, si vous voyez en jouant votre as que votre partenaire y met le dix ou le valet, et que vous ayez une carte seule dans quelque autre couleur, ou seulement deux ou trois petits triomphes ; dans ce cas là (et pas autrement), jouez votre carte seule afin d'établir une navette : voici ce qui en résultera : en jouant cette couleur, vous donnerez une chance égale à votre partenaire d'y avoir une meilleure carte que le dernier joueur ; au lieu que s'il vous avait invité à jouer dans ladite couleur, laquelle aurait vraisemblablement été la sienne forte, vos adversaires auraient certainement découvert que vous avez l'intention de former la navette, et auraient par conséquent fait atout pour vous empêcher de faire tous vos petits ; mais puisque vous jouez ainsi, votre partenaire peut aisément sentir la raison pour laquelle vous changez de couleur, et régler son jeu en conformité.

21. Supposé que vous ayez l'as et deux de triomphe, et que vous soyez fort dans les trois autres couleurs ; si vous êtes premier à jouer, jouez votre as, et ensuite les deux d'a-

tout, afin de faire tenir la levée à votre partenaire, et de faire tomber deux triomphes contre un ; quand même le dernier joueur gagnerait cette levée, s'il joue une couleur dans laquelle vous portez l'as, le roi et deux ou trois autres, laissez passer sa carte, parce que la gageure est égale que votre partenaire y possède une meilleure que le troisième joueur : cela étant, il aura une belle occasion de faire tomber deux triomphes contre un : quand vous serez premier à jouer, il faudra tâcher de forcer une des deux restantes, au cas qu'on en ait déjà joué deux, et vous avez encore en votre faveur la chance que votre partenaire en tient une.

22. Supposé qu'on ait joué dix cartes, et que vous ayez le roi, le dix et une petite d'une couleur qui n'a pas encore été sur le tapis ; supposé de plus que vous ayez gagné six levées, et que votre partenaire entre dans ladite couleur, et que personne n'ait ou un atout, ou une treizième carte ; dans ce cas, ne jouez point votre roi, à moins que votre adversaire à droite n'entre par une si haute, que vous soyez obligé de vous en servir, parce que vous pourrez le mettre quand on vous fera un retour dans la dite couleur ; cela vous vaudra la levée impaire, qui fait une différence de deux. Si par hasard on avait joué neuf cartes dans une pareille circonstance, il faudrait observer la même règle : il faut, au surplus, se servir toujours de la même méthode, à moins que le gain de deux levées ne vous donne la chance ou de sauver la partie double, ou de gagner le jeu.

23. Supposé que *A* et *B* jouent contre *C* et *D*, et que *B* ait les deux derniers triomphes, et la dame, le valet et neuf d'une autre couleur ; supposons encore que *A* n'ait ni l'as, ni le roi ou le dix de cette même couleur, et qu'il doive y jouer, on demande quelle carte *B* doit jouer pour se procurer une probabilité des plus parfaites d'y pouvoir faire une levée ? *C* doit jouer le neuf de cette couleur, parce qu'il n'y a que cinq à quatre contre lui que son adversaire à gauche tient le dix ; et quand il jouerait ou la dame ou le valet, il y a autour de trois à un que l'as ou le roi se trouve dans le jeu de son dit adver-

saire ; ainsi il réduit la chance de trois à un, contre lui seulement, à celle de cinq à quatre.

24. Varions le cas précédent, et mettons le roi, le valet et le neuf d'une couleur dans la main de *B*, dans la supposition que *A* n'a ni l'as, ni la dame ou le dix ; si *A* est premier à jouer dans cette couleur, l'égalité est parfaite, si *B* joue ou le roi, ou la dame, ou le dix.

25. Supposé que vous ayez l'as, le roi et trois ou quatre petites cartes d'une couleur qui n'a pas encore été jouée, et qu'il vous semble que votre partenaire porte le dernier atout, si vous êtes premier à jouer, jouez une de vos petites cartes, parce que la gageure est égale que votre partenaire porte une meilleure carte dans cette couleur que le dernier joueur : si cela est ainsi, la probabilité est pour vous que vous ferez cinq ou six levées dans cette couleur; au lieu que si vous jouiez l'as ou le roi, il y a deux contre un que votre partenaire n'a point la dame, et par conséquent deux contre un que vous ne feriez que deux levées ; vous risqueriez de perdre trois ou quatre levées de cette façon dans cette seule donne, pour en gagner une.

26. Supposé que votre partenaire entre en jeu par une couleur dont il a l'as, la dame, le valet accompagnés, de plusieurs autres ; qu'il commence par l'as, et qu'il continue avec la dame ; au cas que vous en ayez le roi et deux petits, prenez sa carte du roi ; et, supposé que vous soyez fort en triomphes, en faisant tomber ceux des autres, et en ayant un petit de la couleur forte de votre partenaire, vous la faites circuler, et gagnerez par là le nombre de levées.

Questions sur le jeu de wisth, qui servent à résoudre la plupart des cas critiques qui peuvent arriver.

1. Comment faut-il jouer les séquences en atouts?
R. Il faut commencer par la plus haute carte.
2. Comment faut-il jouer les séquences, quand elles ne sont point en triomphes ?
R. Si elles sont composées de cinq cartes, il faut commen-

cer par la plus basse, et par la plus haute si elles ne sont que de trois ou quatre.

3. Pourquoi donne-t-on la préférence aux couleurs dans lesquelles on porte des séquences?

R. Parce qu'elles sont les meilleures qu'on puisse jouer, et qu'elles font tenir la main dans d'autres.

4. Quand faut-il tâcher de faire d'abord des levées?

R. Lorsqu'on est faible en triomphes.

5. Quand faut-il ne pas faire d'abord des levées?

R. Lorsqu'on est fort en triomphes.

6. Quand faut-il jouer une couleur dont on a l'as?

R. Dès qu'on en a trois de la même couleur, à l'exception cependant des triomphes.

7. Quels sont les cas où il ne faut point jouer une couleur dont on a l'as?

R. Il ne faut point la jouer quand on a quatre ou plus dans une autre couleur, parce que l'as vient à l'aide de cette couleur forte dans le besoin, et vous la fait faire dès que les atouts sont tombés.

8. Quand faut-il surcouper ou ne point surcouper votre adversaire?

R. Il faut le surcouper quand on est faible en triomphes; mais dès qu'on y est fort il faut y aller d'une fausse carte.

9. Si votre adversaire à droite entre par une couleur dans laquelle vous avez l'as, le roi et la dame, pourquoi faut-il mettre l'as préférablement à la dame?

R. Parce que vous donnez le change à votre adversaire, ce qui est très avantageux pour vous dans ce cas, malgré l'erreur dans laquelle cette marche pourra jeter votre associé.

10. Quand faut-il déclarer, ou non, votre couleur forte?

R. Vous devez la déclarer quand vous n'avez qu'une seule d'une couleur forte, et que vous faites atout pour la faire passer; mais il n'est pas nécessaire de la découvrir quand vous êtes également fort dans toutes.

11. Pourquoi jouez-vous préférablement dans la couleur où vous avez le roi, que dans une autre où vous avez la dame, toutes les deux étant composées de même nombre de cartes?

R. Parce qu'il y a deux à un à parier que l'adversaire à gauche ne porte point l'as, et cinq à quatre qu'il le porte ; si on joue dans la couleur de la dame, qu'on perdrait la dame, et qu'on jouerait désavantageusement.

12. Quand vous portez les quatre meilleures cartes d'une couleur, pourquoi jetez-vous la meilleure ?

R. Pour faire connaître la situation du jeu à votre partenaire.

13. Si l'on tourne la dame à votre droite, et que vous ayez l'as, le dix et un triomphe, ou le roi, le dix et un triomphe, comment faut-il jouer, si l'adversaire à droite entre par le valet ?

R. Il faut le laisser passer, parce que la gageure est égale de pouvoir faire une levée, et qu'on ne peut pas perdre en jouant de la sorte.

14. Supposé qu'on ait joué quatre cartes, qu'on ait fait deux fois atout, qu'il vous semble que votre partenaire n'en a pas un plus haut que le huit, quoiqu'il en porte trois ; que quand il joue son troisième, son voisin mette le valet ; que le roi se trouve chez l'autre adversaire, et que vous portiez l'as et la dame de triomphe ; on demande si vous devez jouer ou l'as ou la dame ?

R. Il faut jouer l'as, parce qu'il y a neuf contre huit à parier que le dernier joueur porte le roi ; et si vous réduisez le nombre des cartes à deux, il y aura à parier deux contre un en votre faveur que vous ferez tomber le roi avec votre as. On peut se servir, en pareille occasion, de cette méthode dans toutes les autres couleurs.

EXEMPLE.

Supposons qu'il ne vous reste plus que deux cartes dans une couleur : savoir, la dame et le dix ; supposons encore que votre adversaire en porte le valet et le neuf, et que quand votre partenaire entre dans cette couleur l'adversaire à droite y mette le neuf, et qu'il ne lui reste plus qu'une seule carte, on demande si vous devez jouer votre dame, ou plutôt votre dix ?

R. Il faut jouer la dame, parce qu'il y a deux contre un à parier que l'adversaire à gauche porte le valet ; vous devez au reste vous conformer à cette règle dans tous les cas de cette nature.

D. Je voudrais savoir quelle est la chance que celui qui donne porte quatre triomphes ou plus?

R. Il y a deux cent trente-deux contre cent quatre-vingt-treize, ou environ vingt-quatre francs contre seize francs quatre-vingt-un centimes, qu'il porte quatre triomphes et plus.

Explication en faveur des commençants, de quelques termes du jeu.

FEINTE.

La feinte est un moyen qu'un joueur habile sait faire valoir pour son avantage, et qui consiste en ceci : quand on vous joue une carte dans la couleur de laquelle vous avez la meilleure et une inférieure à celle-ci ; vous vous déterminez à jouer l'inférieure, en courant le risque que l'adversaire la puisse prendre d'une supérieure, puisque si cela n'arrive point, ou qu'il ne l'ait pas, il y aura deux contre un à parier, à son préjudice, que vous ferez sûrement par là une levée.

FORCER.

C'est un moyen d'obliger votre partenaire ou votre adversaire de couper une couleur dont il n'a point ; les cas spécifiés dans ce traité démontrent quand il faut le faire, ou non.

DERNIER EN ATOUT.

Moyen de conserver deux ou plusieurs triomphes quand il n'y en a plus au jeu.

FAUSSES CARTES.

Ce sont des cartes qui n'ont aucune valeur, et par conséquent très propres à jeter.

POINTS.

Dix font la partie : on marque autant de points qu'il a d'honneurs ou qu'on fait de levées.

QUATRIÈME.

C'est en général une séquence de quatre cartes qui se suivent immédiatement dans la même couleur ; ainsi une quatrième majeure est une séquence de l'as, du roi, de la dame et du valet dans la même couleur.

QUINTE.

C'est en général une séquence de cinq cartes qui se suivent immédiatement dans la même couleur ; par conséquent une quinte majeure est une séquence de l'as, du roi, de la dame, du valet et du dix dans la même couleur.

REBOURS.

On entend par jouer à rebours, en jouant d'une façon opposée à celle qu'on observe ordinairement : par exemple, si vous êtes fort en triomphes, et que vous jouiez comme si vous étiez faible, cela s'appelle jouer à rebours.

NAVETTE.

On fait la navette quand chacun des associés coupe une couleur, et que chacun d'eux joue à son partenaire celle dans laquelle il coupe.

MARQUER.

Dix points font la partie ; on les marque à mesure qu'ils se font.

TENIR LE JEU (tenace).

C'est quand on tient une couleur de laquelle on a, par exemple, la première et la troisième des meilleures cartes, dès qu'on est dernier à jouer ; on tient les adversaires en haleine, lorsque cette couleur se trouve sur le tapis ; comme par exemple, si vous aviez l'as et la dame d'une couleur, et que votre adversaire y joue, vous feriez ces deux levées, et de même toutes les autres, quand même ce ne serait qu'avec des cartes inférieures.

TIERCE.

On nomme ainsi une séquence de trois cartes qui se suivent immédiatement dans la même couleur.

Ainsi, une tierce majeure est une séquence de l'as, du roi et de la dame dans une couleur.

Mémoire artificielle, ou méthode aisée pour soulager la mémoire de ceux qui jouent au wisth; à quoi l'on a ajouté divers cas nouveaux.

1. Rangez chaque couleur comme il faut dans votre main, les plus mauvaises à gauche, et les meilleures à droite, dans leur ordre naturel ; faites en autant des triomphes, que vous poserez à la gauche de toutes les autres couleurs.

2. Si dans le courant du jeu vous vous apercevez que vous avez la meilleure carte qui reste dans une couleur, mettez-la à la gauche de vos triomphes.

3. Si vous trouvez que vous avez la meilleure, moins une, d'une couleur dont il faut vous ressouvenir, mettez la à la droite de vos triomphes.

4. Si vous avez la troisième bonne carte d'une couleur dont il faut vous ressouvenir, mettez une petite de ladite couleur entre les triomphes, et cette troisième meilleure à la droite des triomphes.

5. Pour vous ressouvenir de la première couleur dans laquelle votre partenaire est entré, posez-en une petite au milieu de vos triomphes, et si vous n'en avez qu'un seul, à sa gauche.

6. Si vous donnez, mettez l'atout que vous avez tourné à la droite de tous les autres, et ne vous en défaites que le plus tard que vous pourrez, afin que votre partenaire sente que cette triomphe vous reste, et puisse jouer en conséquence.

Moyens de savoir quand les adversaires renoncent dans une couleur, et dans laquelle c'est.

7. Supposé que les couleurs que vous avez placées à droite

vous représentent vos adversaires dans l'ordre dans lequel ils se trouvent au jeu, à droite et à gauche.

Si vous soupçonnez que l'un d'eux renonce dans une couleur, mettez une petite carte de ladite couleur parmi celles qui représentent cet adversaire : par ce moyen, vous vous ressouviendrez non seulement qu'on a renoncé, mais vous saurez aussi qui l'a fait, et dans quelle couleur.

S'il arrive que la couleur qui présente l'adversaire soit la même dans laquelle on a renoncé ; changez-la contre une autre, et mettez dans celle-ci, au milieu, une petite carte de la couleur à laquelle on a renoncé ; et si vous n'en avez point, mettez-y une autre à rebours, n'importe de quelle couleur qu'elle soit, à l'exception des carreaux seulement.

8. Ayant trouvé le moyen de vous ressouvenir de la couleur dans laquelle votre partenaire est entré le premier, vous pouvez pareillement vous rafraîchir la mémoire sur celle de vos adversaires, en mettant a couleur par laquelle ils sont entrés à la place qui représente, dans votre main, vos adversaires à droite et à gauche ; et dans le cas où vous auriez déjà pris d'autres couleurs pour les représenter, changez-les contre les couleurs dans lesquelles chacun des adversaires est entré.

Il faut se servir de cette méthode quand il est plus essentiel de se ressouvenir de la première entrée en jeu des adversaires, que de rechercher la couleur dans laquelle ils ont renoncé.

De la favorite. Depuis quelques années, et surtout dans les grandes sociétés de Paris, pour donner encore plus d'activité et un plus grand intérêt à ce jeu, on a imaginé de l'augmenter d'une couleur favorite, qui est fixée par celle de l'atout retourné au commencement de chaque partie, et chaque fois que cette couleur est atout, dans le cours de cette partie, tout double, c'est à dire que trois honneurs, qui ne comptent ordinairement que deux points, en valent quatre ; les quatre honneurs huit, et chaque levée est comptée pour deux. On conçoit que cette nouveauté rend le jeu infiniment plus vif et plus cher, puisqu'il est assez commun de gagner le robre en deux coups, une levée et quatre honneurs, faisant une partie, ainsi que trois levées et deux d'honneurs : de façon qu'on peut aisément faire dix, douze et quinze robres dans une soirée, tandis qu'on n'en fait ordinairement que quatre ou cinq lorsqu'il n'y a point de favorite. Il est à présumer que cette nouveauté n'a été introduite que pour égaliser, ou au moins diminuer la supériorité des bons joueurs vis à vis des plus faibles qu'eux ; car il n'est pas douteux qu'en multipliant les chances du hasard, égales pour les forts comme pour les faibles joueurs, on diminue d'autant celles du bon joueur, qui conserverait toute sa supériorité, si tout hasard était mis à part, puisque alors tout dépendrait de la manière de jouer les cartes ; or, si on retranchait de ce jeu toute chance de hasard, et qu'on ne jouât que pour les levées ou points, dont dix constituent une partie, quel avantage n'aurait point le bon joueur qui n'en perd jamais un par sa faute, sur les plus faibles qui en perdent si souvent qui décident quelquefois de la partie. On a dit ci-dessus qu'il était assez ordinaire de finir un robre en deux coups, en jouant la favorite, et on ajoute qu'il peut se perdre d'un seul coup si à cette favorite on ajoute l'*enfilade*, autre nouveauté encore introduite ; elle consiste à transporter sur la partie suivante le nombre de points excédant les dix qui complètent la première partie ; par exemple, si le parti est à neuf, fait quatre points le coup suivant, comme il ne lui en faut qu'un pour gagner la première partie, il en marque trois sur la seconde : en jouant donc et la favorite et l'enfilade, on peut gagner le robre d'un seul coup, puisque six levées et quatre d'honneurs, qui font une partie ordinaire de dix points, en font vingt en favorite.

Quelquefois encore on paye à chaque coup les levées faites par le parti gagnant ; mais cet usage, ainsi que ceux ci-dessus, sont purement affaire de convention, admise dans une société, et rejetée dans une autre ; voilà pourquoi, avant de commencer à jouer, il est bon d'être instruit des règles ou usages de la société où l'on est admis.

SUR LES PROBABILITÉS DU JEU.

La théorie des probabilités consiste à réduire tous les évènements du même genre à un certain nombre de cas également possibles, et à déterminer le nombre des cas favorables à l'évènement dont on cherche la probabilité. Le rapport de ce nombre à celui de tous les cas est la mesure de cette probabilité, qui n'est ainsi qu'une fraction dont le numérateur est le nombre des cas favorables, et dont le dénominateur est celui de tous les cas possibles.

Matthews se contente de donner les calculs suivants comme suffisants pour un commençant au wisth : il dit même que de plus profonds ne servent qu'à embarrasser les joueurs. Mais, pour rendre ce manuel plus complet, on a cru devoir y ajouter ci-après des tables de chance, suivant les calculs les plus approximatifs, auxquelles on renvoie le lecteur pour lui servir de règle à jouer toute main de cartes, où, pour gagner ou sauver la partie, il s'agit de jouer sur la position que le partenaire ou l'adversaire ait ou n'ait pas certaines cartes nommées.

Voici le peu d'exemples en ce genre que présente son traité.

Qu'un seul d'entre les autres joueurs n'ait pas une carte nommée, laquelle ne se trouve pas dans votre jeu, la probabilité est comme. . . . . 2 contre 1, mais elle est en faveur de ce qu'il ait :

    1 sur 2 cartes nommées . . comme 5 — 4
    1 — 3 —   — . . — 5 — 2
    1 — 4 —   — . . — 4 — 1

Cet auteur prétend que les probabilités sont si conjecturales lorsqu'il s'agit de la position de deux ou plus de cartes nommées, qu'il est à peine une situation de jeu qui justifie à jouer sur cette supposition, excepté l'impossibilité de sauver une partie autrement ; ainsi, dit-il, des calculs ultérieurs sont des problèmes à résoudre, plus par curiosité que par utilité ; et l'ouvrage, qui a servi de fondement à celui-ci, termine par le tableau suivant des probabilités de la partie et du rubber ou robre. D'abord quant à la partie, selon les points et avec la donne :

$$1 \text{ à } 0 \text{ est comme} \ldots \ldots 10 \text{ contre } 9$$
$$2 - 0 - \ldots \ldots 10 - 8$$

et ainsi de suite, excepté que 9 est estimé comme quelque chose de plus mauvais que 8.

Quant au *rubber* ou *robre*, c'est comme 3 contre 1, (selon l'ancienne école) en faveur de celui qui en a gagné la première partie.

Nonobstant que les calculs ci-dessus sont en général exacts, il est difficile de concevoir que 10 sur 20 est comme 3 à 1, tandis que 5 sur 10 n'est que 2 à 1 ; et même que 6 sur 10 n'est que 5 à 2 ; aussi notre auteur est-il convaincu que celui qui parie 3 contre 1 sur le *rubber* perdra à la longue, et au contraire celui qui parie 2 contre 1, ou 5 contre 2, gagnera dans la même proportion.

Sur ce, on a remarqué que la probabilité de faire le trick a toujours été censée en faveur de celui qui est premier en main ; c'est à dire à la gauche de celui qui donne ; mais ceci parait problématique, parce que celui-ci voit venir ; ce qui est reconnu pour être un grand avantage en presque toute circonstance.

Dans les sciences purement mathématiques, les conséquences les plus éloignées participent de la certitude du principe dont elles dérivent. Dans les applications de l'analyse à la physique, les conséquences ont toute la certitude des faits ou des expériences. Mais dans les sciences morales, où chaque conséquence n'est déduite de ce qui la précède que d'une manière vraisemblable, quelque probables que soient ces déductions, la chance de l'erreur croit avec leur nombre, et elle finit par surpasser la chance de la vérité, dans les conséquences très éloignées du principe.

En Angleterre, où le wisth est en grande vogue, un nommé M. Hoyle a fait des calculs sur les probabilités de ce jeu ; il nous a donné en outre un abrégé de ses règles pour soulager la mémoire des commençants, que nous croyons devoir rapporter ici.

Jouez votre plus forte couleur.

Jouez à travers d'un honneur retourné, quand vous avez beau jeu.

Jouez à travers la forte couleur de votre adversaire et jusqu'à la plus faible. On croit devoir expliquer cette règle de la manière suivante : Votre adversaire de gauche B, et premier en main par conséquent, commence à jouer un petit carreau, votre partenaire C en fournit un insignifiant, D partenaire de B met le huit ou le neuf de carreau, dont vous vous trouvez le dix ou le valet qui fait sa levée ; n'ayant plus rien de bon dans cette couleur, dans laquelle vous savez que le partenaire D n'a aucune force, ne balancez pas chaque fois que vous revenez en main de rejouer de cette couleur dans laquelle votre partenaire, qui se trouve le troisième en main sur la forte couleur de B, peut se permettre des impasses sûres et avantageuses sur D, qui n'a que de petites cartes dans cette couleur.

Jouez atout si vous en avez quatre ou cinq, et beau jeu d'ailleurs.

Choisissez de préférence les séquences, et commencez par la plus haute.

Répondez à l'invite de votre partenaire, et point à celle de vos adversaires.

Ne jouez pas, mais voyez venir, dans une couleur dont vous avez l'as et la dame.

Evitez de jouer un as, à moins que vous n'ayez le roi.

Ne jouez jamais une treizième carte, à moins que tous les atouts ne soient passés.

Ne coupez jamais une treizième carte, à moins que vous ne soyez le dernier joueur.

Mettez votre dernière carte en troisième main.

Quand vous êtes en doute, faites la levée si vous pouvez.

Quand vous jouez de petits atouts, commencez par le plus haut.

Ne coupez pas une couleur quand il est probable que votre partenaire y coupe.

Si vous n'avez que de petits atouts, faites-les quand vous le pouvez.

Dépêchez-vous de faire vos levées, et prenez bien garde comment vous faites des impasses.

Assurez-vous, et ne lâchez jamais votre septième levée quand vous en avez le pouvoir.

Ne forcez jamais vos adversaires avec votre meilleure carte, à moins que vous n'ayez celle meilleure suivante.

Si vous n'avez qu'une seule carte d'une couleur et deux ou trois petits atouts, jouez cette carte unique.

Conservez, autant que possible, une carte supérieure, pour pouvoir rentrer en main, et jouer votre forte couleur.

Lorsque votre partenaire joue, tâchez de lui conserver le commandement dans sa main.

Conservez l'atout que vous avez tourné le plus longtemps possible.

Si vos antagonistes sont à huit, et que vous n'ayez point d'honneur, commencez par votre meilleur atout.

Considérez toujours l'état de votre jeu, de votre partie, et du rubber, et jouez en conséquence.

FIN.

13 décembre 39

www.ingramcontent.com/pod-product-compliance
Lightning Source LLC
Chambersburg PA
CBHW050152230526
45470CB00001B/62